기계공학도를 위한

금형 재료

이 건 준 저

 기전연구사

머리말

　기계공업은 모든 산업의 밑바탕이고 기본적인 분야라 할 수 있다. 그 중의 금형 재료는 산업 재료 중에서 가장 큰 비중을 차지하고 있으므로 적절한 재료를 선정하여야 한다. 시중에 많이 출판되어 있는 교재들은 나름대로 저자들의 특징과 지식이 들어 있지만 배우고 있는 과정의 공학생도들에겐 보다 체계적이고 이해하기 쉬운 교재가 필요하다고 판단되어, 대학에서 강의해온 것을 바탕으로 공학을 배우는 공학생도들에게 기초적인 이론 개념을 재정리하여 본 교재를 출판하게 된 것이다.

　이 교재는 기계공학을 전공하는 공학생도들에게 참고서용으로 사용되도록 만들어져 있으며, 더 나아가 산업에 종사하는 전문인, 기술인에게 활용되어 우리나라 제조 산업에 있어서 공업의 발전에 조그마한 기여를 할 수 있다면 저자의 의도에 있어서 더 이상 바랄 것이 없다.

　그리고 이 교재의 내용은 금형 재료 총론, 재료의 분류와 특성, 신소재, 금형 재료의 중요성질, 열처리, 표면경화 등으로 편성되었다.

　본 교재의 미흡한 점과 부족한 내용이 있을 경우 더욱 더 연구하여 완성도가 높은 집필에 최선을 다할 것을 약속하며, 이 교재의 시작과 끝나는 부분까지 독자 한 분 한 분에게 지침서가 될 수 있기를 진심으로 희망한다.

　또한 여기까지 저자의 의도와 생각에 아낌없이 협조해 주신 여러분께 진심으로 감사드린다.

2017년 1월
저 자

CONTENTS

제1장 · 금형 재료 총론

제2장 · 재료의 분류와 특성

제3장 · 신소재

제4장 · 금형 재료의 중요 성질

CONTENTS

CONTENTS

부 록

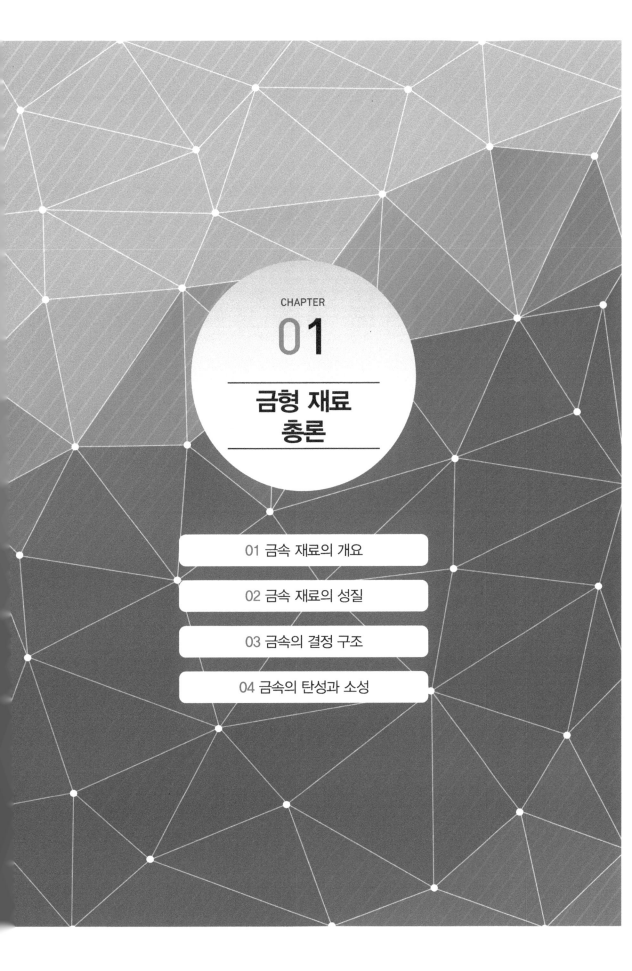

CHAPTER

01

금형 재료
총론

Chapter 01 | 금형 재료 총론

01 금속 재료의 개요

1.1 물질의 구조

금속의 모든 성질은 이를 구성하고 있는 원자의 종류에 의해 정해지지만, 이 외에 같은 금속 원자라도 원자의 배열 상태에 따라 성질이 뚜렷하게 변한다. 또한 금속의 강도는 원자의 규칙적인 배열 상태에서 벗어남에 따라 현저히 좌우된다.

원자는 중심의 핵과 그 주위를 돌고 있는 전자로 구성되어 있고, 핵은 양(+)이온을 띠고 있는 양성자와 전기를 띠지 않는 중성자로 이루어져 있으며, 원자는 물질 고유의 화학적 성질을 간직하고 있으므로 원자(element)라고 한다. 원자의 구조는 양(+)이온을 띤 원자핵을 중심으로 그 주위에 원자번호에 상당하는 수만큼의 음(−)이온을 띤 전자가 규칙적으로 돌고 있어 원자 전체는 전기적으로 중성 상태이다. 또한 원자의 원자핵 중에는 양자 외에 양자와 거의 같은 크기와 질량을 가지며 전기적으로 중성 입자, 즉 중성자(neutron)가 동시에 존재하고, 원자핵은 그 원소의 원자번호에 상당하는 수의 양자와 몇 개의 중성자로 구성되어 있다. 그리고 금속은 고체 상태에서 집합체의 결정으로 되어 있고 일반적으로 결합의 형식에는 다음과 같은 것이 있다.

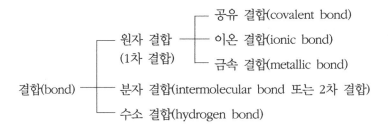

```
                              ┌─ 공유 결합(covalent bond)
                   ┌─ 원자 결합 ─┼─ 이온 결합(ionic bond)
                   │  (1차 결합)   └─ 금속 결합(metallic bond)
  결합(bond) ───────┼─ 분자 결합(intermolecular bond 또는 2차 결합)
                   └─ 수소 결합(hydrogen bond)
```

이상의 결합을 간단히 설명하면 다음과 같다.

① 공유 결합 : 2개의 원자 각각의 최외곽에 있는 전자가 이 2개의 원자에만 공통인 전자궤도를 움직이며 서로 연결되어, 그 힘으로 2개의 원자를 결합한 상태로서 다이아몬드가 대표적인 예이다.

② 이온 결합 : 이온 결합은 일정한 원자면을 따라 취성 파괴가 일어나고 원자끼리 전자를 주고받아 양(+)이온과 음(−)이온으로 되었을 경우에 생기며, 2개 이온 사이의 정전기적 힘에 의한 결합은 NaCl 결정이 대표적인 예이다.

③ 금속 결합 : 공유 결합과 다른 점은 튀어나온 전자가 특정한 2개의 원자 사이에만 공유되지 않고, 금속 결정을 구성하고 있는 원자 전체에 공유된다는 점이다. 즉, 금속 원자의 결합도 같은 종류의 원자 간에 작용하는 힘에 의한 것이며, 최외곽 전자가 각 원자에서 나와 이들이 서로 연결되어 원자를 결합하는 것으로 일종의 공유 결합이다.

④ 분자 결합 : 분자 결합을 일명 2차 결합 또는 반 데어 발스(Van der Waals) 결합이라고도 한다. 고체 결합 중에서 가장 많은 것이 이 결합이며, 이것에는 결정질과 비결정질의 고체들이 있고 상기 결합에 비하여 대단히 약하고 구조가 복잡하다.

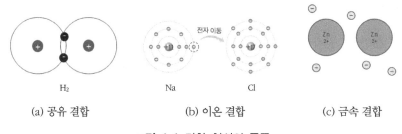

| (a) 공유 결합 | (b) 이온 결합 | (c) 금속 결합 |

그림 1-1 결합 형식의 종류

1.2 금속 및 합금의 개념

금속은 다음과 같이 공통된 성질을 가지고 있다.

① 고체 상태에서 결정 구조를 가진다.

② 전성 및 연성이 크며, 가공성이 좋다.

③ 열 및 전기의 양도체이다.

④ 금속적 광택을 가지고 있다.

⑤ 상온에서 고체이며 비중이 크다(Hg은 제외).

위의 성질을 구비한 것을 금속, 불완전하게 구비한 것을 준금속(metalloid), 전혀 구비하지 않은 것을 비금속이라 한다. 금속의 비중에 따른 분류는 물보다 가벼운 리튬(Li) 0.53으로부터 최대 이리듐(Ir) 22.5까지 있으며, 비중 4.6 이하는 경금속, 그보다 무거운 것은 중금속이라고 한다. 중금속에는 구리(Cu), 크롬(Cr), 철(Fe), 니켈(Ni), 텅스텐(W), 백금(Pt) 등이 있고, 경금속에는 티타늄(Ti), 알루미늄(Al), 마그네슘(Mg), 베릴륨(Be) 등이 있다.

순금속(Pure metal)이란 100%의 순도를 가지는 금속 원소를 말하나 실제로는 존재하지 않는다.

예 금의 순도 : 24K(99.99%), 18K(75.00%), 14K(58.30%), 12K(50.00%), 10K(41.70%)

현재 모든 금속은 100% 순도에 가까운 것이 정제된다. 그러나 실제로 완전하게 순도에 도달하는 것은 불가능하며 약간의 불순물이 포함된다. 이러한 의미에서 보면 지금 우리가 사용하고 있는 금속은 합금이라 할 수 있다.

합금(alloy)이란 한 금속에 다른 금속 또는 비금속 원소를 가하여 얻은 금속성 물질을 말한다. 금속 또는 비금속 원소는 제조 과정 중에 자연적으로 혼입되는 경우와 유용한 성질을 얻기 위하여 첨가하는 경우가 있다. 제조 과정에서 함유되는 성분을 불순물이라고 하는데, 불순물을 반드시 유해하다고 할 수는 없으며, 때로는 유용한 역할을 하는 수가 있다. 예를 들면, 철강에 있어서 유황은 유해하나 탄소는 유익한 것이 된다. 불순금속은 기술적으로나 경제적인 이유로 제거할 수 없는 불순물을 함유한 금속을 말한다.

합금은 금속과 금속, 또는 금속과 비금속을 용융 상태에서 융합시키는 것이 보통이나 압축 소결에 의하여 만들어지는 경우도 있으며, 그 성분수에 따라서 2원합금, 3원합금, 4

원합금, 다원합금 등으로 분류된다.

1.3 금속의 결합과 결정

1) 냉각과 과냉 현상

평형 상태에서 순금속은 일정한 온도에서 응고한다. 그림 1-2는 순금속의 냉각 곡선과 과냉 현상을 나타낸 것으로 곡선 중의 수평선은 용융 금속 중에 이미 고체 금속을 만들고, 상률적으로 바꾸어 말하면 2상이 공존하기 때문에 자유도 F=0이다. 즉, F=C−P+1에서 C는 성분수, P는 상수로 1성분계에서 2상 공존할 경우는 불변계를 형성한다. 따라서 수평선의 온도는 응고점이다. 여기서 시간의 경과에 따라 온도 강하가 정지되고, 외부로부터 흡열에 대해서 온도를 저하시키지 않을 만큼의 용융 금속의 발열이 있음을 나타낸다. 용융 및 응고현상은 상의 변화이므로 반드시 각각 흡열과 발열이 따르고, 이것을 각각 용융 혹은 응고의 잠열(latent heat)이라고 한다.

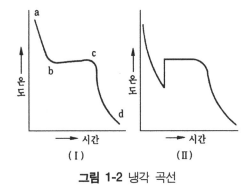

그림 1-2 냉각 곡선

순동을 냉각할 경우는 1,083℃에 도달되면 응고가 시작되며, 이때 융해 과정에서 흡수한 열량과 똑같은 양의 잠열을 발산하기 때문에 응고가 끝날 때까지 온도는 일정하게 수평선으로 나타낸다. 그러나 실제로는 일단 응고점 이하의 온도로 되어도 미처 응고하지 못한 과냉(super cooling, under cooling) 현상이 일어난다. 이것은 냉각할 때 융체 내부에 적당한 고체의 핵이 존재하지 않아서 결정의 석출이 곤란해지기 때문이다. 그러나 결정의 핵이 형성되기 시작하면 금속의 결정은 급속히 성장하므로, 과냉도가 너무 큰 금속의 경우는 용체에 진동을 주든가 또는 작은 금속편을 핵의 종자가 되도록 첨가하여 결정 핵의 생성을 촉진시킨다. 이것을 접종(inoculation)이라고 한다. 과냉의 정도는 금속에 따라 차이가 있으며 안티몬(Sb)은 특히 과냉이 심하다.

2) 순금속의 응고 과정

순금속을 용융 온도보다 높은 용융 상태로부터 상온까지 서서히 냉각시켜 응고점(free-zing point)에 도달하게 하면 일정한 온도에서 고체화하게 된다. 금속을 용융 상태로부터 냉각시킬 때, 온도와 시간의 관계를 나타낸 곡선을 냉각 곡선(cooling curve)이라고 한다.

금속이 냉각되어 응고 온도로 되면 수많은 원자들이 규칙적인 배열을 형성하여 작은 결정핵을 만든다. 이 때 형성된 결정핵을 중심으로 원자는 금속 고유의 결정 격자(crystal lattice)를 가지며, 나뭇가지와 같이 가지에 가지가 생겨 성장하면서 응고하게 된다. 이 나뭇가지와 같은 형상을 수지 상정(dendrite)이라고 한다.

결정의 특징은 원자들이 질서 있게 응집되어 정돈되어 있다는 것이며, 이러한 내부 질서 때문에 결정체는 알아볼 수 있는 외형을 가지게 된다. 또한 결정의 형성 순서는 핵 발생 → 핵의 성장 → 결정 경계 형성 순이다. 그림 1-3은 결정핵에서 결정이 형성되기까지의 과정을 나타낸 것으로, 이것이 점점 발달되어 결정 성장이 생기며 결정 경계에서는 충돌

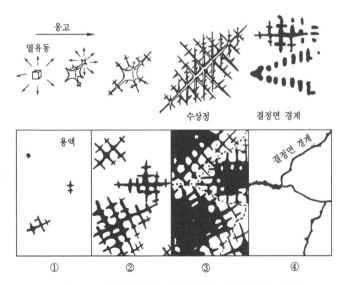

그림 1-3 결정핵에서 결정이 형성되기까지의 과정

되면서 결정 경계선이 형성된다. 용융된 금속이 냉각되어 결정을 만들 때 금속 결정 입자의 크기는 금속의 종류와 불순물의 많고 적음에 따라 다르다.

이것들은 같은 경우라도 냉각 속도의 영향을 받는다. 일반적으로 냉각 속도가 빠르면 결정핵 수가 많아지므로 결정 입자는 미세하게 되고, 냉각 속도가 느리면 형성되는 핵의 수가 적으므로 결정 입자들의 크기는 커진다(결정 입자=결정면 경계선에 둘러싸인 면).

용융된 금속 중에 발생하는 결정핵 수는 장소에 따른 각 결정핵 간의 간극, 결정축의 방향 등에 따라 다르므로 주조된 결정 입자의 크기도 각각 다르다.

용융되어 있는 금속을 금속 주형에 부어 넣으면 금속 주형에 접촉되는 부분은 급속히 냉각한다. 결정핵의 발생은 바로 여기에서 출발하여 중심 방향으로 성장하게 되며, 중심 방향으로 방사상의 주상 결정(columnar crystal)이 된다. 이와 같은 결정 성장의 모습은 그림 1-4와 같다. 주형이 직각이 되면 직각의 2등분면에 편석(segregation)이 생겨 취약해지므로, 이와 같은 결함을 방지하기 위하여 그림 (b)와 같이 모서리를 둥글게 한다.

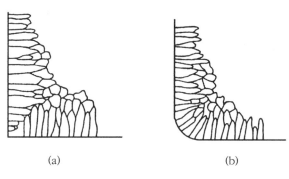

(a)   (b)

그림 1-4 주형 내의 결정 성장 방향

3) 금속의 결정 구조

원자가 규칙적으로 배열되어 있을 때 이것을 결정체라고 한다. 그림 1-5는 결정의 구조를 나타낸 것이며, 일반적으로 금속은 크고 작은 많은 결정들의 집합체로 되어 있다. 이와 같은 결정 집합을 다결정체(poly crystal)라 하고, 그 개개의 결정체를 결정 입자(grain)라고 한다. 결정 입자와 결정 입자의 경

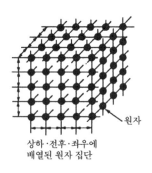

원자

상하·전후·좌우에
배열된 원자 집단

그림 1-5 결정의 구조

계를 결정 경계(grain boundary)라고 하며, 한 개의 결정 입자를 X선으로 관찰하여 보면 원자들이 규칙적으로 배열되어 있다. 이와 같은 배열을 결정 격자(crystal lattice) 또는 공간 격자라고 한다.

그림 1-6은 공간 격자와 단위포를 나타낸 것으로, 공간 격자는 기본적으로 공간의 점을 연결한 배열이지만 그림으로 표시할 때는 각 점을 선으로 연결하여 생각하는 것이 이해하기 쉽다.

공간 격자 중에서 소수의 원자를 택하여 그 중심을 연결해서 간단한 기하학적 형태를 만들어 격자 내의 원자군을 대표할 수 있는데, 이것을 단위 격자 또는 단위포(unit cell)라고 하며 축각의 각을 축각(axial angle)이라 한다.

결정 격자의 원자 배열은 금속의 종류, 온도 및 대칭선 등에 따라 다르고, 그 성질에도

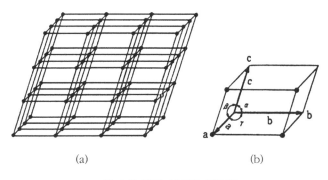

(a)   (b)

그림 1-6 공간 격자와 단위포

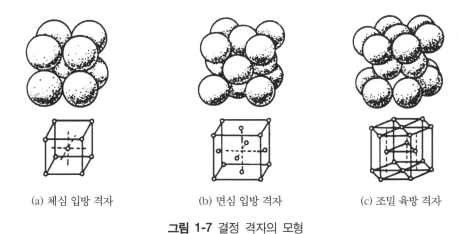

(a) 체심 입방 격자   (b) 면심 입방 격자   (c) 조밀 육방 격자

그림 1-7 결정 격자의 모형

많은 영향을 미친다. 순금속 및 합금은 비교적 간단한 단위 결정 격자로 되어 있다. 즉, 일부 비금속에 가까운 특수한 원소인 인듐(In), 주석(Sn), 텔루륨(Te), 탈륨(Tl), 비스무트(Bi) 등을 제외한 대부분이 면심 입방 격자(face centered cubic lattice : FCC), 체심 입방 격자(body centered cubic lattice : BCC), 조밀 육방 격자(hexagonal close packed lattice : HCP) 중 어느 하나에 속하며, 금속의 결정 격자는 원자를 공 모양으로 간주하여 배열의 특징을 모형화할 수 있다. 대표적인 결정 격자의 모형을 보면 그림 1-7과 같다.

공간 격자를 간단히 2차원적으로 표시하고 격자점의 원자들을 직선으로 연결하면 여러 개의 평행선이 얻어진다. 따라서 본래의 입체적 공간에 대해서 같은 방법으로 생각하면 여러 종류의 평행한 평면들이 얻어지는데 이와 같은 평면들을 결정면이라 한다. 결정면의 방향은 방법에 따라 임의로 잡을 수 있기 때문에 결정면의 간격이 달라진다. 보통 금속의 구조를 표시할 때에는 표 1-1과 같이 단위 격자의 각 모서리 길이로 표시한다. 이들 모서리의 길이를 격자 상수(lattice constant)라 하며, 각 금속은 고유한 격자 상수를 가지고 있다.

표 1-1 중요한 금속의 격자 상수(20℃, 단위 : Å)

금속명	결정 격자	격자 상수		금속명	결정 격자	격자 상수	
		a	c			a	c
Fe	체심 입방	2.8694	–	Al	면심 입방	4.048	–
Cr	〃	2.8845	–	Ni	〃	3.523	–
Mo	〃	3.1463	–	Cu	〃	3.615	–
W	〃	3.1649	–	Ag	〃	4.085	–
Mg	조밀 육방	3.2093	5.2103	Au	〃	4.078	–
Zn	〃	2.6644	4.9449	Pt	〃	3.923	–
Cd	〃	2.9787	5.6173	Pb	〃	4.949	–
Ti	〃	2.9505	4.6833				

4) 금속의 변태

금속의 결정 구조, 즉 원자 배열이 어느 온도에 이르게 되면 완전히 변화하고, 그 성질도 변화되는 것을 뜻한다. 이와 같이 물질은 온도에 따라 상태가 변화하고 다른 성질의 것으로 변화하게 되는데, 이를 변태(transformation)라고 한다. 고체에서 액체로의 변화 또는 이와 반대로의 변화도 변태의 한 종류이다.

일반적으로 온도의 변화에 의해 금속의 결정 격자가 다른 결정 격자로 변화하는 현상을 말하며, 변태를 일으키는 온도를 변태점(transformation point)이라 한다. 그리고 고체상태에서 서로 다른 공간 격자 구조를 갖는 경우를 동소 변태(allotropic transformation)라 한다. 동소는 동일원소란 뜻으로 예를 들면, 철은 단일원소이면서 고체 상태로서 α철, γ철, δ철 등으로 나타내며, 공간 격자가 다른 결정 구조를 가질 때 α철로부터 γ철로, γ철로부터 δ철로 혹은 그 반대로 변태한다. 그림 1-8과 같이 순철은 용융점 이하 약 1,400℃까지는 체심 입방 격자 구조의 δ철, 이것이 변태해서 약 910℃까지는 면심 입방 격자 구조의 γ철, 또다시

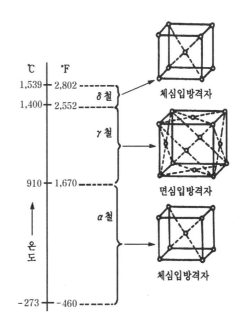

그림 1-8 순철의 변태

변태해서 상온에 이르는 사이에는 체심 입방 격자 구조의 α철로 변태한다.

또한 원자의 자리 바꿈이 제약을 받아 가열할 때와 냉각할 때의 변태점 온도에 차이가 생긴다. 즉, 순철의 A₄ 변태점은 가열과 냉각에서 약 10℃ 정도의 온도차가 있으므로 A₄ 변태점을 가열할 때 Ac₄로, 냉각할 때를 Ar₄로 구분 표시한다. 여기서 c는 가열(chauffage), r은 냉각(refrigeration)의 머리글자를 딴 것이다. 자기 변태는 동소 변태와는 달리 원자의 배열, 격자의 배열 변화는 없고 자성 변화만을 가져오는 변태이다. 순철의 자기 변태(magnetic transformation)는 768℃에서 급격히 자기의 강도가 감소되는 변태를 A₂ 변태라고 한다. 예를 들어 Fe, Co, Ni는 강자성체 금속이다.

5) 결정 입자의 대소

결정핵이 형성되면 융해 잠열의 방출로 과냉도가 작아지고 핵 생성은 정지하며, 다음 단계로 결정이 성장한다. 용융 금속의 단위체적 중에 생성한 결정핵의 수, 즉 핵 발생 속

도를 N, 결정 성장 속도를 G로 나타내어 결정 입자의 크기 S와의 관계를 보면

$$S = f \frac{G}{N} \tag{1-1}$$

로 나타낸다. 즉, 결정 입자의 대소는 성장 속도 G에 비례하고 핵 발생 속도 N에 반비례한다. 이 관계는 과냉 정도에 따라 변화하는데, 보통 많은 금속을 급냉하면 결정 입자가 미세화하고 서냉하면 조대화된다. 그림 1-9는 N과 G의 관계를 나타낸 것이다. G와 N이 다같이 용융점에서는 0이지만, 과냉함에 따른 G, N의 관계는 다음과 같다.

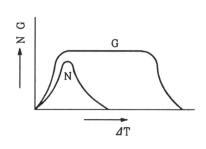

그림 1-9 N과 G의 관계

① G가 N보다 빨리 증대할 때는 소수의 핵이 성장해서 응고가 끝나기 때문에 큰 결정 입자를 얻게 된다.

② N의 증대가 G보다 현저할 때는 핵수가 많기 때문에 미세한 결정으로 된다.

③ G와 N이 교차하는 경우, 조대한 결정 입자와 미세한 결정 입자의 2가지 구역으로 나타난다.

02 금속 재료의 성질과 시험법

금속 재료에 사용되는 물질은 힘과 열을 가하였을 경우 변화와 거동을 조사하는 것이 대단히 중요하다. 물질의 성질과 거동이 어떤 원인으로 발생하는가를 알아내는 것은 재료를 더욱 유용하게 이용하고 새로운 재료를 개발하는 데 유익하다. 따라서 금속 재료의 성질을 공업적으로 이용할 때 중요한 성질과 비파괴 시험은 다음과 같다.

① 물리적 성질(physical properties) : 비중, 열 전도율, 전기 전도율, 자성, 열팽창 계수, 용해 온도, 비열 등

② 화학적 성질(chemical properties) : 산화, 부식 등

③ 기계적 성질(mechanical properties) : 강도, 경도, 충격, 저항, 피로 한도, 마모 저항, 클립과 고온에서의 기계적 성질 등

④ 제작상의 성질(technological properties) : 가공성, 주조성, 단조성, 열처리 적응성, 용접성, 공작성 및 절삭성 등

⑤ 비파괴 시험 : 침투 탐상시험, 자분 탐상시험, 초음파 탐상시험, 방사선 탐상시험, 음향 방출시험 등

2.1 물리적 성질

1) 비중(specific gravity)

금속의 비중이란 동일 부피의 물 무게에 대한 금속 원소의 무게로, 작은 것은 리튬(Li) 0.53부터 큰 것은 이리듐(Ir) 22.5까지 다양하다. 4℃의 순수한 물을 기준으로 몇 배 무거우냐, 가벼우냐 하는 수치로 표시한다. 일반적으로 단조, 압연한 것은 동일 금속 내에서 주조한 것보다 크며, 상온 가공한 금속을 가열한 후 급냉시킨 것이 서냉시킨 것보다 비중이 작다.

$$비중 = \frac{제품의\ 무게}{제품과\ 동일\ 체적의\ 물\ 무게} \tag{1-2}$$

2) 전기 전도율

금속의 전기 전도율은 열 전도율과 마찬가지로 순수할수록 좋고 불순물이 들어가면 불량하게 된다. 따라서 합금의 전기 전도율은 일성분계의 순수 금속보다 불량하다.

일반적으로 열 전도율이 좋은 금속은 전기 전도율도 좋다. 실온 20℃에서 전기 전도율이 큰 것부터 표시하면 Ag>Cu>Al>Mg>Zn>Ni>Fe>Pb>Sb 순이다.

3) 자성(magnetism)

철을 자기장(magnetic field) 속에 두면 자기를 띠어 자석이 된다. 이와 같은 현상을 '자

화된다'고 하며 자기장의 세기가 커질수록 자화되는 정도가 증가되어 어떤 포화점에 도달하게 된다. 자기장 속에 넣어서 자기를 띠는 원소를 상자성체라 하며, Fe, Ni, Co, Sn, Pt, Mn, Al 등이 이에 속한다. 그러나 Fe, Ni, Co를 제외하고는 자화되는 강도가 극히 작다.

상자성체 중에서 자화되는 강도가 특히 큰 Fe, Ni, Co를 강자성체라 하고, 반자성체로는 Bi, Sb, Au, Hg, Ag, Cu 등이 있다. 그리고 합금으로 한 경우에는 자화의 정도가 각기 다르므로 일정한 법칙은 없다.

4) 비점과 비열

물이 100℃에서 비등하여 수증기로 되는 것과 같이 액체로부터 기체로 변하는 온도를 비점(boiling point), 1g의 물질을 1℃ 올리는 데 필요한 열량을 비열(specific heat)이라 하며, 비열이 큰 금속으로는 Al, Mg이 있다. 또한 재료에 따라 같은 양의 열을 가해도 온도 상승에 차이가 생긴다. 이것은 비열이 크면 클수록 재료를 가열할 때 더 많은 열이 필요하기 때문이다.

5) 열 전도율(heat conductivity)

금속은 일반적으로 열의 전도가 좋은 도체이다. 길이 1cm에 대하여 1℃의 온도차가 있을 때, $1cm^2$의 단면적을 통하여 1초 사이에 전달되는 열량을 열 전도율이라고 한다. 순도가 높은 금속은 열 전도율이 좋고 불순물이 함유될수록 열 전도율은 좋지 않다. 열 전도율이 가장 좋은 금속은 Ag이고 Cu, Au, Al 등의 순서로 작아진다. 공업용 금속 중에서 열 전도율이 좋은 재료로 Cu와 Al이 가장 널리 사용된다.

6) 열팽창 계수

금속은 가열하면 팽창하고 냉각하면 수축한다. 물체의 단위 길이에 대하여 온도가 1℃ 높아지는 데에 따라 막대의 길이가 늘어나는 양을 그 물체의 열팽창 계수라 한다. 금속 중에서 열팽창 계수가 큰 것은 Zn>Pb>Mg이고, 가장 작은 것은 Ir, W, Mo 등이다. 대표적인 금속의 열팽창 계수를 표 1-2에 나타내었다.

표 1-2 금속의 열팽창 계수

재 료 명	열팽창 계수	재 료 명	열팽창 계수
콘스탄탄	15.2×10^{-6}	인　바	0.9×10^{-6}
알루미늄	23.9×10^{-6}	연강(C 02%)	11.6×10^{-6}
납	29.3×10^{-6}	경강(C 0.6%)	11.0×10^{-6}
황　　동	18.4×10^{-6}	주　　철	10.4×10^{-6}
청　　동	17.5×10^{-6}	백　　금	8.9×10^{-6}
구　　리	16.5×10^{-6}	초 인 바	0.1×10^{-6}

7) 용융점과 응고점

금속을 가열하면 용해되어 액체가 되는데, 이 때의 온도를 용융점(melting point)이라 한다. 반대로 액체 상태의 금속을 냉각시키면 고체가 되는데, 이 때의 온도를 응고점(free-zing point)이라 한다. 수은은 용융점이 −38.8℃, 텅스텐은 3,400℃이다.

2.2 기계적 성질

기계적 성질에 일반적으로 사용되는 용어는 다음과 같다.

① 강도(strength) : 금속 재료에 외력을 가하면 변형되거나 파괴가 되는데 이 외력에 대한 저항하는 힘을 재료의 강도라 한다.

② 경도(hardness) : 재료의 단단한 정도를 표시하는 것으로 경도시험기로 측정한다.

③ 인성(toughness) : 재료에 외력을 가할 때 저항하는 성질 즉 재료의 질긴 성질을 인성이라 한다.

④ 메짐성(shortness) : 파괴되는 성질로 인성에 반대되는 성질을 재료의 메짐성이라 한다.

⑤ 전성(malleability) : 외력을 가하면 넓어지는 성질을 전성이라 한다.

⑥ 연성(ductility) : 재료를 잡아당겼을 때 가는 선으로 늘어나는 성질을 연성이라 한다.

⑦ 피로(fatigue) : 외력을 재료에 반복하여 연속적으로 가하면 원래대로 되돌아가지 않고 변형을 일으켜 파괴된다. 이와 같은 현상을 피로라 한다.

⑧ 크리프(creep) : 재료를 고온에서 장시간 외력을 가하면 시간의 흐름에 따라 변형이

증가하는데 이 현상을 크리프라 한다.

1) 인장 시험(tensile test)

재료에 외력이 정적으로 작용하여 재료가 파단되려고 할 때 재료 단면의 단위면적이 갖는 최대 저항력을 강도(strength)라 하며, 외력의 작용 방법에 따라 인장 강도, 압축 강도, 굽힘 강도, 전단 강도, 비틀림 강도 등이 있다. 일반적으로 만능 시험기를 사용하면 비틀림 강도 이외의 각종 강도를 측정할 수 있으나, 이러한 강도들은 인장 강도와 일정한 관계가 있으므로 보통 인장 강도를 재료의 강도에 대한 기준으로 많이 사용하고 있다.

인장 시험(tensile test)이란, 시험편의 양단을 시험기에 고정시키고 시험편을 잡아당겨서 시험편이 파괴되기까지의 힘과 변형을 측정하여 그 재료의 항복점, 인장 강도, 연신율, 단면 수축률 등을 결정하는 시험이다. 그림 1-10은 KS 4호 인장 시험편과 판재용 KS 5호 시험편의 한 예로 시험편의 표점을 표점 거리라 하고, 이것을 연신율 측정의 기준으로 사용한다.

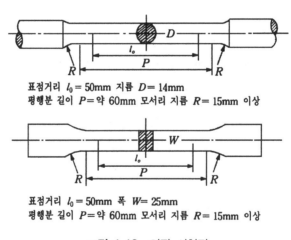

표점거리 $l_0 = 50$mm 지름 $D = 14$mm
평행분 길이 P=약 60mm 모서리 지름 $R = 15$mm 이상

표점거리 $l_0 = 50$mm 폭 $W = 25$mm
평행분 길이 P=약 60mm 모서리 지름 $R = 15$mm 이상

그림 1-10 인장 시험편

인장 하중을 증가시키면서 시험편의 변형을 기록하면, 연강의 경우 그림 1-11과 같은 하중 연산 곡선이 얻어진다. ①은 연강의 경우이고, ②는 비철 금속의 경우이다. P점은 비례한도이며 곡선을 설명하면 다음과 같다.

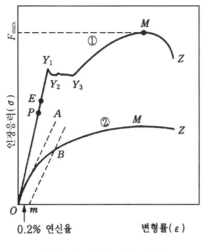

그림 1-11 인장 시험 곡선

① 탄성 한계 : 그림 1-11의 인장 시험 곡선에서 곡선 ①은 연신 초기에 탄성적으로 변하여 하중을 제거하면 본래의 길이로 된다. 이와 같은 점 E의 하중을 시험편의 원단면적으로 나눈 값이 탄성 한계이다.

$$\frac{응력(\text{stress})}{변형(\text{strain})} = \frac{\sigma}{\varepsilon} = E \tag{1-3}$$

여기서 E는 정수로 영계수(Young's modulus) 또는 종탄성 계수라고 한다.

② 항복점(yielding pointing) : 점 E를 초과한 하중이 작용하면 하중과 연신의 관계는 비례하지 않으며, 점 Y_1에서 돌연 하중이 감소되면서 점 Y_1로 되고 하중을 증가시키지 않아도 시험편이 늘어난다. 이 때 점 Y_1을 상부 항복점, 점 Y_2를 하부 항복점이라 한다. 항복점이 뚜렷하게 나타나지 않을 때에는 ②와 같이 0.2% 연신율로 되고, 점 m에서 탄성적으로 변하는 OA에 평행선을 그어 곡선과 만나는 점 B의 하중을 항복점으로 보고 항복 강도(yield strength)를 구한다.

$$항복 강도 = \frac{항복점 하중}{시험편 원단면적} (\text{N/mm}^2 \text{ 또는 MPa}) \tag{1-4}$$

③ 인장 강도(tensile strength) : 그림 1-11의 곡선에서 점 M으로 표시되는 최대 하중을

시험편의 원단면적(A_o)으로 나눈 값이 인장 강도(σ_B)이다. 시험편은 대략 점 M까지 균일하게 늘어나고 점 M을 지나면 시험편 단면이 급속히 감소되어 점 Z에서 파괴된다.

$$\sigma_B = \frac{F_{\max}}{A_o} \text{ (N/mm}^2 \text{ 또는 MPa)} \tag{1-5}$$

④ 연신율(elongation) : 시험편이 절단된 후에 다시 접촉시키고, 이 때의 표점 거리를 측정한 값 l과 시험 전의 표점 거리 l_o와의 차이를 l_o로 나눈 값을 %로 표시한다. 이 값을 연신율(ε)이라고 한다.

$$\varepsilon = \frac{l - l_o}{l_o} \times 100 \, (\%) \tag{1-6}$$

⑤ 단면 수축률 : 시험편 절단면의 단면적 A(mm^2)와 시험 전 시험편의 단면적 A_o (mm^2)와의 차이를 A_o로 나눈 값을 %로 표시한다. 이 값을 단면 수축률(ϕ)이라고 한다.

$$\phi = \frac{A_o - A}{A_o} \times 100 \, (\%) \tag{1-7}$$

이상에서 인장 강도, 항복 강도 등은 재료의 외력에 대한 저항력으로 강도를 나타내는 값이고, 연신율이나 단면 수축률은 재료의 변형 능력을 표시하는 값임을 알 수 있다.

2) 압축 시험

압축 시험의 목적은 압축력에 대한 재료의 저항력을 평가하는 시험 방법으로, 압축 강도는 취성 재료를 시험하였을 때 잘 나타난다. 그러나 연성 재료는 파괴를 일으키지 않으므로 압축 강도를 결정하기 곤란하다. 그러므로 편의상 시험편의 주변에 균열이 생길 때 균열이 발생하는 응력을 압축 강도로 취급하는 예도 있다.

압축 시험의 용도는 주로 내압에 사용되는 재료에 응용된다. 예를 들면 주철, 베어링,

메탈, 벽돌, 콘크리트, 목재, 타일, 플라스틱, 경질 고무 등에 응용된다. 압축 시험의 공식은 대략 인장 시험과 동일하며 시험편의 길이 h와 단면 지름 d의 비는 $h = (1.5 \sim 2.0)d$이다. 그림 1-12는 압축 시험편의 변형을 표시한 것이다.

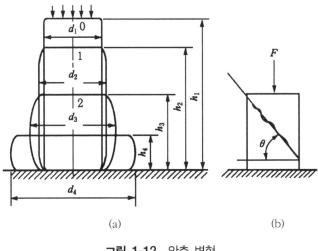

(a)   (b)

그림 1-12 압축 변형

3) 굽힘 시험

굽힘 시험에는 재료의 굽힘에 대한 저항력인 굽힘 강도를 결정하기 위한 굽힘 저항 시험과 균열 및 전성의 발생 유무를 실험하여 가공의 적정성 여부를 결정하기 위한 굴곡 시험이 있다. 굽힘 시험에서 굽힘량과 하중의 관계는 전단을 고려하지 않을 경우에 다음의 일반식으로 표시된다.

$$\sigma_b = \frac{Fl}{4} \bigg/ \frac{\pi}{32} d^3 \tag{1-8}$$

F : 파단 하중
l : 스팬의 길이
d : 시험편의 지름

그림 1-13과 같이 단순보의 중앙에 집중 하중을 작용시키면 주철의 경우 항절 최대 굽힘 응력(σ_b)은 다음과 같이 구할 수 있다.

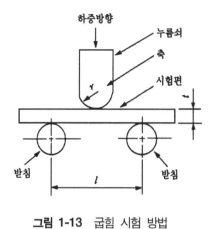

그림 1-13 굽힘 시험 방법

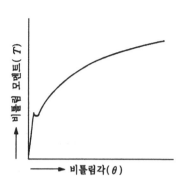

그림 1-14 토크 비틀림각 곡선

4) 비틀림 시험

비틀림 하중을 가하고 토크에 대한 저항력(T), 전단 강도(τ), 비틀림(θ), 탄성 계수(G) 등을 구하는 시험이다. 시험 방법은 시험편의 한쪽 끝을 고정하고 다른 한쪽 끝을 비틀어서 그림 1-14와 같은 토크 비틀림각 곡선을 그린다. 이 시험에 사용하는 시험기를 비틀림 시험기라고 한다. 그림의 직선 부분의 경사를 측정하면 다음 식에서 원형 단면의 전단 탄성 계수(shearing modulus) G를 구할 수 있다.

$$G = \frac{32}{\pi d^4} \times \frac{Tl}{\theta} \tag{1-9}$$

　　l : 표점 거리
　　d : 시험편의 지름

비틀림에서 생기는 전단 응력 τ는 다음 식으로 구한다.

$$\tau = \frac{16T}{\pi d^3} \tag{1-10}$$

그림 1-15는 진자(pendulum)형 비틀림 시험기의 구조를, 그림 1-16은 비틀림 시험편의 치수를 나타낸 것으로, 보통 봉재의 시험편이 사용되며 양단을 고정하기 쉽게 시험 부분보다 굵게 만든다.

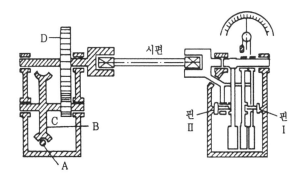

그림 1-15 비틀림 시험기의 구조

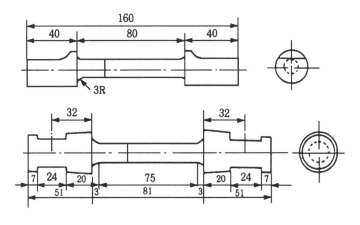

그림 1-16 비틀림 시험편

5) 경도 시험

경도 측정에는 다음과 같은 방법들이 있다.

- 압입에 의한 방법으로 브리넬, 로크웰, 비커스 경도 측정
- 반발에 의한 방법으로 쇼어, 에코 경도 측정
- 스크레치에 의한 방법으로 마르텐스 긋기 경도 측정 등

이상의 경도를 각각 설명하면 다음과 같다.

(1) 브리넬 경도(Brinell hardness, HB)

브리넬 경도(HB)는 지름 D인 초경 합금구를 시험편에 압입하였을 때 압입된 자국의

표면적 $A\,\mathrm{mm}^2$의 단위 면적당 응력(stress)으로 표시한다. 즉, 일정한 지름 $D\,\mathrm{mm}$의 초경 합금구를 일정한 하중 $F(\mathrm{N})$로 시험편 표면에 압입하고 하중을 제거한 후, 볼 자국 지름을 $d\,\mathrm{mm}$, 깊이를 $t\,\mathrm{mm}$라고 할 때 표면적으로 하중을 나눈 값이 브리넬 경도(HBW)이다.

$$\mathrm{HBW} = 상수 \times \frac{시험\ 하중}{구\ 자국의\ 표면적}$$

$$= 0.102 \times \frac{2F}{\pi D(D - \sqrt{D^2 - d^2})} = 0.102 \times \frac{F}{\pi Dt} \qquad (1\text{-}11)$$

$$상수 = \frac{1}{g} = \frac{1}{9.80665} \fallingdotseq 0.102$$

자국의 지름 d는 브리넬 경도계에 부속되어 있는 확대경으로 읽고 경도값은 환산표를 사용해서 구한다. 브리넬 경도 시험은 강구의 경도·변형 등으로 대단히 강한 재료에 대해서는 오차를 일으킨다.

사용하는 기호 표시는 강구를 사용하는 경우 HB 또는 HBS로 표시하고 초경 합금구를 사용하는 경우는 HBW로 표시한다.

(2) 로크웰 경도(Rockwell hardness, HR)

원추형각 $120°(\pm30')$의 다이아몬드콘 또는 지름 1/16인치(1.5875mm)의 강구를 선단에 붙인 압자를 사용하여 압흔 상태를 측정한다. 처음에 기준 하중(98.07N)을 가하고 다음에 시험 하중을 가한 후 재차 기준 하중으로 되돌아갔을 때, 즉 전후 2회의 기준 하중에서 생기는 압흔의 차이로부터 경도값이 구해진다. 이 시험기에서는 경도를 직접 눈금판 위에서 읽을 수 있기 때문에 빠르고 간단하게 경도를 측정할 수 있다. 또 압흔도 작아서 대단히 경한 재료부터 연한 재료에까지 광범위하게 이용된다.

C(A, D)스케일인 경우의 로크웰 경도는 다음 식으로 구한다.

$$\mathrm{HRC} = 100 - \frac{h}{0.002} \qquad (1\text{-}12)$$

B(E, F, G, H, K)스케일인 경우의 로크웰 경도는 다음 식으로 구한다.

$$\text{HRB} = 130 - \frac{h}{0.002} \tag{1-13}$$

여기서 h(mm)는 압입 깊이의 차를 나타낸다.

시험 재질의 종류 및 경도의 정도에 따라 A, B, C, D, E, F, G, H, K 스케일 등이 있다.

(3) 비커스 경도(Vicker's hardness, HV)

대면각이 136°로 되어 있는 다이아몬드재의 4각추 입자를 사용한다. 시험편에 압흔을 만들 때의 시험 하중을 압흔의 대각선 길이 d로 구한 압흔의 표면적으로 나눈 값이 비커스 경도(HV)이다.

경도에 따른 시험 하중 F의 범위는 $F \geq 49.03$, $1.961 \leq F < 49.03$, $0.09807 \leq F < 1.961$ 등으로 분류하며 비커스 경도 식은 다음과 같다.

$$\text{HV} = 상수 \times \frac{F}{S} = 0.102 \times \frac{2F\sin\dfrac{\theta}{2}}{d^2} \fallingdotseq 0.1891\frac{F}{d^2} \tag{1-14}$$

$$상수 = \frac{1}{g} = \frac{1}{9.80665} \fallingdotseq 0.102$$

압흔의 형상은 다이아몬드 형상으로 그 크기에 관계없이 일정하므로 경한 초합금부터

표 1-3 경도에 따른 시험 하중의 범위 (KS B 0811)

경도 시험[1]		저하중 경도 시험		마이크로 경도 시험[2]	
경도 기호	시험 하중 공칭값 N(kg)	경도 기호	시험 하중 공칭값 N(kg)	경도 기호	시험 하중 공칭값 N(kg)
HV 5	49.03(5)	HV 0.2	1.961(0.2)	HV 0.01	0.09807(0.01)
HV10	98.07(10)	HV 0.3	2.942(0.3)	HV 0.015	0.1471(0.015)
HV20	196.1(20)	HV 0.5	4.903(0.5)	HV 0.02	0.1961(0.02)
HV30	294.2(30)	HV 1	9.807(1)	HV 0.025	0.2452(0.025)
HV50	490.3(50)	HV 2	19.61(2)	HV 0.05	0.4903(0.05)
HV100	980.7(100)	HV 3	29.42(3)	HV 0.1	0.9807(0.1)

주) [1] : 980.7N보다 큰 공칭 시험 하중이 적용될 수 있다.
　　[2] : 마이크로 경도 시험을 위한 시험 하중이 바람직하다.

연납과 같은 재료에까지 광범위하게 적용이 가능하며, 시험편의 재질별 적용 하중은 표 1-3과 같다.

(4) 쇼어 경도(Shore hardness, HS)

선단에 둥근 모양의 다이아몬드가 붙어 있는 일정 중량의 해머를 일정한 높이 h_0 에서 시험면에 수직으로 낙하시켜 튀어오른 높이 h 에 비례하는 값으로 구한다. 특징은 시험이 간편하며 제품에 직접 적용할 수 있어 사용 범위가 넓고 압흔이 작은 장점이 있으나 개인 측정 오차가 나오기 쉽다는 단점도 있다. 쇼어 경도는 다음 식으로 구할 수 있다.

$$HS = k \frac{h}{h_o} \tag{1-15}$$

k : 계수
h_o : 해머의 낙하 높이
h : 해머의 튀어 오른 높이

6) 충격 시험

금속이 소성 변형을 일으키지 않고 파괴되는 성질을 취성이라고 한다. 이와 상반되는 표현으로는 인성(tough)이라는 말이 있다. 인성이란 소성 구역에서 재료가 파괴될 때까지 에너지를 흡수할 수 있는 능력이라고 정의할 수 있다. 또한 인성이라는 말에는 충격적인 하중에 대한 강도라는 의미가 있다. 즉, 정적인 인장 시험에서 만족한 강도를 나타낸 재료가 충격적인 동하중하에서도 꼭 강하다고 할 수는 없다는 것이다. Ni-Cr강을 뜨임하여 생긴 취성이 그 좋은 예이다. 충격 시험(impact test)은 동적 충격에 대한 인성의 정도를 평가하는 시험이며 샤르피식과 아이조드식이 있다.

샤르피 충격 시험기는 전자식 해머에 의해 1회 충격으로 시험편을 파괴하는 능력과 강성을 가지고 있다. 해머가 시험 전에 높이 올려져 있을 때의 각도와 시험 후에 놓여 있는 각도를 읽기 위한 바늘과 눈금판, 시험편을 지지하는 장치 등으로 되어 있다.

충격값은 절단에 필요한 에너지(흡수 에너지)로부터 구할 수 있다. 먼저, 시험편을 파단하였을 때 필요한 에너지 $E(\mathrm{J})$ 는 다음 식으로 구한다.

$$E = W(h_1 - h_2) = WR(\cos\beta - \cos\alpha) \qquad (1\text{-}16)$$

또는 상세하게 필요로 하는 경우에는 다음 식을 사용하여 구한다.

$$E = WR(\cos\beta - \cos\alpha) - L \qquad (1\text{-}17)$$

따라서 충격값 I는 다음과 같다.

$$I = \frac{E}{A}(\text{J/cm}^2) \qquad (1\text{-}18)$$

W : 해머의 중량(N)

h_1 : 초기 해머의 높이

h_2 : 시험편 파단 후 해머의 높이

R : 해머의 회전축 반지름

α : 해머의 초기 각도

β : 시험편 파단 후 해머의 각도

A : 시험편의 파단 면적

L : 운동 중에 손실된 에너지

그림 1-17은 샤르피 충격 시험기의 시험 원리도를 나타낸 것이다.

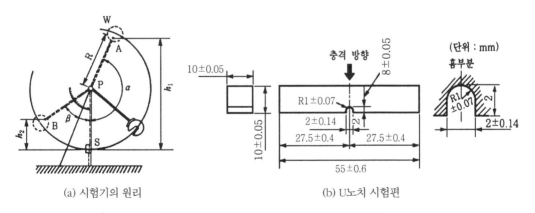

(a) 시험기의 원리   (b) U노치 시험편

그림 1-17 샤르피 충격 시험기의 시험 원리

7) 마모 시험

재료가 다른 물체와 마찰하여 그 표면이 소모되는 현상을 마모라고 한다. 금형의 경우, 제품을 성형하는 과정에서 이러한 마모 현상은 제품 정밀도와 관련하여 대단히 중요하다. 마모 현상에 대한 원인도 다양하여 마모 시험(wear test)은 마모 형식에 따라 여러 종류가 있으나, 대부분 시험편과 다른 물체를 접촉시켜서 미끄럼 마모 혹은 회전 마모를 일으키고, 일정한 회전수 또는 일정한 거리까지 미끄러진 후 마찰로 손실된 중량의 감소를 측정하여 마모 상태를 비교하는 것이 많다.

8) 피로 시험

재료의 인장 강도 및 항복점으로부터 계산한 안전 하중 상태에서도 작은 힘이 계속적으로 반복하여 작용하였을 때 파괴를 일으키는 일이 있다. 이와 같은 파괴를 피로 파괴(fatigue failure)라 하며 파단되기까지 가장 큰 응력을 피로 한도라고 한다.

그림 1-18은 피로 응력과 반복 횟수의 관계를 나타낸 것으로 S-N 곡선이라고 한다. 곡선의 수평부의 응력이 피로 한도가 된다. 강철의 경우, 피로 한도를 구할 때 반복 횟수를 $10^6 \sim 10^7$ 정도로 정하는 일이 많다. 재료의 피로 한도를 구하는 것은 많은 시간이 필요하므로 실험 공식을 사용하여 구하는 것이 편리할 때가 많다. 일반적으로 기계적 성질이 알려져 있을 때에는 탄소강의 경우에 다음 식을 사용하면 편리하다.(단, $\sigma_s =$ 인장 항복점, $\sigma_B =$ 인장 강도를 알고 있을 때)

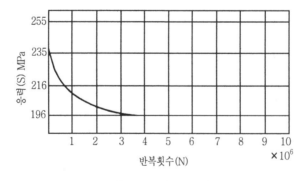

그림 1-18 S-N 곡선

---

① 회전 굽힘 피로 한도(σ_{wB})

$$\sigma_{wB} = 0.25(\sigma_s + \sigma_B) + 49(\mathrm{MPa}) \tag{1-19}$$

② 양진 인장 압축 피로 한도(σ_{ws})

$$\sigma_{ws} = (0.7 \sim 0.9)\sigma_{wB} \tag{1-20}$$

9) 고온 강도와 크리프 시험

금속 재료의 일반적인 시험은 상온에서 한다. 그러나 금형의 경우 사용 중에 극심한 열적 응력을 받는 경우에는 재료의 강도가 급격히 떨어지므로 쉽게 파괴될 수 있다.

이와 같은 종류의 금형들로 다이캐스팅, 열간 단조 등을 들 수 있다. 따라서 열간에서의 재료의 강도와 크리프(creep) 시험은 이러한 관점에서 대단히 중요하다.

그림 1-19는 각종 금속의 고온 강도와 온도의 관계를 나타낸 것이다. 대부분 강철의 인장 강도는 200~300℃ 사이에서 최고가 되지만 연신율은 최저가 된다. 또한, 이 온도 범위에서 취성을 가지게 되는데 이 취성을 청열 취성(blue shortness)이라 한다. 재료에 일정한 응력을 가할 때 생기는 변형량의 시간적 변화를 크리프라 하며, 이 현상은 어떤 온도에서도 일어나는 것이지만 변화량이 큰 고온에서 재료의 변화를 아는 것이 공업적으로 중요하다. 이 때문에 크리프 실험을 실시하며, 실제의 크리프 실험은 일정 하중을 가한 상태에서 실행한다.

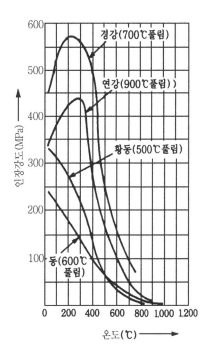

그림 1-19 고온 강도와 온도의 관계

2.3 화학적 성질

1) 산화와 부식

금속이 산소와 결합하는 반응을 산화(oxidation)라고 한다. 넓은 의미로 산화는 금속 원자에서 전자를 빼앗기는 과정이라 할 수 있다. 일반적인 고찰을 하면 부식도 금속 원자가 전자를 잃고 이온화되는 과정이므로 산화와 부식은 서로 관련이 있다.

대부분의 금속은 건조한 공기 중 실온 부근의 온도에서는 산화되지 않으나 고온으로 가열하면 산소와의 반응이 활발하게 되어 급속히 산화된다. 금속이 산화될 때에는 금속 표면에 산화물이 생겨 엷은 층을 형성하므로 그 이후의 산화를 방해하는 작용을 할 때가 있다. 이와 같은 경우의 산화물을 보호적(protective)이라 한다.

산화에 의하여 금속 표면에 생긴 산화물층을 스케일(scale)이라 하고, 두께가 약 3/1,000mm 이하인 산화물층을 산화막(oxide film)이라고 한다.

금속의 산화 현상은 산화로 생긴 산화물의 성질에 따라 상당히 다르다. 산화물이 금속에 밀착하지 않고 이탈할 때나 금속 자체의 용적이 산화물 발생으로 인하여 감소할 때 산화물이 금속 표면을 완전히 덮을 수 없으므로 금속 표면은 산화가 계속 진행된다.

금속에 산화물이 형성될 때의 용적 변화는 다음과 같다.

$$용적비 = \frac{\dfrac{M}{D}}{\dfrac{m}{d}} = \frac{Md}{mD} \tag{1-21}$$

M : 산화물의 분자량
D : 산화물의 밀도
m : 금속의 원자량
d : 금속의 밀도

표 1-4는 주요한 금속이 산화될 때의 용적비를 표시한 것이다. 이 값이 1보다 작을 때 산화물층은 다공질의 것이 되어 금속 표면을 완전히 덮을 수 없다.

표 1-4 금속과 산화물의 용적비

금 속	산화물	Md/mD
Mg	MgO	0.85
Al	Al_2O_3	1.38
Zn	ZnO	1.41
Ni	NiO	1.64
Cu	Cu_2O	1.71
Mn	$Mn2O_3$	1.75
Fe	Fe_3O_4	2.10
Fe	Fe_2O_3	2.16
Mo	MoO_3	3.01
W	WO_3	3.50

만약, 산화막이 보호적인 경우에 산소와 금속의 원자가 이 산화물층을 확산하지 않으면 서로 접촉할 수 없다. 이 때의 반응은 그림 1-20에 나타낸 바와 같이 산화물과 금속의 계면에서 금속 원자는 전자를 잃어 이온화되고 산화물층을 통하여 표면으로 확산된다. 한편 이온화로 유리된 전자는 산화물층의 표면에 이르고 여기서 산소 원자의 이온화를 돕는다. 이 산소 이온은 산화물층의 표면 근방으로 확산되어 온 금속 이온과 결합하여 산화물을 형성한다.

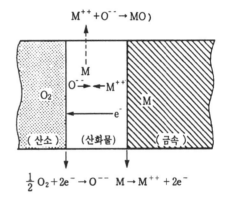

그림 1-20 산화막을 통한 금속의 산화

2) 철의 부식

금속 표면에 물방울이 접하게 될 때 그곳에 국부 전지(local cell)가 형성되어 전기 화학적 반응이 일어난다. 그림 1-21은 빗물에 의한 Fe의 부식 예이다. 그림에서 보는 바와 같이 물방울에 접하는 부분은 $Fe \rightarrow Fe^{++} + 2e^-$의 반응으로 Fe는 이온화된다. 그 다음 Fe^{++} 이온은 물방울 중의 OH^- 이온과 반응하여 $Fe(OH)_2$를 형성한다.

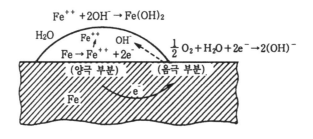

그림 1-21 표면의 물방울에 의한 녹의 발생

따라서 물방울 중의 OH^- 이온은 감소하나 물방울의 주변 부분에서는 Fe^{++} 이온이 형성될 때 방출된 전자와 공기 중의 O와의 작용으로 OH^- 이온이 생성된다. $Fe(OH)_2$는 O의 영향으로 산화되어 $Fe(OH)_3$가 되고, 또 일부는 FeO, Fe_2O_3까지 변한다. 이러한 혼합 생성물을 녹(rust)이라고 한다.

3) 부식의 종류

부식이 일어나는 방식은 금속의 종류나 그 주위의 상황에 따라 각각 다르나 그 양상을 대별하면 다음과 같다.

① 입계 부식(intergranular corrosion) : 스테인리스강을 500~800℃로 가열하면 Cr과 C가 결합하여 크롬카바이드를 형성하며, 이로 인하여 입계에 크롬 농도가 저하하므로 부식이 입계에 집중되고, 탄소와 친화력이 큰 Ti 등을 첨가해서 부식을 방지한다.

② 선택 부식(preferential corrosion) : 편석이 없는 균일상에서 어느 성분 금속만 선택적으로 부식되는 현상으로, 황동(Cu−Zn)에서 아연(Zn)만이 부식되는 고온 탈아연 부식이 이에 속한다.

③ 응력 부식(stress corrosion) : 정적인 응력 또는 반복 응력이 가해지면 피로와 부식이 동시에 일어나며, 이로 인해 훨씬 심한 손상을 주어 부식 파쇄(corrosion fatigue)가 발생한다.

④ 마멸 부식(erosion corrosion) : 급속히 유동하는 유체(매체)에 의한 부식 현상으로 금속 표면에 생긴 부식 생성물이 제거되어서 보호층이 형성되지 못하기 때문에 정지 상태의 부식보다 급속히 일어난다.

⑤ 균일 부식 : 금속의 표면이 전체적으로 균일하게 부식될 때 균일 부식이라고 한다.

⑥ 공식(pitting) : 합금 성분의 편석 등 표면의 불균일성에 의해서 발생되며, 일단 부식이 일어나면 불균일성이 더욱 증대하여 부식이 가속화된다.

2.4 제작상의 성질

① 주조성(castability) : 금속 및 합금의 종류에 따라 주조시 유동성에 차이가 있고, 따라서 제품의 조형성에도 큰 차이가 있다. 주철은 강에 비해 주조성이 좋으며 알루미늄, 합금의 경우 Si가 많이 첨가될수록 주조성이 좋아진다.

② 용접성(weldability) : 금속과 금속, 금속과 비금속 등의 결합성, 융합성을 말하고, 주철보다 강이 용접성이 좋으며 스테인리스강은 일반강에 비해 용접성이 나쁘다.

③ 성형성(formability) : 성형성은 보통 가공성으로 통용되기도 한다. 금속은 단조나 압출, 압연 등을 통하여 성형된다. 성형 과정에서 재료는 금형·공구의 표면과 마찰을 일으키게 되고, 또 하중이 재료 내부까지 조직을 통하여 전달되어 성형하게 된다. 따라서 성형성은 재료 내부의 조직과 불순물의 개재 여부 등에 크게 영향을 받는다.

④ 절삭성 등 : 기계 가공시 절삭성, 기타 소성 등은 금속 재료의 제작상 성질로 중요하다.

2.5 비파괴 시험

금속재료나 제품을 파괴하지 않고 표면 내부의 결함을 수명에 영향을 주지 않는 방법으로 검사할 때 사용되는 방법으로 시험 목적은 다음과 같다.

① 재질검사

② 용접부 등의 검사

③ 재료 및 기기의 계측 검사

④ 표면 처리층의 두께 측정

1) 침투 탐상시험

금속 재료의 표면에 열려 있는 결함을 눈으로 보기 쉽도록 하기 위하여 결함에 침투액을 침투시킨 후 확대된 지시 모양으로 결함을 육안으로 관찰하는 시험을 침투 탐상시험(penetrant detecting test, PT)이라 하고 염색 침투 탐상시험과 형광 침투 탐상시험 등이 있다. 침투액으로 현광물질의 용액과 염료를 사용하는데 현상액은 $BaCO_3$, $CaCO_3$, Al_2O_3, MgO 등의 백색분말의 현탁액을 사용한다.

2) 자분 탐상시험

자분 탐상시험(magnetic dust test, MT)은 재료를 자화 시켰을 경우 표면 또는 표면 부위에 자속을 막는 결함이 존재할 경우 그곳에서 부터 자장이 누설되며 결함의 양측에 자극이 형성되어 결함 부분이 작은 자석이 있는 것과 같은 효과를 띄게 되어 공간에 자장을 형성한다. 그 공간에 자분을 뿌리면 자분 가루들이 자화되어 자극을 갖고 결함 부위에 달라붙게 된다. 자분이 밀집되어 있는 모양을 보고 금속 재료의 결함 부위와 크기를 측정한다.

3) 초음파 탐상시험

초음파 탐상시험(ultrasonic test, UT)은 재료에 초음파를 보내 그 음향적 성질을 이용하여 결함의 유무를 조사하는 검사를 말하는데 이것은 초음파가 물체 속에 전달되었을 때 결함 등 불균일한 곳이 있으면 반사하는 성질을 이용한 것으로 인간(음파 : 16Hz~20KHz 범위)이 귀로 들을 수 없는 음파 20KHz 이상의 주파수를 말하며 다른 검사방법에 비하여 특히 투과력이 우수하다.

초음파의 종류는 다음과 같다.

① 종파(longitudinal wave) : 두께 측정 및 수직 탐상에 이용
② 횡파(transverse wave) : 경사각 탐상에 이용(종파속도의 약 1/2)
③ 표면파(surface wave) : 표면 탐상에 이용(횡파속도의 약 90%)
④ 판파(lamb wave) : 얇은 판재에 이용

4) 방사선 탐상시험

방사선 탐상시험(radiographic test, RT)은 재료 내부에 있는 결함을 X선, γ선 등의 방

사선으로 투과하여 결함의 유무를 검출하기 위한 방법으로 비파괴 검사법 중 가장 신뢰성이 있고 많이 이용하는 검사법이다. 이 탐상법은 금속의 주물, 소재 등의 내부결함, 용접 부분의 결함검사로 이용되고 있으며 방사선 물질로는 우라늄 235(235U), 라듐 226(226Ra) 등과 같이 자연계에 존재하는 것과 코발트 60(60Co)과 같이 인공적으로 만들어진 것도 있다.

5) 음향 방출시험

음향 방출시험(acoustic emission, AE)은 고체가 변형 또는 파괴될 때 그때까지 저장되어 있던 스트레인 에너지가 해방되며 탄성파를 발생하는 현상을 이용하여 실시하는 검사법이다. 응용 범위로는 로케트와 원자력 등의 분야에서 사용하는 고압용기의 압력시험에 의한 파괴 예지, 운전중 감시 및 피로균열, 용접 균열, 응력 부식균열 등 각종 균열의 발생과 그 진행의 탐지 등에 응용이 된다.

03 금속의 결정 구조

원자가 규칙적으로 배열되어 있을 때 이것을 결정체라 한다. 또한 원자나 분자가 규칙적으로 배열하여 조금도 결함이 없는 이상적인 결정을 완전결정이라고 하는데, 실제로 존재하는 결정은 여러 가지 원인에 의하여 격자 결함을 포함하고 있다. 그러므로 열처리를 통한 강화도 불완전한 변태상으로 결정 구조가 변화되기 때문에 가능한 것이다. 플라스틱, 세라믹 등 복합 재료들 역시 불순물과의 연합을 통해 조직이 강화된다. 그러므로 결정의 불완전성은 기능 재료로서 유익을 준다.

결정의 불완전성, 즉 격자 결함은 다음의 4종류로 분류할 수 있다.

① 점 결함(point defect)

② 선 결함(line defect)

③ 면 결함(plane defect)

④ 체적 결함(volume defect)

일반적으로 격자 결함의 완전한 제거는 불가능하다. 점 결함에는 원자 공공(vacancy), 치환형 원자, 격자간 원자(interstitial atom) 등이 있고, 선 결함에는 전위(dislocation)가 있으며, 면 결함에는 적층 결함(stacking fault)과 쌍정 결함(twin boundary), 결정립 경계(grain boundary) 등이 있고 체적 결함에는 수축공과 기공이 포함된 주조 결함이 있다.

격자 결함을 도입함에 있어 최소 단위로서 단위 세포(unit cell)의 면과 방향 표시 방법에 대한 이해가 필요하다. 결정의 단위 세포에는 금속의 경우 체심 입방 격자, 면심 입방 격자, 조밀 육방 격자 등의 세 종류가 있다. 그림 1-22와 같이 결정면은 ( ) 괄호로 표현하고, 결정 방향은 [ ] 괄호로 표현한다. 그림의 [110] 방향과 (110)면의 관계로부터 알 수 있듯이 입방정계에서 지수가 같은 면과 방향은 반드시 직교한다. 또 (100), (010), (001) 등의 면은 좌표축에 대한 상대적인 대칭성이 같다. 이와 같은 면이나 방향을 등가(equivalent)라고 하며, 등가한 면이나 방향을 일괄하여 표시하고자 할 때에는 등가한 면은 { } 괄호, 방향은 〈 〉 괄호로 표기한다. 이와 같은 표시법을 밀러 지수라고 한다.

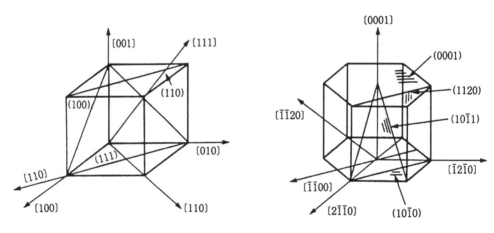

그림 1-22 조직의 결정면과 방향 표시법

3.1 점 결함의 종류 및 도입법

결정 중에 존재하는 점 결함으로는 원자 공공, 치환형 원자, 격자간 원자 등이 있다. 그림 1-23에서 보는 바와 같이 격자점으로부터 원자가 하나 빠져나간 상태의 원자 공공을 쇼트키(Schottky)형 결함이라 하고, 공공과 격자간 원자가 한 쌍으로 되어 있는 경우를 프렌켈(Frenkel)형 결함이라 하며, 공공이 2개인 경우를 복공공(divaconcy), 3개인 경우를 3중 공공(trivaconcy)이라 한다. 격자간 원자는 결정 격자의 격자점 중간 위치에 들어가 있는 원자를 말하며, 이것은 결정 격자 간에서 빈틈이 가장 큰 곳으로 들어가게 된다.

예를 들어 그림 1-24와 같이 면심 입방 격자(FCC)에서는 체심의 장소가 빈틈이 크므로 그곳으로 들어간다. 또 2개의 단위 격자로서 1개의 격자간 원자를 품는 그림 (b)와 같은 〈100〉 덤벨형 격자간 원자도 생각할 수 있다.

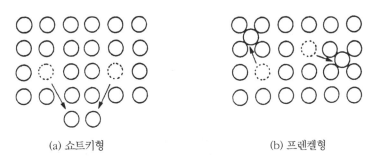

(a) 쇼트키형   (b) 프렌켈형

그림 1-23 점 결함의 형태

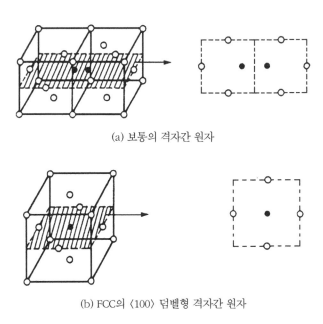

(a) 보통의 격자간 원자

(b) FCC의 〈100〉 덤벨형 격자간 원자

그림 1-24 격자간 원자

모체 결정의 원자와 다른 원자의 크기가 모체 원자와 비슷하면 격자점의 원자와 치환하여 들어갈 것이고 작을 때는 격자 간에 들어갈 것이다. 그림 1-25와 같이 불순물 원자가 치환되어 들어가면 결정 격자를 팽창 또는 수축시키려고 하는 의미에서 점 결함이라 할 수 있으나, 결정 격자 자체에는 이상이 없고 조성상의 결함이므로 취급하지 않는 것이 보통이다.

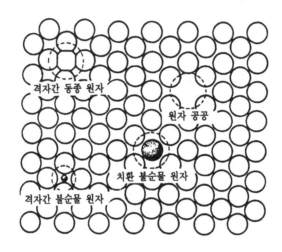

그림 1-25 불순물의 치환

현재 알려져 있는 금속 결정 중에 점 결함을 도입하는 방법은 다음과 같다.

① 온도 상승에 따른 열평형적 형성

보통 금속의 용융점에서 대략 10^{-4}(0.01%) 정도의 결함 농도를 가짐.

② 입자선에 의한 조사

중성자, 양자, 전자가 부딪쳤을 때(프렌켈 결함 발생)

③ 고온으로부터 급냉에 의한 동결

열평형적으로 존재하는 점 결함을 동결(담금질)

④ 화학양적 조성으로부터의 이탈

금속 화합물 등에서는 표준 조직으로부터 이탈(Ni, Al)

⑤ 증착법에 의한 금속 박막의 제조

박막층엔 점 결함 이외에 선, 면 결함이 관찰됨.

3.2 전위

전위는 1930년 Polanyi, Taylor, Orowan 등에 의하여 제안된 이래 이론적으로, 실험적으로 많은 발전을 했다. 그리고 재료의 기계적 성질에 가장 크게 영향을 미치는 격자 결함은 전위(dislocation)이다. 그림 1-26은 칼날, 나사, 혼합 전위의 생성 과정을 나타낸 것이며, 전단력이 가해져 결정면의 윗부분 단위 격자가 상부 화살표 방향으로 1칸 이동할 때 결정면 저부에 있는 원자열에 대하여 1원자 거리만큼 활주하게 된다. 이 때 그림과 같이 미끄러진 부분과 미끄러지지 않은 부분 사이에 엇갈린(mismatch) 선이 남게 되는데, 이 때 A-A를 전위라 한다. 전단이 계속될 경우 이 전위는 계속 이동하게 되며 전단 변형을 일으키게 된다. 소성 변형은 이와 같이 전위의 이동이 계속 발생된 결과이다.

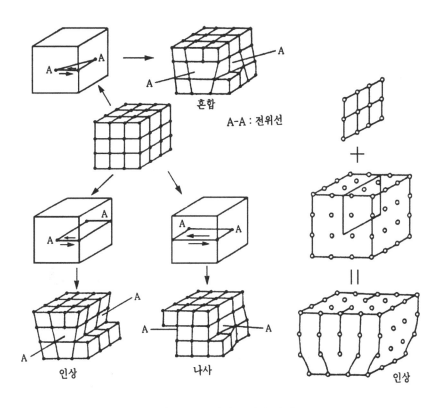

그림 1-26 전위의 생성 과정

전위의 이동에 따르는 방향과 크기를 표시하는 격자 변위를 버거스 벡터(Vurger's Vector)라 하며 'b'로 나타낸다. 버거스 벡터의 방향이 결정의 활주 벡터와 일치하고 그 크기가 원자 간격과 같을 때, 'b'는 활주 방향의 단위 활주량 변위를 나타낸다. BCC 및 FCC 금속의 활주 크기를 표시하면 표 1-5와 같다. 이와 같은 버거스 벡터를 가지는 전위를 완전전위라고 한다.

표 1-5 결정 격자에 따른 버거스 벡터

결정 구조	슬립면	슬립 방향	단위 슬립의 크기
BCC	{110} {112} {123}	$\langle 111 \rangle$	$\frac{a}{2}[111]$, 단위길이 : $\frac{a}{2}\sqrt{1^2+1^2+1^2}=\frac{\sqrt{3}}{2}=a$
FCC	{111}	$\langle 110 \rangle$	$\frac{a}{2}[110]$, 단위길이 : $\frac{1}{\sqrt{2}}a$

그림 1-26과 같이 변위에 대하여 전위 루프가 수직일 경우와 수평일 경우가 있다. 수직인 경우를 칼날 전위(edge dislocation), 수평인 경우를 나사 전위(screw dislocation)라고 한다. 또한 칼날 전위와 나사 전위의 중간적인 구조를 가지고 있는 것이 많은데, 이와 같은 것을 혼합 전위(mixed dislocation)라고 한다.

버거스 벡터 b는 그림 1-27과 같이 전위 주위 회로의 에러라고 보면 된다. 원자가 이웃 원자와 정성적인 결합을 하기 위해서 b는 전단이 일어나는 방향의 격자 간격과 일치해야 한다. 또한 오늘날은 첨단 전자 현미경에 의해서 그림 1-28과 같이 전위를 직접 관찰할 수 있게 되었다.

전위를 관찰할 수 있는 또 다른 방법은 부식시켜 광학 현미경으로 보는 방법이다. 전위 주위에는 응력이 집중되어 있으므로 다른 곳에 비해 부식이 쉽게 일어나기 때문이다.

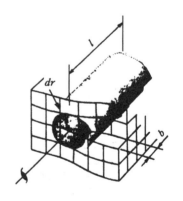

그림 1-27 버거스 벡터

실제로는 금속을 응고시킬 때 시험편 내의 극히 작은 온도의 불균일, 또는 미량의 불순물의 존재 등이 간접적 원인이 되어 결정 내에 도입된다. 더욱이 한번 발생한 전위는 열처리 등에 의해 완전히 제거하기가 매우 어렵다. 결정 내의 전위는 소성 변형, 급냉, 방사선 조사 등의 방법을 통해 그 수를 증가시키는 일이 용이하다.

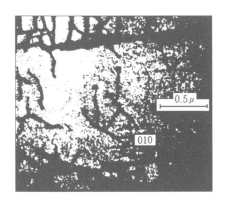

(a) 스테인리스 박판으로 배율 25,000배로 확대한 전자 현미경 관찰 사진(검정색 선들이 전위로 전자들의 회절에 의한 무늬임)

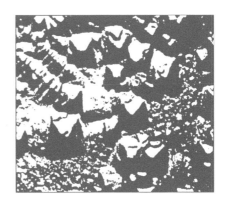

(b) MnS 결정의 전위로 배율 300배로 확대한 과학 현미경 관찰 사진(전위 주위에는 응력장이 형성되어 있으므로 부식액에 쉽게 부식되어 파이는 현상이 관찰됨)

그림 1-28 전위의 현미경 조직

전위 밀도는 단위 체적 내의 전위의 길이로 표시하며, 금속이 얼만큼 가공되고 풀림되었는가를 나타내어 준다.

보통 잘 풀림된 금속 중에는 약 $10^5 \sim 10^8 \text{cm/cm}^3$의 전위가 포함되어 있으나, 소성 가공한 것은 $10^{10} \sim 10^{12} \text{cm/cm}^3$ 정도까지 전위 밀도가 증가된다. 탄소강의 마르텐사이트 조직 중에는 10^{11}cm/cm^3 이상의 전위가 집중되어 조직을 강화시켜 주는 기구가 된다. 이와 같이 전위가 증식되는 데는 원천이 필요하다. 전위의 원천으로는 프랭크-래드(Frank-Read) 원으로 입증할 수 있으나 그 외에도 많은 장소가 있다고 생각되며 현재까지 알려진 것에는 다음과 같은 것이 있다.

① 결정 경계
② 결정의 자유 표면
③ 불완전 정합의 쌍정 경계
④ 아결정 경계(sub-boundary), 전위 네트워크

⑤ 슬립 전위의 조그

⑥ 석출물

⑦ 바딘-헤링(Bardeen-Herring)원

⑧ 프랭크-래드원

3.3 결정 경계

우리가 취급하는 금속 재료의 대부분은 크고 작은 결정의 집합체로 되어 있다. 이와 같은 결정 집합을 다결정체라 하고 각 결정들의 집합체를 결정 입자라 하며, 이들 결정 입자들 사이에는 경계가 존재하고 이 경계를 결정 경계라 한다. 대부분 금속의 평균적인 결정 입자의 크기는 0.015~0.24mm 범위에 있다고 알려져 있다. 금속의 물리적 특성은 결정 경계에 의해 크게 좌우된다. 왜냐하면 이 결정 경계는 점 결함, 전위의 원천이 되고 불순물 석출물들이 형성되는 장소이며, 열처리나 냉간 가공과 열간 가공 등을 통하여 기능 재료로 구비되는 기구가 되기 때문이다.

1) 결정 경계의 형성 과정

조직 내에 결정이 한 개 이상 존재할 때 결정이 만나는 곳에는 서로 어긋 맞춰지는 장소가 발생한다. 그림 1-29와 같이 각기 구별된 개개의 결정을 결정 입자라 하며, 어긋 맞춰진 영역을 결정 경계라고 한다.

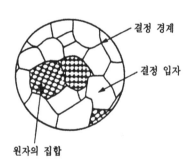

그림 1-29 결정 조직

그림 1-30에는 몰리브덴(Mo)과 세라믹인 MgO의 결정 경계를 나타내었다. 결정 경계 내에 있는 원자들은 결정 내부의 원자들에 비해 높은 에너지를 갖고 있어 매우 활성적이다. 결정 경계는 양쪽 결정 입자가 만드는 각이 작을 때에 전위에 의하여 구성되는 일이 많으나, 만드는 각이 클 때에는 원자 공공과 같은 확산 구멍(diffused hole)도 다수 섞여 있다.

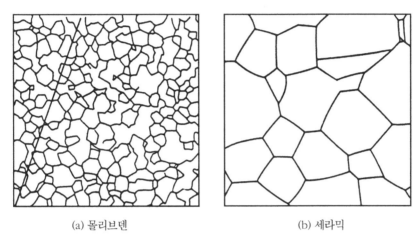

(a) 몰리브덴   (b) 세라믹

그림 1-30 몰리브덴과 세라믹의 결정 경계

2) 결정 경계의 이동

금속 재료가 냉간 가공될 때 수많은 결정 결함들이 재료 내부로 도입된다. 이 결과로 재료 내부에 에너지가 축적되고 결정 경계는 성장 또는 축소되며, 각도 특성들의 영향을 받으면서 움직이게 된다.

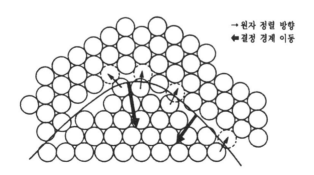

→ 원자 정렬 방향
← 결정 경계 이동

그림 1-31 원자들의 확산을 통한 경계 이동

열처리시 결정 경계는 그림 1-31과 같이 볼록면을 향해 움직이며, 그림 1-32와 같이 물 방울을 연상시키듯 작은 경계들은 더욱 작아지고 큰 결정 경계들은 더욱 성장하게 된다. 이와 같은 결정 경계의 이동은 불순물이나 2차 석출물들에 의하여 방해를 받는다.

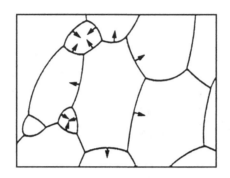

그림 1-32 곡면 중심부를 향한 경계 이동

금형 재료로서 고강도와 고인성의 성능은 결정 경계가 미세하고 균일할 때 충분히 발휘 되는데, 이는 외부로부터 받는 응력을 미세한 결정 경계로 분산 수용함으로써 발휘되기 때문이다. 열처리시 너무 높은 온도로 재료를 가열하면 결정 경계가 매우 커져서 재료는 취약하게 된다.

3.4 합금의 성분과 상태도

합금이 용융 상태에서 응고 상태로 변할 때에 생기는 내부 조직의 상태가 변하는 것을 합금의 용융 상태와 모든 온도와의 관계를 한 그림에 표시하여 기체, 액체, 고체가 존재하 는 구역을 곡선으로 구분하여 표시하는 방법을 사용하고 있는데, 이것을 평형 상태도 (equilibrium diagram) 또는 상태도(state diagram)라고 한다.

금속 재료를 비롯한 기능성 재료들은 산업계의 여러 방면에서 사용되고 있으며, 용도에 따라 강도, 경도, 점성, 비중, 색, 융점, 팽창률, 전기 및 열 전도도, 대기 및 화학 약품에 대한 내식성 등의 여러 성질이 요구된다.

단일 금속으로는 이러한 성질 중 어느 몇 개만을 만족시킬 수는 있어도 요구되는 성질을 모두 만족시킬 수는 없고, 또한 그 수가 한정되어 있으므로 이상의 요구에 충분히 응한다는 것도 사실상 거의 불가능하다. 따라서 이들 금속 원소를 혼합하여 합금을 만들어 줌으로써 비로소 이들 요구에 응할 수 있게 되는 것이다.

합금의 성질은 합금을 만들고 있는 각 성분의 종류에 따라 달라지며, 동일 성분의 것이라 할지라도 성분 상호간의 배합비 또는 온도에 따라 변화하는 것이다. 그러므로 요구되는 성질을 구비한 합금을 얻는 데에는 어떤 금속 원소들을 어떤 배합비로 합성시켜 어떤 온도에서 열로 처리해 주어야 하는가, 또는 어떤 온도에서 가공하면 좋은가에 대해 알아야 한다. 이에 관하여 적당한 지침을 주는 것이 상태도라 하겠다. 즉, 합금 상태도는 합금의 성질과 가장 밀접한 조직을 이해할 수 있도록 안내하며, 용해, 가공, 열처리 등 제조 및 사용상의 기초가 되는 실용상의 많은 지식을 얻게 해 준다.

상(phase)이란, 어느 부분이나 균일하고 불연속적이며 경계된 부분으로 되어 있는 분자와 원자의 집합 상태를 말한다. 기체, 액체, 고체는 각각 하나의 상태이며 상과 성분 사이의 관계는, 예를 들어 얼음, 물, 수증기가 공존하면 성분은 물 1성분이나 상은 고상, 액상, 기상인 3상이다. 그리고 한 집단의 물체를 외계와 차단하여 그 물질 이외의 것은 어떠한 물리적 교섭이 없는 상태로 있다고 생각할 때 이것을 계(system)라고 한다. 예를 들면, Cu-Sn계라고 하며 Cu와 Sn의 관계만을 생각하고 그 이외의 것은 생각하지 않는 경우이다.

성분(component)이란, 예를 들어 소금물은 소금이라는 하나의 성분과 물이라는 하나의 성분이 모여 두 성분으로 된 것이다. 이와 같이 한 계의 조성을 나타내는 물질을 말하며, 1개의 계를 구성하고 있는 물질이 1성분으로 된 것을 1성분계, 2성분으로 된 것을 2원계, 3성분으로 된 것을 3원계라고 하고, 그 합금을 각각 2원합금, 3원합금이라고 한다.

1) 2원합금 평형 상태도

고체 상태의 합금에 나타나는 상은 순금속, 고용체(solid solution), 금속간 화합물(intermetalic compound), 공정, 포정 등이 있으며, 순금속은 금속 단일상이 결집된 부분이다.

(1) 고용체

고체 상태의 금속에 다른 금속이 용입하여 단일상의 용체를 만들 때 이것을 고용체라고 한다. 금속이 용입할 때 이들은 각 한 개의 원자로서 용매 금속의 결정 격자 속으로 들어가게 된다. 원자가 들어가는 방법은 두 가지가 있다. 하나는 그림 1-33 (a)와 같이 용질 원자가 용매 원자의 결정 격자 사이로 끼여 들어가는 경우로 이를 침입형 고용체(interstitial solid solution), 그림 (b)와 같이 용질 원자가 용매 원자와 치환되는 경우로 이를 치환형 고용체(substitial solid solution)라고 한다.

위에서 설명한 고용체는 어느 경우를 막론하고 녹아 들어가는 원자의 배열이 불규칙적이나, 어떤 종류의 고용체는 그림 (c)와 같이 규칙적으로 배열하고 있는데 이와 같은 것을 규칙 격자(super lattice) 또는 중격자라 한다.

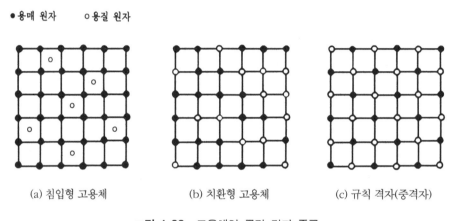

(a) 침입형 고용체   (b) 치환형 고용체   (c) 규칙 격자(중격자)

그림 1-33 고용체의 공간 격자 종류

침입형 고용체는 용질 원자의 크기가 용매 원자에 비해 특히 작을 때에만 일어나는데, 일반 금속의 원자 크기는 큰 차이가 거의 없으므로 탄소나 수소 등이 금속에 가해질 때 일어난다.

> [예] **용매** : 용액이 존재할 때 용질을 녹여 용액을 만드는 물질, 일반적으로 둘 중 양이 더 많은 쪽을 용매 더 적은 쪽을 용질로 본다.
> **용질** : 용액에서 녹아 들어가는 물질, 설탕물에서 녹은 설탕은 용질로 설탕을 녹이는 물은 용매이다.

(2) 금속간 화합물

성분 금속의 원자비가 비교적 간단한 정수비로 결합되고, 각 성분 금속의 원자가 결정 격자의 단위 격자 내에서 정해진 위치를 점유하고 있는 합금을 금속간 화합물이라 한다.

금속간 화합물(intermetallic compound)은 일반 화합물과는 상당히 다르며 일반적인 화학 결합의 원자가 법칙에 적용되지 않는다. 즉, Cu는 1가 또는 2가의 원소이고 Al은 3가의 원소이나 Cu와 Al 합금에는 $CuAl_2$ 화합물이 존재한다. 이것은 결합력이 약하고 고체에서만 존재하므로 용해시 분해된다. 금속간 화합물의 특징은 다음과 같다.

① 성분 금속 원자가 단위 격자 내에서 일정한 위치를 점유하고 있다.
② 복잡한 결정 구조를 가지며 소성 변형이 곤란하고 경하며 취약하다.
③ 전기 저항이 크다.
④ 규칙 · 불규칙 변태가 없다.
⑤ 일반적으로 성분 금속보다 융점이 높다.
⑥ 성분금속의 특징을 잃어버린다.
⑦ 동족원소와는 거의 화합물을 만들지 않는다.
⑧ 고온에서 융점을 갖지 못하고 분해되기 쉽다.

금속간 화합물은 금속적 성질을 잃어버리고 있으나 철강 중의 Fe_3C와 같이 합금의 구성 요소가 되어 열처리시 중요한 구실을 한다.

(3) 공정

2개 성분의 금속이 용해된 상태에서는 균일한 용액으로 되나 응고 후에는 성분 금속이 각각 결정이 되어 분리되며, 2개 성분의 금속이 고용체를 만들지 않고 기계적으로 혼합된 조직으로 될 때가 있다. 이와 같은 현상을 공정이라 하고 이 때의 조직을 공정 조직(eutectic structure)이라 한다.

그림 1-34는 α 및 β고용체에 서로 용해 한도를 가지고 있는 고용체와 공정 합금의 조직 예이다.

$\overline{CE}$: α고용체의 액상선
$\overline{DE}$: β고용체의 액상선
$\overline{CG}$: α고용체의 고상선

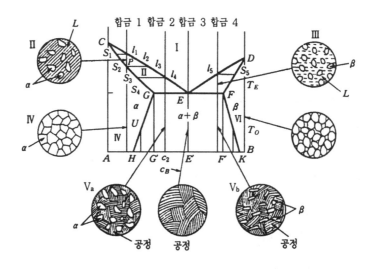

그림 1-34 고용체와 공정 합금의 조직

$\overline{DF}$: β고용체의 고상선

$\overline{GEQF}$: 수평선은 공정 반응 온도선

$$M_E \rightleftarrows \alpha_G + \beta_F$$

$\overline{GH}$: β고용체의 α고용체에 대한 용해 한도 곡선

$\overline{FK}$: α고용체의 β고용체에 대한 용해 한도 곡선

각 구역 상태는 I : 용체, II : 용체+α(초정), III : 용체+β(초정), IV : α고용체, V_a : α+공정(α+β), V_b : β+공정(α+β), VI : β고용체이다.

(4) 포정

합금을 용융 상태에서부터 냉각하면 어떤 일정한 온도에서 정출된 고용체와 이와 공존된 용액이 서로 반응을 일으켜 새로운 다른 고용체를 만든다. 이 반응을 포정 반응(peritectic reaction)이라 하고, 이 때 새로 만들어진 고체를 포정이라 한다.

그림 1-35는 포정 발생 과정을 표시한다. (a)는 포정 반응 초기, (b)는 반응이 상당히 진행한 상태, (c)는 포정 반응이 완료되어 β고용체로 된 것이다.

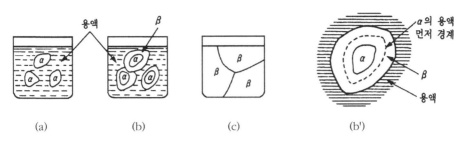

그림 1-35 포정 발생 과정

2) 3원합금의 평형 상태도

3원합금에서는 조성 표시에만 평형이 필요하므로 온도축을 세우면 그 상태로는 공간 표시가 된다. 따라서 상태도로서는 투영법, 단면법, 모형법 등을 이용하여야 한다.

3원성분계에 관한 완전한 평형 상태도는 그림 1-36(a)와 같은 전체 모형 입체도가 필요하다. 이것을 평면 위에 상태도로 나타낼 때에는 단면을 사용하는 것이 매우 편리하다. 3원합금에 대한 상호간의 성분 및 온도 관계를 나타내기 위하여 보통 정삼각형을 사용한다. 3개의 순금속을 정삼각형의 꼭지점으로 나타내고, 각 금속의 2원합금은 삼각형의 각 변에 따라 나타내며, 삼각형 안의 점의 위치는 3원합금의 성분으로 정한다. 그러므로 (b)는 삼각형 안의 O점이 A : B : C=OI : OH : OG의 성분비를 나타내는 합금이다. 2원합금에서는 액상선 및 고상선 등이 선으로 표시되어 있으나 3원합금에서는 곡면으로 표시하는 것이 필요하다. 3원계의 3원공정은 용액 표면이 교차되어 생성하는 한 개의 선으로 나타낸다.

이때 3원공정점(ternary eutectic point) O는 골진 부분의 최저점이 된다.

일반적으로 2원공정은 일정한 온도선에서 어떤 범위에 걸쳐 진행되나, 3원공정은 A−B, B−C, C−A 등의 각 합금의 공정점보다도 더욱 낮은 일정한 온도에서 생기게 되므로 저용융점 합금이 필요할 때에 이용된다.

그림 1-36의 (d)는 A, B, C 3개의 금속이 정삼각형의 각 변 위에 나타나는 단순한 2원합금을 형성하는 3원계에 대한 용액 정계를 삼각형 안에 투영한 것이다. X점으로 나타내는 합금의 응고 과정을 고찰하면 APEQ 구역 중의 합금은 A금속의 농도가 크므로, A금속의 초정(primary crystal)이 정출됨에 따라 남은 용액 B와 C의 농도가 증가된 합금을 정출하면서 PE선을 따라 공정이 형성되고, 용액은 E점에 도달될 때까지 농도가 증가된다. 그

리고 (e)에서 AE, BE, CE선 위의 선분을 가지는 고체들은 단순히 초정과 3원공정만을 함유한다. 또 가장 중요한 3원 상태도는 A+B+C로 된 3상 구역으로 성립되어 있는 공정 E점을 나타낸다. (f)는 각 성분 금속이 고체 상태에서 상호 용해한도 곡선이 있을 때의 합금 중의 상구역을 나타낸 것이다. 따라서 앞에서 설명했듯이 3원공정은 순금속 대신 3개의 고용체 α, β, γ 등으로 성립된다.

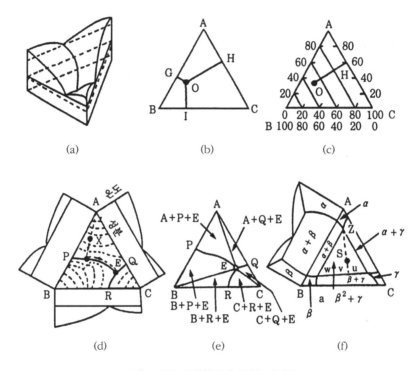

그림 1-36 3원합금의 평형 상태도

4.1 탄성 변형

금속에 외력이 가해질 때 외력에 대한 변형 곡선을 그려 보면, 이 곡선은 크게 두 개의 구역으로 나눌 수 있다. 즉, 외력(하중)을 제거할 때 시험편이 바로 원형으로 돌아오는 탄성 변형(elastic deformation) 구역과 외력을 제거한 후에도 영구 변형이 남는 소성 변형(plastic deformation) 구역이다.

탄성 변형을 고찰할 때 시험편의 양단을 잡아당길 경우와 시험편의 측면에서 전단적으로 힘이 가해질 경우 변형의 양상이 다르며, 각각의 경우에 대한 표현 방식도 다르다.

시험편의 양단에서 잡아당기는 인장력이 가해질 때 일반적으로 그림 1-37과 같은 응력 변형 선도(stress-strain curve)를 구할 수 있다. 응력이라 함은 외력에 대하여 물체 내부에 생긴 힘을 의미하며, 시험편의 처음 단면적을 A_o, 표점 간의 거리를 l_o, 가한 힘을 F, 힘이 가해져서 변형한 후의 길이를 l 이라 하면 응력(σ)과 변형량(ε)은 다음 식으로 표시된다.

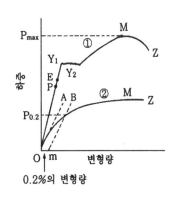

그림 1-37 응력 변형 선도

$$\sigma = \frac{F}{A_o} \tag{1-22}$$

$$\varepsilon = \frac{l - l_o}{l_o} \tag{1-23}$$

그림 1-37의 응력 변형 선도에서 ①의 곡선을 설명하면 다음과 같다.

① P(비례 한도) : 응력과 변형량이 정비례 관계를 유지하는 한계

② E(탄성 한계) : 외력을 제거할 때 시험편이 원형으로 돌아가는 한계

③ Y(항복점) : 외력을 제거한 후 명백하게 영구 변형이 인정되기 시작하는 점
   Y_1 : 상부 항복점, Y_2 : 하부 항복점

④ M(최대 하중점) : 곡선상에서 최대 응력에 해당하는 점

⑤ Z(파단점) : 시험편이 절단되는 점

그림의 ②의 곡선은 연강 이외에 다른 금속 재료들은 일반적으로 항복점이 잘 나타나지 않으므로, 전 변형량의 0.2%가 되는 점 M에서 그 곡선의 직선부와 평행선을 긋고 곡선과의 교점을 항복점으로 취급한다.

비례 한도 내에서 응력과 변형량은 서로 정비례하며 다음과 같이 표시된다.

$$\sigma = E\varepsilon$$

$$E = \frac{\sigma}{\varepsilon} \qquad\qquad (1\text{-}24)$$

E는 탄성률(Young's modulus)로서 후크(Hook)의 법칙이 성립되는 범위이다. 탄성률은 일반적으로 온도가 올라가면 그림 1-38과 같이 감소한다. 정밀한 계기에 쓰이는 스프링과 같이 온도에 따라 탄성률이 변화하면 안 될 때가 있다. 탄성률의 온도에 따른 변화는 금속의 종류마다 고유한 것이므로 합금을 만들어서 온도에 의한 변화를 적게 할 수 있다. 탄성률이 온도에 따라 변하지 않는 합금에는 엘린바(elinbar)가 있다.

주요 금속의 탄성률과 온도 계수를 표 1-6에 나타내었다.

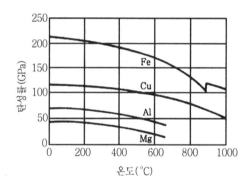

그림 1-38 탄성률의 온도에 따른 변화

표 1-6 주요 금속의 탄성적 성질

금속	탄성률(E) (GPa)	강성률(G) (GPa)	푸아송비 (μ)
Ti	115.8	44.8	0.31
Al	68.9	24.8	0.33
Cu	110.3	44.1	0.36
Ni	206.8	79.3	0.30
Pb	15.9	6.2	0.40
Fe	206.8	76.5	0.28
W	389.6	157.2	0.27

탄성 구역에서는 세로 방향에 연신이 생기면 가로 방향에 수축이 생기는 변형이 발생한다. 각 방향의 치수 변화의 비는 푸아송비(μ)라는 한 재료의 고유값을 나타낸다.

$$\mu = \frac{-\varepsilon'}{\varepsilon} \tag{1-25}$$

여기서 ε은 세로 방향의 변형량, ε'는 가로 방향의 변형량이며, 한쪽이 정이면 다른 쪽은 부가 된다.

그림 1-39와 같이 시험편에 전단적인 힘이 가해져서 α만큼 변형되었다면 이 때의 응력을 전단 응력(shear stress) τ라고 하고, 변형량을 전단 변형량(shear strain) γ라고 한다.

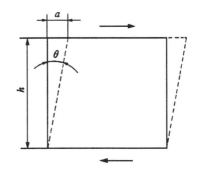

그림 1-39 전단 변형량

$$\gamma = \frac{a}{h} = \tan\theta \tag{1-26}$$

그리고 탄성 변형 구역에서는 다음과 같다.

$$\tau = G\gamma$$
$$G = \frac{\tau}{\gamma} \tag{1-27}$$

G는 강성률(shear modulus)이라 하며, 탄성률, 강성률, 푸아송비 사이에는 다음과 같은 관계가 있다.

$$G = \frac{E}{2(1+\mu)} \tag{1-28}$$

4.2 소성 변형

소성 변형이란 재료에 가해진 외력(하중)을 제거하였을 때 재료에 영구 변형이 남는 것을 말한다. 소성 변형을 이용하여 가공할 때, 재결정 온도 이하에서 가공하는 냉간 가공과 재결정 온도 이상에서 가공하는 열간 가공으로 구분한다. 육안으로 보기에는 변형된 외관이 관찰되지만 미세한 원자 구조를 보면 소성 변형은 결정면상의 결정 격자의 전단 또는 슬립(slip)에 의하여 발생된다. 일반적으로 소성 변형 후에도 동일한 기하학적 결합을 하고 있으며, 그 이유는 수많은 원자 간 거리들로 분산과 집적되어 있기 때문이다.

결정 격자가 외력에 의하여 변형할 경우, 탄성 한계를 넘어서 외력이 더욱 증가하면 원자간의 결합이 끊어져 결정이 분리되어 버리는 일은 그리 쉽게 일어나지 않는다. 단결정에 외력이 가해지면 그 분력은 여러 원자면에 전단력을 일으켜 원자면에 따라 변형을 일으키도록 작용한다.

금속 결정의 경우에는 원자 간의 결합을 분리하는 데 필요한 힘이 원자면에 변형을 일으키는 데 필요한 힘보다 훨씬 크므로, 결정이 파단되기 전에 원자면을 따라 그림 1-40과 같은 슬립을 일으킨다.

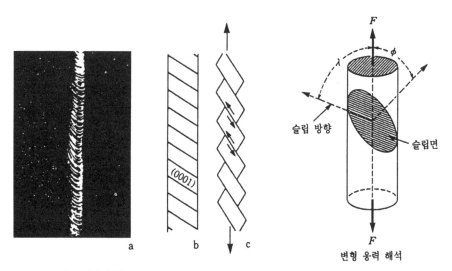

a : HCP단 결정의 슬립
b : (0001)면에 평행으로 슬립 발생
c : 슬립의 발생으로 인한 변형

그림 1-40 HCP 금속 단결정의 슬립

슬립이 일어나는 원자면을 슬립면, 그 방향을 슬립 방향이라고 하며, 원자 밀도 최대의 면에서 원자 밀도 최대의 방향으로 일어난다.

체심 입방 격자(BCC) 슬립면(110) 슬립 방향[111]

면심 입방 격자(FCC) 슬립면(111) 슬립 방향[110]

조밀 육방 격자(HCP) 슬립면(0001) 슬립 방향[2$\bar{1}\bar{1}$0]

실제 금형 재료의 경우는 단결정이 아니고 서로 방향이 다른 결정들이 집합체로 이루어져 있으며 이를 다결정체(poly crystal)라고 한다. 이와 같은 경우에는 단지 몇 개의 결정만이 슬립이 일어나기 유리한 위치에 놓일 수도 있다. 그러므로 결정면에 서로 다른 방향인 인접된 결정에 의해서 집단으로 변형되기 전에는 가공 변형이 조금씩 진행될 수 있을 것이다. 그러나 한 결정에서 한번 이동이 생기기 시작하면 응력의 분포는 전부 변형될 때까지 전달되어 또 다른 결정에 슬립이 일어나게 된다.

결정 경계에서 원자 배열의 성질은 슬립을 저지한다. 결정 경계 구역은 원자 밀도가 작고, 경계면 양쪽의 양격자로부터 일어나는 힘의 작용을 받기 때문에 중간 위치를 고수하며 임의의 변동 구역을 형성한다. 따라서 원자의 기하학적 규칙성은 결정 경계에서 교란되며, 슬립의 방향이 자주 변하기 때문에 결정 입도가 작을수록 재료는 경하고 강하며 균질이다.

결정 경계는 슬립을 방해한다. 일반적으로 금속 재료의 결정 입도가 미세할수록 재질이 강하다는 것은 결정 경계의 강도에 기인한 것으로 생각할 수 있으나, 주로 미세한 결정일

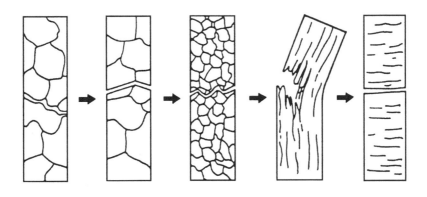

그림 1-41 금속 가공 변형의 영향

수록 결정 경계의 총 면적이 크기 때문이다.

이와 같이 다결정체는 결정 경계의 영향을 받으면서 슬립이 발생하며, 점차 그 방향이 변하게 되므로 나중에는 일정한 방향을 갖게 된다. 이것을 선택 방향성(preferred orientation)이라고 하며, 특히 압연이나 인발시 이러한 방향성이 나타난다. 그림 1-41은 다결정체의 가공 변형의 영향을 보여주고 있다.

1) 냉간 가공

강을 재결정 온도 이하에서 가공하면 강도와 경도가 대단히 증가되고 연신율은 감소하게 된다. 이와 같이 냉간 가공을 함으로써 강도 및 경도가 증가되는 현상을 가공 경화(work hardening)라고 하며, 저탄소강에서의 강도 향상책으로서 매우 중요한 방법이다.

냉간 가공의 특징은 다음과 같다.

① 가공 공정과 연료비 소비가 적다.

② 제품 표면이 미려하다.

③ 제품 치수 정도가 좋고 가공 경화에 의한 강도가 상승한다.

④ 가공비가 적게 들고 공정관리가 쉽다.

냉간 가공은 외부의 형상 변화에 따른 결정 입자가 연신되어 슬립 현상이 나타나고, 평행한 슬립선이 가공과 함께 각 결정 입자 내에 발생하여 일정한 방향으로 슬립되어 변형한다. 이 변형이 연속되면 결정 입자는 외력 방향으로 연신됨과 동시에 세분되어 섬유상 조직이 된다. 이 조직은 냉간 가공 조직으로 결정 입자가 변하여도 결정 입자에 응력을 일으킬 뿐이며 결정 입자가 파괴되어 있지 않다는 것을 X-선의 결과로 알 수 있다.

그림 1-42는 가공도가 증가하면 강도, 항복점 및 경도가 증가하고 신율은 감소하는 것을 나타내고 있다. 따라서 전위의 이동에 저항이 없으면 경화는 일어나

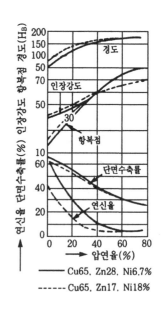

그림 1-42 가공 경화 현상

지 않으나 어떤 방해 인자가 있으면 전위 이동을 저지하고 또한 전위 상호작용에 의해 전위가 쌓여서 외력의 증가와 같이 경화된다.

동일 방향의 소성 변형에 대하여 전에 받던 방향과 정반대의 변형을 부여하면 탄성 한도가 낮아지는데, 이런 현상을 바우싱거 효과(Bauschinger effect)라고 한다. 또는 비틀림 변형의 경우에 가장 명백하게 바우싱거 효과가 관찰되며, 그림 1-43과 같이 어느 금속 시험편에 1차적으로 어느 방향에 비틀림 변형을 주고 B_1까지 변형시킨 후, 외력을 제거하고 그와 반대 방향으로 외력을 가하여 같은 크기만큼 비틀어 B_2까지 변형시킨 다음에 다시 외력을 반대 방향으로 바꾸는 식의 변형을 반복하면 같은 소성 변형량에 대한 응력값은 약간씩 변화하지만 수회의 사이클 후에는 거의 일정값이 되어 응력 변형 곡선의 형상은 동일한 형상으로 반복된다. 이 곡선은 이미 알려진 자기 히스테리시스의 곡선과 비슷하므로 이와 같은 현상을 소성 히스테리시스(plastic hysteresis) 현상이라 하고, 1885년 바우싱거에 의해 발견되었다.

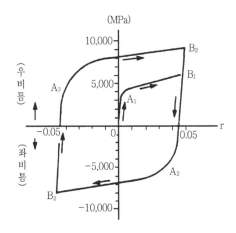

그림 1-43 소성 히스테리시스 현상

2) 회복 재결정과 성장

소성 가공을 받은 금속은 가열 조작에 의해 탄성 한도, 경도가 증가되었던 가공 경화 상태가 원상태로 회복된다. 즉, 가공 경화에 의해 발생된 내부 응력의 원자 배열 상태는 변하지 않고 감소하는 현상을 회복(recovery)이라 한다. 그림 1-44와 같이 회복이 일어난 후 계속 가열하면 임의의 온도에서 인장 강도, 탄성 한도는 급감하고 연신율은 급상승하는

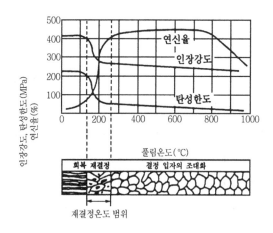

그림 1-44 Cu의 재결정과 기계적 성질

현상이 일어나는데 이 온도를 재결정 온도라고 한다.

회복단계가 지나면 내부 응력이 제거되고 새로운 결정핵이 발생하며, 핵이 점차로 성장하여 새로운 결정 입자와 원래의 결정 입자가 치환되어 가는 현상이 일어나는데 이것을 재결정이라 한다.

표 1-7은 여러 금속의 재결정 온도를 표시한 것이다.

표 1-7 금속의 재결정 온도(℃)

금속	재결정 온도(℃)	금속	재결정 온도(℃)
Au	약 200	Al	150~200
Ag	200	Zn	7~75
Cu	200~230	Sn	−7~25
Fe	330~450	Cd	7
Ni	530~660	Pb	−3
W	약 1,200	Pt	약 450
Mo	900	Mg	약 150

재결정이 시작되는 온도는 금속에 따라 다르며, 동일 금속이라 할지라도 그 금속의 순도가 높을수록, 가공도가 클수록, 가공 전의 결정 입자가 미세할수록, 가공시간이 길수록, 재결정 온도(recrystallization temperature)는 낮아진다. 따라서 가공된 금속을 재가열할 때 성질 및 재결정 순서는 다음과 같다.

① 내부 응력 제거

② 연화

③ 재결정

④ 결정 입자의 성장

재결정의 결정 입자 크기는 주로 가공도에 의하여 변화되고 가공도가 낮을수록 조대한 결정 입자가 된다. 또한 단조작업을 한 금속재료는 조직이 불균일하고 거칠다. 이와 같은 조직을 균일하게 하고 내부 응력 제거를 하기위한 풀림(annealing) 열처리를 한다. 고온에서 장시간의 풀림을 계속하면 몇몇 재결정 입자가 인접한 결정 입자와 병합하면서 더욱 성장한다.

3) 열간 가공

열간 가공을 하는 중요한 이유 중의 하나는 금속이 고온에서 연화되고 소성이 크기 때문이다. 또한 소성 가공 과정에 필요한 동력 소모가 감소되고 가공 작업이 길게 되어 풀림 처리에 드는 비용도 감소되기 때문에 널리 이용된다. 열간 가공의 장점은 다음과 같다.

① 방향성이 있는 주조 조직의 제거

② 결정 입자의 미세화

③ 강괴 내부의 미세 균열 및 기공의 압착

④ 합금 원소의 확산으로 인한 재질의 균일화

⑤ 단면 수축률, 연신율, 충격값 등 기계적 성질의 개선

그러나 섬유 조직 및 방향성과 같은 가공 성질이 나타난다. 열간 가공에서 주의할 점은 가공 완료 온도(finishing temperature)를 잘 지키는 것이다. 특히 마무리 온도가 너무 높으면 결정 성장이 일어나 단면 수축률과 충격값을 감소시키고, 마무리 온도가 너무 낮으면 취성이 생겨 단조 균열 등의 제품에 균열이 발생하는 경우도 있다.

따라서 온도는 재결정 온도보다 다소 높은 온도로, 강의 경우는 임계 온도보다 높은 온도로 결정한다. 그림 1-45는 강의 가공 구역이 탄소량에 따라 변화하는 것을 나타낸 것이며, 열간 가공에서는 가공온도가 A_1 변태점 이상이므로 결정의 조대화가 생기나 단조 가

공에 의해 미세화된다. 그러나 가공 완료 온도가 A_3, A_1 변태점보다 너무 높으면 가공 후의 냉각에 많은 시간이 소요되기 때문에 그동안 결정 입자의 성장으로 재질이 저하된다. 따라서 강의 경우, 열간 가공에서 마무리 온도는 A_1 변태점 직상에서 결정하는 것이 결정 입자의 성장을 억제하여 재질이 개선되므로 좋다. 소성 변형을 이용한 소성 가공 방법으로는 단조 가공, 압연 가공, 프레스 가공, 인발 가공, 압출 가공, 전조 가공 등이 있다.

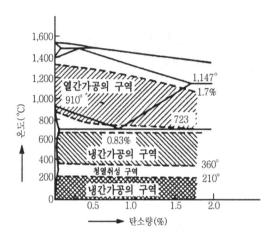

그림 1-45 가공 온도와 탄소량

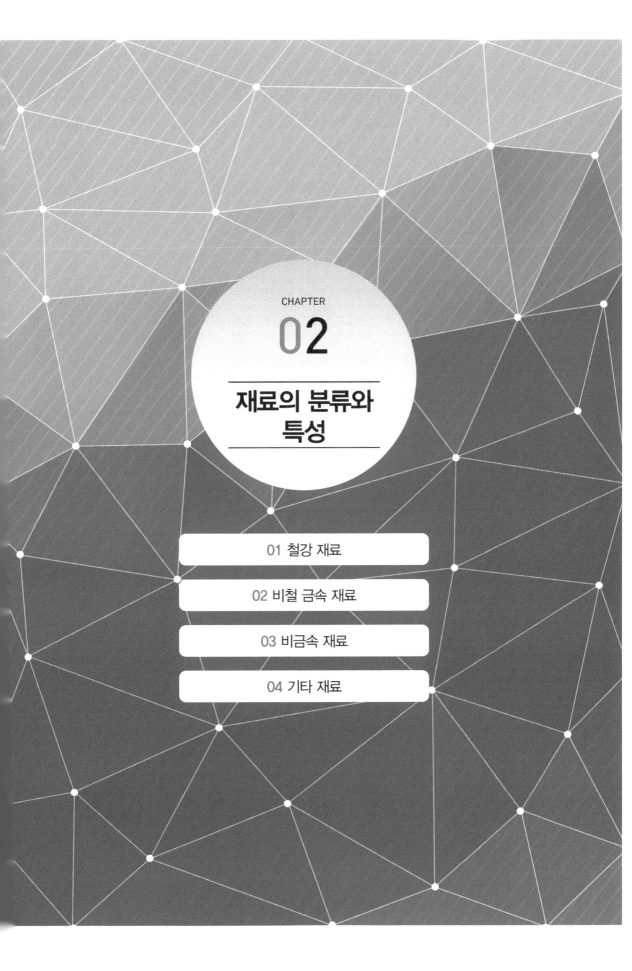

CHAPTER

02

재료의 분류와
특성

Chapter 02 | 재료의 분류와 특성

　기계를 구성하고 있는 각 부품은 기계의 기능, 내구성에 가장 적합한 재료와 형상으로 가공하고, 또한 산업계에서 사용하고 있는 금형의 종류는 그 용도에 따라 다양하나 금형 재료가 갖추어야 할 일반적인 성질들을 다음과 같이 요약할 수 있다.

① 인성이 클 것

② 내마모성이 클 것

③ 상온 및 고온 경도가 클 것

④ 기계 가공성이 양호할 것

⑤ 열처리가 용이하고 열처리시 변형이 작을 것

⑥ 내산화성 및 내식성이 클 것

⑦ 가격이 저렴하고 쉽게 구입이 가능한 것

　이상과 같은 요구 조건들을 고려할 때 금형 재료로서 가장 많이 사용하고 있는 재료는 철강 재료로 탄소강이나 특수강을 들 수 있다. 그러나 산업계의 다양한 요구 조건에 따라 비철 재료와 비금속 재료들도 상당 부분 쓰이고 있으며, 산업의 급속한 발달로 금형 업계에도 신소재, 분말 야금 재료들의 활용 폭이 점점 증가하고 있다.

1.1 철강의 제조법

1) 철강 재료의 분류

일반적으로 탄소 함유량에 따라 순철(pure iron), 강(steel) 및 주철(cast iron)로 대별할 수 있다. 철과 강은 철광석으로부터 직접 또는 간접으로 생산되나 그 중에는 광석 중의 원소 또는 제조 중에 흡수된 각종 원소들이 함유되어 있다. 이것들 중에서 대표적인 원소는 규소(Si), 탄소(C), 망간(Mn), 황(S), 인(P) 등의 5원소들이며, 항상 철과 강 중에 함유되어 그 성질에 많은 영향을 준다. 특히 공업상 유용한 성질을 주는 것은 탄소이다.

표 2-1은 철강의 분류로 1879년 미국 필라델피아에서 개최된 세계 금속업자 대회에서 분류한 것이다.

표 2-1 철강의 분류

철(iron)

가단철 (malleable iron)
(1) 탄소량 보통 2.11% 이하
(2) 단련이 된다.
(3) 인성이 크다.

- 용융 상태에서 제조된 것
  (1) 슬래그를 함유하지 않는다.
  (2) 기계적 성질 양호
  - 용 철 (ingot iron)
    (1) 탄소량<0.1%
    (2) 담금질이 불가능
  - 용 강 (ingot steel)
    (1) 탄소량 C=0.15~2.11%
    (2) 담금질이 가능

- 반용융 상태에서 제조된 것
  (1) 슬래그를 함유한다.
  (2) 기계적 성질은 나쁨
  - 연 철 (wrought iron)
    (1) 탄소량 C<0.5%
  - 연 강 (wrought steel)
    (1) 탄소량 C=0.5~2.11%
    (2) 담금질이 가능

선 철 — 주 철 (pig iron) 또는 (cast iron)
(1) 탄소량 2.11% 이상
(2) 용해에 적합하나 단련이 불가능
(3) 재질에 취성이 있음

- 백선철 또는 백주철 (white cast iron)
  (1) 파면……백색
  (2) 탄소……철과 화합 상태
  (3) 성질……경도가 크고 절삭이 곤란
  (4) 용도……제강용으로 사용

- 회선철 또는 회주철 (grey cast iron)
  (1) 파면……회색
  (2) 탄소……일부는 흑연탄소, 일부는 펄라이트로 되어 있음
  (3) 성질……연하여 절삭이 가능함
  (4) 용도……각종 주물용에 적합하고, 일부는 제강의 원료로 사용

이상과 같은 방법 이외에 Fe-C 상태도에 의한, 가장 신뢰성이 있고 널리 사용되는 금속조직학적 분류 방법으로 철금속 재료를 분류하는 가장 좋은 방법은 아래와 같다.

① 순철 : 0.0218%C 이하(상온에서는 0.008%C 이하)

② 강 : 0.0218~2.11%C

    ㉮ 아공석강(hypo eutectoid steel) : 0.0218~0.86%C

    ㉯ 공석강(eutectoid steel) : 0.86%C

    ㉰ 과공석강(hyper eutectoid steel) : 0.86~2.11%C

③ 주철 : 2.11~6.68%C

    ㉮ 아공정 주철(hypo eutectic cast iron) : 2.11~4.3%C

    ㉯ 공정 주철(eutectic cast iron) : 4.3%C

    ㉰ 과공정 주철(hyper eutectic cast iron) : 4.3~6.68%C

2) 제조 과정

(1) 선철의 제조

철강석은 보통 40~60% 이상의 철을 함유하는 것을 필요 조건으로 하고 있으며, 적철광(Fe_2O_3), 자철광(Fe_3O_4), 갈철광($Fe_2O_3 \cdot 3H_2O$), 능철강(Fe_2CO_3) 등의 산화물로 이루어져 있다. 이것은 용광로(blast furnace)에서 환원시켜 제조하며, 이렇게 제조된 대부분의 선철은 다시 전기로 등 제강로에서 강으로 만들어진다.

선철의 제조 공정은 처음에 철광석, 코크스, 석회석 등의 원료를 용광로의 노정에 운반하여 장입 장치로 노 내에 장입한다. 한편 공기는 송풍기에 의하여 열풍로에 송입, 가열된 후 열풍관을 거쳐 용광로 하부의 풍구에서 노 내로 취입된다. 점화 후 코크스는 연소하여 일산화탄소(CO)를 생성하고, 철광석은 이 CO에 의하여 간접 환원대에서 다음과 같은 반응에 의해 간접 환원된다.

$$C + O_2 \rightarrow CO_2 \uparrow$$
$$C + CO_2 \rightarrow 2CO$$
$$3Fe_2O_3 + CO \rightarrow 2Fe_3O_4 + CO_2 \uparrow$$
$$Fe_3O_4 + CO \rightarrow 3FeO + CO_2 \uparrow$$

$$FeO + CO \rightarrow Fe + CO_2 \uparrow$$

상기 반응에 의하여 용광로에서 85~90%는 간접 환원되어 선철이 된다. 나머지 10~15%는 용광로의 송풍구 직상 고온부에서 다음과 같은 반응에 의해 직접 환원되어 선철이 된다.

$$3Fe_2O_3 + C \rightarrow 2Fe_3O_4 + CO$$

$$Fe_3O_4 + C \rightarrow 3FeO + CO$$

$$FeO + C \rightarrow Fe + CO$$

이상과 같이 철광석이 선철로 환원되는 순서는 $Fe_2O_3 \rightarrow Fe_3O_4 \rightarrow FeO \rightarrow Fe$이며, 이와 같이 환원된 선철은 탄소(C), 규소(Si), 망간(Mn), 인(P), 황(S) 등 불순물을 다량 함유한 채 노상(hearth)에 고이게 된다. 이와 같은 원소들을 강의 5대 원소라고 한다.

(2) 강의 제조

선철은 C, Si, Mn, P, S 등 5대 불순물을 다량 함유하고 있어 대단히 취약하므로 금형 재료로 직접 사용하기에는 부적합하다. 따라서 이러한 불순물을 제거하여 강인한 강을 만들려면 제강 과정을 거쳐야 한다.

용광로에서 선철을 만드는 과정이 환원 과정인데 반해, 제강 과정은 선철 중에 존재하는 불순물들을 산화 제거하는 산화 과정이다. 즉, 철강 제조 공정도는 그림 2-1과 같다.

용융된 선철은 용광로로부터 용탕 운반차에 의해 운반되는 과정에서 CaC_2, CaO, Mg, Na_2O 등 용제(flux)에 의해 황(S)이 제거된다. 이 과정을 통해 잔류 황은 0.01~0.02% 이하로 낮아진다.

① 제1단계 정련 과정(basic oxygen furnace process : BOF)

용광로에서 생산된 선철 중의 불순물들을 기본적인 요구값까지 줄이기 위하여 고속의 순수 산소를 용탕으로 분사시키는 정련 과정을 BOF라고 한다. 이 과정을 통해 용선 중에 녹아 있던 탄소는 산화되어 배기구를 통해 일산화탄소와 이산화탄소 형태로 없어진다. 또 다른 불순물인 Si, Mn, P 등은 용제로 CaO을 주입함으로써 슬래그로 분리되어 제거된다.

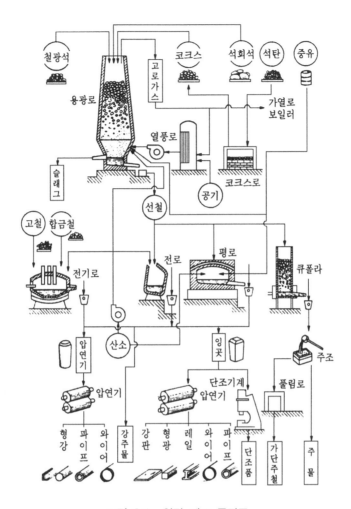

그림 2-1 철강 제조 공정도

② 제2단계 정련 과정(quick basic oxygen process : Q-BOP)

　1단계 정련 과정에서는 풍구가 노상에 있기 때문에 정련이 완벽하지 못하다. 따라서 노저부로부터 순수 산소를 불어 올릴 수 있도록 개선한 것이 Q-BOP라 하는 제2단계 정련 과정이다. 그림 2-2는 Q-BOP 정련 과정을 보여주고 있다. 이 과정을 통해 C는 0.01%까지 줄일 수 있고, 슬래그 중에 있는 FeO를 미량으로 관리할 수 있으며 단시간 내에 정련할 수 있다. 또한 제2단계 정련 과정은 다음과 같은 세 가지 과정을 포함하고 있다.

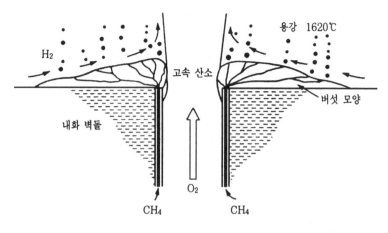

그림 2-2 Q-BOP 정련 과정

㉮ 페로알로이(ferroalloy) 탈산제 첨가 : 어떤 공장이든 제강로에서 레이들(ladle)로 부어진 원강(raw steel)은 산화되어 있으므로 0.04~0.1%의 산소를 함유하고 있다. 그러므로 강을 응고시킬 때 기공(blow hole)을 유발시키게 된다. 따라서 산소를 제거하기 위해 알루미늄, 탄소, 규소 등 페로알로이들이 필요하다. 제강 공장들은 강의 등급별로 적절하게 사용할 수 있도록 페로알로이와 탈산제들을 개발하여 사용하고 있다.

㉯ 전기로 : 비교적 작은 규모의 제강 과정에서는 선철 대신 강 스크랩을 사용하는 예가 있다. 이 경우 전기 아크로를 활용하면 경제적이고 용이한 제강을 할 수 있다. 전기 아크로를 활용한 제강 과정은 주로 합금강이나 공구강을 생산하는 데 많이 사용된다.

㉰ 레이들 제강 : 보다 정밀한 화학적 특성의 강을 만들기 위하여 레이들 내에서의 개질 처리로 개발한 것을 통칭해 레이들 제강이라고 한다. 고강도 구조용 강이나 고강도 저합금강 같은 경우는 탄소와 산소량이 50ppm 미만으로 관리되어야 하며, 티탄(Ti), 니오브(Nb) 등으로 탄소와 산소를 순화시켜야 한다. 이와 같은 고정도의 작업은 레이들 제강을 통해서 이루어진다.

③ 제3단계 정련 과정

석회석과 $CaSi_2$을 산화 방지 목적으로 밀폐시킨 용탕 레이들에 렌즈를 통해 차례로

불어넣으면, 큰 석회석 입자들이 용탕을 통하여 부상하며 작은 산화물 크러스터들을 모아 제거한다. $CaSi_2$은 고상의 산화알루미늄을 액상의 칼슘알루미네이트($12CaO-7Al_2O_3$)로 변화시켜 제거한다. 이 정련 과정을 통하여 강 중의 개재물인 S, O, H, N, P 등은 약 50ppm 미만으로 고순도 정련과 고청정으로 정련된다. 마지막 처리 공정은 연속 주조에서 응고되기 전 물리적이며 화학적으로 품질 수준을 유지하는 과정으로 고정도의 관리가 필요하다.

연속 주조시 강재의 조직은 수지상 조직을 보이지 않고 등축 조직이 되도록 유도하고, 전자기적 유도를 통하여 화학적으로 조직 구조가 균일하도록 유도한다. 특별히 이러한 과정을 통하여 편석을 억제시키는 가운데 응고시켜 슬래브, 빌릿, 블룸 등으로 강재를 만든다.

④ 강의 특수 용해 정련법

이 방법은 주로 특수 용도강, 고온용 내열 합금, 니켈 합금 등에 적용되고 있으며, 품질에 대한 요구가 고도화됨에 따라 강재를 다시 1~2회 재용해시켜 정련하는 방법이다. 강의 특수 용해 정련법에도 진공 유도 용해, 진공 아크 용해, 일렉트로 슬래그재 용해, 플라스마 용해 및 전자 빔 용해법이 있다.

⑤ 강의 응고 및 주조 과정

용강(liqued steel)은 용도와 목적에 따라 적절한 정련 과정을 거쳐 연속 주조 등 주조 후 잉곳(ingot : *제련한 후에 거푸집에 부어 가공하기에 알맞은 형상으로 굳힌 금속의 덩이*)으로 만들어진다. 잉곳은 탈산 처리 정도에 따라 다음과 같이 네 가지로 분류하며 그 형상은 그림 2-3과 같다.

㉠ 킬드강(killed steel) : 킬드강은 다양한 제강 중의 용융 과정에서 알루미늄, 페로실리콘(Fe-Si), 페로망간(Fe-Mn) 등의 탈산 원소로 완전 탈산시킨 강으로, 림드강에 비해 기포가 거의 없으며 편석이 적어 우수한 기계적 성질을 나타낸다. 따라서 킬드강은 합금강이나 단조용강, 침탄강의 원재료로 사용된다. 킬드강은 응고시 강괴의 중앙 상부에 큰 수축관이 생기고 불순물들이 이곳에 모여 단조 및 압연시에 압착되지 않으므로 잘라내야 하는 결점이 있다. 킬드강은 보통 탄소 함유량이 0.3% 이상이다.

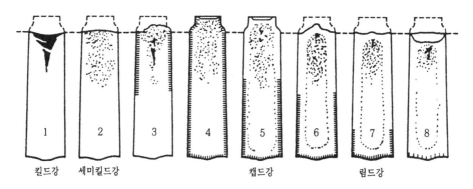

그림 2-3 각종 잉곳의 내부와 탈산도 비교

㉯ 세미킬드강(semi-killed steel) : 세미킬드강은 킬드강에 비해 기포 정도가 많으나 림드강이나 캡드강에 비해 기포를 적게 함유하고 있다. 세미킬드강은 다양한 등급이 있으며, 응고시 강괴의 중앙 상부에 폭넓게 편석이 발생하는 단점이 있다. 세미킬드강은 보통 탄소 함유량이 0.15~0.3% 정도이며 일반 구조용강, 강판의 원재료로 많이 쓰인다.

㉰ 림드강(rimmed steel) : 림드강은 비탈산강으로 응고시 강괴의 상부·중앙부·하부의 화학 조성에 차이가 생기며, 특히 강괴 바깥쪽 벽면은 C, P, S 성분이 내부보다 적고 기포가 다량 발생하는 림(rim)이 생긴다. 림드강은 세미킬드강과 유사하게 강괴 상부에 편석이 있고, 보통 탄소 함유량이 0.15% 미만이므로 압연용 강판에 적합하다.

㉱ 캡드강(capped steel) : 캡드강은 세미킬드강과 림드강의 중간 정도 수준으로 림드강과 유사하다. 캡드강은 주조시 림 현상을 배제하기 위해 탈산제가 첨가되고, 또한 뚜껑을 씌워 응고 과정에서 포집된 가스에 의한 수축 방지 작용으로 잉곳 내의 기포를 줄여준 것이다. 보통 탄소 함유량은 0.15% 이상으로 박판, 스트립, 선재, 봉재 등의 원재료로 쓰인다.

이상과 같은 잉곳들은 대부분 압연하여 강재를 만들며, 슬래브, 빌릿, 시트바, 스켈프 등을 적당히 절단하여 해머 단조나 프레스 단조를 거친 후 단조품(forgings)으로 공급되기도 하고 주조된 상태로 시장에 공급되기도 한다.

이들을 압연 공정을 거쳐서 형상과 용도에 따라 분류하면 다음과 같다.

① 빌릿(billet) : 단면형상이 원형, 정사각형이며 크기는 40∼150㎜, 길이는 1∼2.5㎜

　　　용도 : 선재, 대강, 봉각강 등의 원재료용

② 시트바(sheet bar) : 폭은 205∼500㎜, 길이는 1m 이하, 두께는 70∼30㎜

　　　용도 : 규소강판, 박판, 중판 등의 원재료용

③ 주석바(tin bar) : 폭은 250㎜, 길이는 736㎜, 두께는 8.1㎜

　　　용도 : 주석 철판용

④ 강편(bloom) : 단면형상이 정사각형이며 크기는 150∼300㎜, 길이는 1∼6㎜

　　　용도 : 빌릿, 시트바, 스켈프, 주석바 등의 반제품 조압연용

⑤ 슬래브(slab) : 폭이 300㎜ 이상이며 두께는 50㎜ 이상

　　　용도 : 중판, 후판 등의 압연용

⑥ 바(bar) : 지름이 70∼120㎜이며 길이는 1∼2㎜

　　　용도 : 이음매 없는 관재

⑦ 대강(hoop) : 소강편을 길게 압연하여 코일로 감는 것으로 전봉강관, 용접강관 등을 만든다.

⑧ 스켈프(skelp) : 폭은 100㎜ 전후, 길이는 50m, 두께는 2.5∼3.5㎜

　　　용도 : 단접강관의 재료

1.2 탄소강

탄소강을 포함한 모든 강(steels)의 성능은 미세 조직(microstructure)과 연관된 특성에 크게 좌우된다. 주어진 조성에서 미세 조직의 크기, 다양한 상들의 구조적 모양새(structural shapes)들이 강의 성능에 크게 영향을 미치는 것이다. 보통 탄소강에는 3∼4가지의 다양한 결정상(crystallin shapes)들이 물리적으로 응고 과정, 고체 상태 상 변화, 고온 변태, 상온 변태, 열처리 등을 통해 상 변화를 일으켜 혼합된 형태를 보인다. 따라서 각종 용도에 따라 적당한 미세 조직을 나타낼 수 있도록 처리 공정들이 개발되어 있다.

1) Fe-C 복평형 상태도

탄소강을 논함에 있어 기본적으로 평형 상태도에 대한 이해가 필요하다. 이러한 Fe-C

복평형 상태도는 그림 2-4와 같다. 강의 주성분은 철(Fe)이다. 철은 용융점 이하에서 두 가지 결정 모양을 하고 있다. 그 중 하나는 체심 입방 격자(BCC)로 실온에서 910℃까지의 α-페라이트(ferrite)와 1,400~1,539℃까지의 δ-페라이트이며, 또 다른 하나는 910~1,400℃ 범위에서 면심 입방 격자(FCC) 구조를 갖는 γ-오스테나이트(austenite)라고 하는 조직이다.

강은 미량의 탄소를 함유하고 있으며 탄소강은 0.008%의 탄소를 함유한 극연강부터 2.11%의 탄소를 함유한 고탄소강까지 0.008~2.11%의 탄소를 함유하고 있다. 이 탄소는 조직 내의 미세 구조를 변화시켜 강의 특성에 크게 영향을 미친다. 보편적으로 인성을 키우고 용접성을 좋게 하려면 탄소량을 줄이고, 반대로 강도와 경도, 피로, 저항, 내마모성을 높이기 위해서는 탄소량을 높인다.

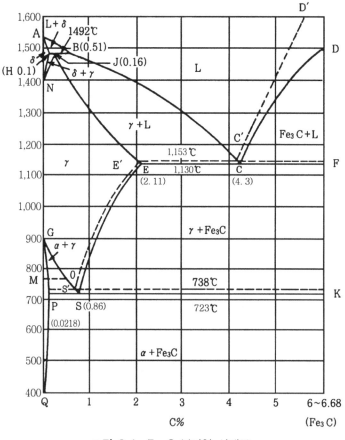

그림 2-4 Fe-C 복평형 상태도

철과 탄소의 금속간 화합물은 시멘타이트(cementite)라 하며, 탄소를 6.68%까지 고용하고 Fe$_3$C라고 한다. Fe$_3$C는 상당히 단단하나 취약하여 충격에 약하다. 그림 2-4의 Fe-C 복평형 상태도를 보면 실선은 Fe-Fe$_3$C(cementite)계와 점선은 Fe-C(graphite)계의 탄소 함유량이 어떻게 상 변화에 관계하는지 살필 수 있다. 탄소는 오스테나이트 안정화 원소로 오스테나이트 안정 범위를 온도 상승과 더불어 확장시킨다. 페라이트와 오스테나이트 중의 탄소 고용도는 온도의 함수이며 α-페라이트 중에는 0.0218%, γ-오스테나이트 중에는 2.11%까지 탄소를 고용할 수 있다.

실선은 Fe-Fe$_3$C와 흑연(graphite)의 2가지 형태로 존재하게 된다. 즉, 강이나 백선에서는 Fe$_3$C, 회주철에서는 흑연 상태로 존재한다. Fe$_3$C(cementite)는 6.68% 탄소를 함유한 백색 침상의 금속간 화합물로 취약(800~920HB)하며, 상온에서는 강자성이나 210℃가 넘으면 상자성(*외부에 자기장이 있으면 자기적 성질을 갖고 자기장이 사라지면 자기적 성질을 잃는 현상*)으로 변화는 A$_0$ 변태를 한다. C 2.11% 이하의 강철은 탄소가 유리되지 않고 모두 Fe$_3$C로 존재하고 C 2.11% 이상의 주철은 탄소가 Fe$_3$C와 흑연으로 존재하나 C 6.68% 이상은 너무 취약하여 이용할 수 없다. Fe-C 복평형 상태도의 각 선과 점의 의미는 다음과 같이 설명할 수 있다.

A   : 순철의 용융(응고)점(1,539℃)

AB   : δ-Fe의 액상선(초정선) ··· 탄소 조성이 증가함에 따라 정출 온도는 강하한다.

AH   : δ-Fe의 고상선 ··· δ-Fe의 정출 완료 온도 표시

H   : δ-Fe의 C 최대 용해한도(C 0.1%)

BC   : γ-Fe의 액상선(초정선) ··· L→γ-Fe

HJB : 포정선(peritectic line) ··· C 0.1~0.51%, 1,492℃, 3상 공존(F=0)

J   : 포정점 ··· C 0.16%, δ고용체와 γ고용체가 정출되는 점

JE   : γ-Fe의 고상선 ··· γ-Fe의 정출완료 온도 표시

N   : 순철의 A$_4$ 변태점(1,400℃) ··· 동소 변태

HN   : A$_{r4}$ 변태 개시선

NJ   : A$_{r4}$ 변태 완료선 ··· C% 증가함에 따라 A$_4$점 상승

C   : 공정점(eutectic point) … C 4.3%, 1,130℃, 3상 공존(F=0), 레데부라이트
         (ledeburite) 생성(용융체로부터 γ고용체와 Fe_3C가 동시에 정출되는 점)

E   : γ-Fe의 C 최대 용해 한도점(C 2.11%)

ECF   : 공정선 … C 2.11~6.68%, 1,130℃

ES   : A_{cm} 변태선 … Fe_3 C 초석선

$$γ-Fe → Fe_3 C$$

G   : 순철의 A_3 변태점(910℃) … 동소 변태

GOS   : A_{r3} 변태선(변태 개시선)

GP   : A_{r3} 변태 완료선 … C% 증가에 따라 A_3점 강하

M   : 순철의 자기 변태점(A_2 변태점 또는 퀴리점) … 768℃

MO   : A_2 변태선 … 탄소강

S   : 공석점(eutectoid point) … A_1 변태점 C 0.86%, 723℃, 펄라이트(pearlite) 생성

P   : α-Fe의 탄소 최대 용해 한도점(C 0.0218%)

PSK   : 공석선 … A_1 변태선 C 0.0218~6.68%, 723℃

PQ   : α-Fe의 탄소 용해 한도선 … 상온에서 C 0.008%

탄소강을 γ-오스테나이트 구역까지 가열하면 조직이 단일상으로 균일하게 되며, 이 구역에서 행하는 가공을 열간 가공(hot working)이라고 한다. 탄소강은 열간 가공시 조직이 미세하게 되어 강인한 성질을 갖게 된다. 만약 이 오스테나이트 구역에서 탄소강을 서서히 냉각시키면 723℃에서 α-페라이트와 Fe_3C가 석출되어 펄라이트 조직을 생성하게 된

표 2-2 탄소강의 기본 조직과 기계적 성질

성질 \ 조직	페라이트	펄라이트	시멘타이트
결정 구조	BCC	α와 Fe_3C 혼합	Fe_3C
인장강도(MPa)	343	785	34 이하
연신율(%)	40	10	0
경도(HB)	80	200	600

다. 그러나 탄소강을 물 또는 기름 속에서 급냉시키면 마르텐사이트라고 하는 대단히 단단한 조직으로 변태를 일으킨다. 마르텐사이트 조직은 강의 열처리(급냉) 조직으로 가장 경도가 높다. 따라서 인성이 부족하므로 뜨임(tempering)을 실시해 인성을 부여한 후 금형강으로 사용한다. 표 2-2는 탄소의 기본 조직에 대한 기계적 성질을 표시한 것이다.

2) 탄소강의 조직 변화

탄소강의 조직은 탄소 함유량과 냉각 속도 등에 따라 크게 변화한다. 탄소강은 탄소 함유량에 따라 세 가지로 분류할 수 있다.

C 0.86%를 공석강, C 0.86% 미만을 아공석강, C 0.86% 이상을 과공석강이라고 한다. 아공석강의 조직은 α-페라이트와 펄라이트의 혼합 조직이고 공석강은 펄라이트 단일 조직이며, 과공석강은 펄라이트와 시멘타이트 혼합 조직을 나타낸다.

탄소 조성에 따른 탄소강의 조직량은 2상 혼합 조직으로 되어 있을 때 그 양적비가 상관관계를 갖고 있다. 그 예로서 2% 과공석강의 펄라이트와 시멘타이트의 양적비를 계산하면 다음과 같다.

$$\text{초석 시멘타이트(Fe}_3\text{C)} = \frac{6.68 - 2}{6.68 - 0.86} \times 100 ≒ 80(\%)$$

초석 시멘타이트 + 펄라이트 = 100(%)이므로

$$\text{펄라이트} = 100 - 80 = 20\%(\alpha + \text{Fe}_3\text{C})$$

펄라이트 중의 페라이트와 시멘타이트의 양은

$$\text{페라이트} = 20 \times \frac{6.68 - 0.86}{6.68 - 0.0218} ≒ 17(\%)$$

$$\text{시멘타이트} = 20 - 17 = 3(\%)$$

그러므로 전체 시멘타이트 양은 83%(80+3)이며 페라이트의 양은 17%이다. Fe-C 상태도에서 α-페라이트는 탄소의 고용도가 낮으므로 대부분의 탄소는 Fe_3C 형태로 시멘타이트상에 모이게 된다.

3) 탄소강의 온도에 따른 기계적 성질 변화

금형 재료를 취급할 때, 온도에 따른 기계적 성질의 변화를 알고 있어야 한다. 탄소강은 온도 강하와 더불어 충격값이 급격히 떨어지는 천이점(transition point)이 있으며, 이 천이점은 재질, 열처리 조건, 시험편의 형성 과정 등에 따라 영향을 받는다.

천이 온도는 일반적으로 과열된 조직일수록 높고 열처리가 잘된 조직일수록 낮다. 그림 2-5는 탄소 함유량에 따른 충격값의 변화를 보여주고 있으며 탄소량이 많은 것이 저온 취성이 크다는 것을 알 수 있다.

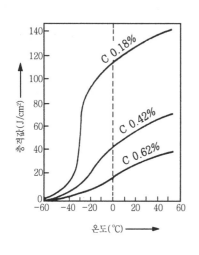

그림 2-5 탄소강의 온도에 따른 충격값

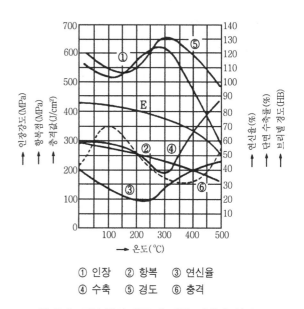

① 인장   ② 항복   ③ 연신율
④ 수축   ⑤ 경도   ⑥ 충격

그림 2-6 탄소강의 온도에 따른 기계적 성질

그림 2-6은 탄소강(C 0.25%)을 고온에서 인장 시험한 결과를 표시한 것이다. 인장 강도 및 경도는 280~300℃ 부근에서 최대값을 나타내고 연신율 및 단면 수축률은 200~300℃ 부근에서 최소값, 충격값은 400℃ 부근에서 최소값을 나타낸다. 일반적으로 연강은 200~300℃ 부근에서 상온보다 더욱 취약한 성질을 가지고 있는데 이것을 청열 취성(blue shortness)이라고 한다. 청열 취성의 원인은 P이므로 이 온도 부근에서의 가공은 피하는 것이 좋다.

탄소강의 가공에는 열간 가공(hot working)과 냉간 가공(cold working)이 있다. 열간 가공은 재결정 온도 이상에서 가공하는 것이며 오스테나이트 구역에서 행하고, 탄소 함유량에 따라 1,050~1,250℃에서 시작하여 850~900℃ 부근에서 완료한다. 만약 가공 온도가 너무 높으면 재결정 온도가 갭에 의해서 결정이 성장하여 재질이 약하게 된다.

열간 가공의 장점은 다음과 같다.

① 탄화물 등의 편석 부분이 확산되어 균질화된다.

② 재료 내부의 기공이 압착하여 소멸된다.

③ 결정 입자가 미세화되어 재질이 강인해진다.

④ 소성 가공성이 뛰어나 가공이 용이하다.

냉간 가공은 재결정 온도 이하에서 행하며 장점은 다음과 같다.

① 치수가 정밀하다.

② 표면이 미려하다.

③ 가공 경화에 의한 기계적 성질의 향상이 가능하다.

그러나 냉간 가공은 힘이 많이 들고 가공이 용이하지 않다. 특히 냉간 가공시 청열 취성 구역은 반드시 피해야 한다. 그림 2-7은 탄소강의 가공 영역을 나타낸다.

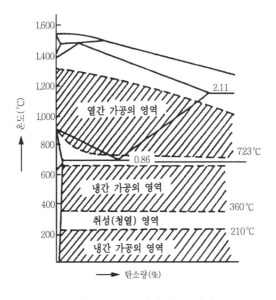

그림 2-7 탄소강의 가공 영역

4) 탄소강의 성질과 용도

탄소강의 표준조직이라고 하는 것은 탄소강을 A_3 및 A_{cm} 온도 이상 30~50℃로 가열하여 균일한 오스테나이트로 만든 후 상온으로 공냉시켰을 때에 형성되는 조직으로서 실용되고 있는 C 0.05~1.7% 탄소강이며, 각각 다른 용도를 갖고 있다. 탄소 함유량에 따른 용도를 대별하면 다음과 같다.

① 가공성만을 요구하는 경우 : 0.05~0.3%C

② 강인성과 가공성을 동시에 요구하는 경우 : 0.3~0.45%C

③ 내마모성과 강인성을 동시에 요구하는 경우 : 0.45~0.65%C

④ 경도와 내마모성을 동시에 요구하는 경우 : 0.65~1.2%C

(1) 탄소 공구강

탄소 공구강은 KS에서 STC 60~140까지 11종으로 분류되며 수요자에게 구상화 풀림된 상태로 공급된다.

탄소 공구강은 담금질시 수냉에 의하여 조직이 경화되며 열처리시 탈탄 등 불량이 적어 용이하게 열처리할 수 있고, 가격이 저렴하여 보편적인 용도의 금형 재료로 쓰인다.

표 2-3 탄소 공구강의 종류와 화학 조성표 (KS D 3751)

KS 기호	ISO	화학 성분(%)					경도 (HBW)
		C	Si	Mn	P	S	
STC 140 (STC 1)	–	1.30~1.50	0.10~0.35	0.10~0.50	0.030 이하	0.030 이하	217 이하
STC 120 (STC 2)	C120U	1.19~1.30	0.10~0.35	0.10~0.50	0.030 이하	0.030 이하	217 이하
STC 105 (STC 3)	C105U	1.00~1.10	0.10~0.35	0.10~0.50	0.030 이하	0.030 이하	212 이하
STC 95 (STC 4)	–	0.90~1.00	0.10~0.35	0.10~0.50	0.030 이하	0.030 이하	207 이하
STC 90	C90U	0.85~0.95	0.10~0.35	0.10~0.50	0.030 이하	0.030 이하	207 이하
STC 85 (STC 5)	–	0.80~0.90	0.10~0.35	0.10~0.50	0.030 이하	0.030 이하	207 이하
STC 80	C80U	0.75~0.85	0.10~0.35	0.10~0.50	0.030 이하	0.030 이하	192 이하
STC 75 (STC 6)	–	0.70~0.80	0.10~0.35	0.10~0.50	0.030 이하	0.030 이하	192 이하
STC 70	C70U	0.65~0.75	0.10~0.35	0.10~0.50	0.030 이하	0.030 이하	183 이하
STC 65 (STC 7)	–	0.60~0.70	0.10~0.35	0.10~0.50	0.030 이하	0.030 이하	183 이하
STC 60	–	0.55~0.65	0.10~0.35	0.10~0.50	0.030 이하	0.030 이하	183 이하

주) ( ) 표 내 기호는 구 KS의 종류를 나타낸 것임
　　각 종류마다 불순물로서 Cu 0.25%, Ni 0.25%, Cr 0.30%를 초과하지 않아야 한다.

그러나 두께의 변화가 심한 금형의 경우는 열처리시 변형이 우려되며, 내마모성과 인성이 크게 요구되는 금형은 특수강을 사용함이 바람직하다. 탄소 공구강의 종류와 화학 조성은 표 2-3과 같다.

탄소 공구강을 구상화 풀림 상태로 소비자에게 공급하는 목적은 금형 가공시 가공성을 개선하기 위해서이다. 그림 2-8은 탄소 공구강 STC2의 구상화된 현미경 조직을 보여준다. 그림에서 탄화물이 동그란 형태로 미세하게 분산되어 있는 것을 관찰할 수 있다.

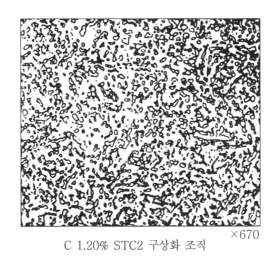

×670

C 1.20% STC2 구상화 조직

그림 2-8 탄소강의 구상화 풀림 조직

탄소공구강은 탄소 함유량 0.55~1.5%를 구분하여 탄소 함유량에 따라 강의 종류를 분류한 강재로서 다른 공구강에 비하여 성능은 떨어지지만 열처리나 가공이 쉽고 비교적 저렴함으로 절삭용 공구나 공구용 강재의 일반 용도에 널리 사용되고 있으나 사용 온도 200℃ 이상에서는 경도가 급감하므로 고속 절삭용 공구로는 부적합하다. 그러므로 주로 줄강, 톱강, 다이스강 등으로 사용하며 경도 및 내마모성이 커야 한다. 탄소공구강 및 일반 공구재료는 대략 다음과 같은 구비 조건을 갖추어야 한다.

① 강인성과 내충격성이 우수할 것
② 가공 및 열처리성이 양호할 것
③ 내마모성이 클 것

④ 상온 및 고온 경도가 클 것

⑤ 가격이 저렴할 것

(2) 구조용 탄소강

① 일반 구조용 압연강

SS는 강(Steel), 강도(Strength)의 약자 기호이며 SS 뒤에 오는 숫자는 최저 인장강도(N/mm²)를 의미한다. 표 2-4와 같이 SS 330, SS 400, SS 490, SS 540, SS 590 등의 5종류로 인장강도로 구분하여 분류하고 적열 메짐과 저온 메짐의 원인이 되고 있는 황과 인의 최대 허용량만을 정하고 있다. 용도로는 탄소 0.30% 이하의 강으로 보통 압연한 상태로서 열처리를 하지 않고 사용되며 고급재료로는 적합하지 않으나 기계적 성질을 요구하지 않는 차량, 철도, 교량, 조선 등의 일반 구조용 분야의 재료로 많이 사용된다.

표 2-4 일반 구조용 압연강 (KS D 3503)

구분 분류	화학 성분(%)				인장강도 (N/mm²)
	C	Mn	P	S	
SS 330	–	–	0.050 이하	0.050 이하	330~430
SS 400					400~510
SS 490					490~610
SS 540	0.30 이하	1.60 이하	0.040 이하	0.040 이하	540 이상
SS 590					590 이상

② 기계 구조용 탄소강

표 2-5는 기계구조용 탄소강을 나타낸 것으로 강재를 23종류로 분류하고 이 중에 SM 9CK, SM 15CK 및 SM 20CK 등은 침탄용으로 분류하여 사용한다. 기계구조용 탄소강은 일반적으로 킬드강을 열간 압연 또는 열간 단조하여 제조하기 때문에 일반 구조용 압연강에 비하여 다소 비싸지만 품질이 우수함으로 주요 기계 부품의 소재로 이용되고 탄소 0.3% 이하의 강은 담금질 효과가 그다지 크지 못함으로 불림 열처리하여 사용한다.

강판 재료용 탄소강은 함석판, 양철판 등으로 사용되는 열간 압연한 흑강판과 주로 자동차 차체용으로 사용되는 열간 압연 후에 냉간 압연시켜 표면이 미려한 마강판이 있다.

또한 강판은 후판 6mm 이상, 중판 3~6mm, 박판 3mm 이하가 있으며 흑강판과 마강판은 박판의 일종이다.

표 2-5 기계구조용 탄소강의 기계적 성질 (KS D 3752)

| 기호 | 탄소량 (%) | 열처리(℃) | 인장 시험 | | 경도 (HB) |
		불림	인장강도 (N/mm²)	신율 (%)	
SM10C	0.08~0.13	900~950 공냉	>314	>33	101~156
SM15C	0.13~0.18	880~930 〃	>373	>30	109~167
SM20C	0.18~0.23	870~920 〃	>402	>28	116~174
SM25C	0.22~0.28	860~910 〃	>441	>27	123~183
SM30C	0.27~0.33	850~900 〃	>471	>25	137~197
SM35C	0.32~0.38	840~890 〃	>510	>23	149~207
SM40C	0.37~0.43	830~880 〃	>539	>22	156~217
SM45C	0.42~0.48	820~870 〃	>569	>20	167~229
SM50C	0.47~0.53	810~860 〃	>608	>18	179~235
SM55C	0.52~0.58	800~850 〃	>647	>15	183~255
SM9CK	0.07~0.12	−	−	−	−
SM15CK	0.13~0.18	−	−	−	−
SM21CK	0.18~0.23	−	−	−	−

주) 강재 SM12C, SM17C, SM22C, SM28C, SM33C, SM38C, SM43C, SM48C, SM53C, SM58C 등은 생략하였음.
　　Cr은 0.20%를 초과해서는 안된다.

(3) 기타 탄소강

탄소강은 금형 재료로서 가격이 저렴하며 기계적 성질이 우수하므로, 현재 여러 종류의 탄소강들이 사용되고 있다. 실용적으로 탄소강의 탄소 함유량은 0.05~1.7%이며 다양한 용도를 가지고 있다. 이들을 분류하면 다음과 같다.

① 주강 : 주철은 강도가 부족한 부분에 사용하며, 내식성, 내열성, 내마모성 등을 증대시키기 위하여 Ni, Mn, Cu, Mo 등을 첨가시킨 특수 주강도 있다. 저탄소 연강품은 전동기 발생기의 하우징 등에 사용되고, 고탄소 경강품은 기어, 롤러, 실린더, 피스톤, 압연기 등에 사용된다.

② 용접 구조용 탄소강 : 기호는 SWS로 표기되며 탄소 함유량이 낮아 용접 부근의 모재 경화를 방지할 수 있도록 제조된 강이다.

③ 레일강, 외륜강 : 레일과 외륜은 상호 마찰에 의해 마모되고, 마모를 적게 하기 위하여 경도와 인성을 부여한 강종이다. 레일강은 탄소 함유량이 0.35~0.6% 정도이고 외륜강은 더욱 고급강이어야 하며, 기관차용 외륜과 같이 큰 하중을 받는 것은 담금질한 후 600℃로 뜨임하여 솔바이트 조직으로 하는 것이 좋다.

④ 선재용 탄소강 : 연강선, 경강선, 피아노선 등으로 대별되며 선재용 강이다.

⑤ 쾌삭강 : 일반 탄소강보다 P, S의 함유량을 높여 고속 절삭에 적합한 강이다.

(4) 탄소강 중의 타원소 영향

탄소 이외에 P, Mn, Si, S, Cu 등과 H_2, O_2, N_2의 가스가 함유되어 탄소강의 성질에 적지 않은 영향을 미친다.

① 인(P)의 영향

인은 보통 강철 중에 0.06% 이하로 제한한다. 인이 많으면 Fe_3P가 형성되어 결정 경계에 석출하며, 적으면 강 중에 고용되고 경도 및 강도가 다소 증가되나 연율이 감소되고 강 중의 상온(*자연 그대로의 온도*) 취성의 원인이 된다. 인은 편석이 생기기가 매우 쉽고 충격을 감소시키는 경향이 있으므로 강 중에 소량으로 제한하고, 탄소량이 많을수록 현저하므로 공구강에서는 0.025% 이하, 반경강에서는 0.04% 이하, 그리고 연강에서는 0.06% 이하가 되도록 하는 것이 필요하다.

② 망간(Mn)의 영향

망간은 선철 중에 존재하며 탈산제로부터 강 중에 들어가 0.2~0.8% 정도 존재하고, 그 일부는 페라이트 중에 고용되나 일부는 S와 결합하여 MnS로 존재함으로 S의 해를 감소시킨다. 망간은 결정의 성장을 방지하고 표면소성을 저지하며, 탄소량이 적은 강 중에 망간을 첨가하면 연율 및 단면수축을 감소시키지 않는다. 또한 인장강도, 항복점, 충격값 등을 증가시키기 위해 망간을 첨가할 때는 2% 이내이다.

③ 규소(Si)의 영향

선철 중에 존재하는 것이며 탈산제의 일부로 잔존한 것이 강철 중에 남아 있어, 이것이 페라이트 중에 고용되어 강의 인장 강도, 탄성 한계, 경도 등을 크게 하고 연율 및 충격값을 감소시킨다. 또한 결정을 조대화시키고 용접성을 불량하게 하며, 보통 강 중에는 규소가 약 0.1~0.35% 정도 함유되어 있다.

④ 황(S)의 영향

강 중의 대부분의 황은 FeS 및 MnS로 존재하며, MnS는 용융점이 높으므로 용강 중에서 먼저 응고되어 위에 뜨기 때문에 이것을 제거하나 그 일부는 강철 중에 들어가서 편재하든가 압연, 단조성을 불량하게 한다. 강철 중에 망간의 양이 적으면 재질이 여린 FeS를 형성하여 강재 전체를 여리게 하고, 황이 들어가면 적열 취성(red shortness)의 원인이 된다.

⑤ 구리(Cu)의 영향

강 중에 함유되어 있는 구리는 0.3% 이하로 한다. 양이 많으면 구리의 입자가 강 중에 존재하여 용융점이 낮아지고 압연할 때 균열이 발생하는 원인이 되기 쉽다. 인장 강도 및 경도를 증가시키고 부식 저항을 다소 크게 하나 압연 균열의 원인이 되므로 구리의 양을 0.25% 이하로 제한한다. 니켈이 존재하면 구리의 해를 감소시키나 아연이 존재하면 구리의 해가 더욱 커진다.

⑥ 가스(N_2, O_2, H_2)의 영향

㉠ 질소 : 상온에서 0.015% 정도만 용해되므로 질소에 의한 해는 그다지 크지 않으나, 양이 많으면 경도 및 강도가 증가되는 경향이 탄소와 비슷하다. 그러나 티타늄(Ti), 바나듐(V) 등을 첨가하면 질소에 의한 해를 방지할 수 있다.

㉡ 산소 : 강철 중에 존재하면 적열 취성의 원인이 되며, 그 한도는 0.1%로 알려져 있다.

㉢ 수소 : 공기 중의 수분 및 연소에서 생긴 수분이 제강 중에 분해되어 흡수된 것이며, 수소를 흡수하고 있는 철은 취성이 있고 산이나 알칼리에 약하며 백점(flakes)이나 헤어크랙(hair crack)의 원인이 된다.

1.3 특수강

일반적으로 탄소강은 고온에서 쉽게 산화되며, 저온에서 충격 저항값이 낮고 공업적 환경에 대한 내식성 등이 좋지 못하므로 탄소강의 한계를 극복하기 위해서는 탄소강에 합금 원소를 첨가시켜야만 한다. 따라서 탄소강에서는 얻을 수 없는 특수한 성질을 나타내기

위하여 1종 이상의 합금 원소를 첨가한 강을 특수강(special steels) 또는 합금강이라고
한다.

1) 특수강의 분류

특수강은 용도별 또는 사용된 합금 원소나 열처리 조건에 따라 구조용 특수강, 공구용
특수강, 특수용도용 특수강으로 크게 분류되며 표 2-6은 특수강의 분류를 나타낸 것이다.

표 2-6 특수강의 분류

분 류	종 류	용 도
구조용 특수강	표면경화강	피스톤, 핀, 기어, 스플라인 축, 피스톤 등
	강 인 강	단조품, 너트 키이, 기계부품, 커넥팅 로드 등
공구용 특수강	고속도강	드릴, 바이트, 고속 절삭공구, 각종 절삭공구 등
	합금공구강	절삭공구, 게이지, 줄, 드릴, 띠톱 등
	다이스강	다이캐스팅 금형, 프레스 금형, 펀치, 다이스 등
	게이지강	와이어 게이지, 정밀기계, 블록 게이지 등
특수용도용 특수강	베어링강	로울러 베어링의 보올, 볼 베어링, 로울러 및 내륜, 외륜 등
	내 열 강	가열로, 내연기관의 밸브, 터빈 날개, 고온 고압 용기 등
	내 식 강	항공기 부품, 밸브, 칼, 식기, 의료기구, 화학 공업장치 등
	스프링강	코일 스프링, 겹판 스프링, 스파이럴 스프링 등
	쾌 삭 강	정밀나사, 볼트, 너트, 축, 기어 등
	규 소 강	전동기의 철심, 변압기 철심, 전화기 등
	전자기강	전력 계기, 자석, 점화장치 등
	내마멸용강	라이너, 임펠러 플레이트, 크로스 레일, 광석 파쇄기 등
	불 변 강	바이메탈, 줄자, 게이지, 저울, 시계추, 스프링 등

2) 합금 원소들의 일반적인 성질

특수강에 첨가되는 미량의 특수 원소들은 강의 성질로 용도에 맞게 개선시켜 준다. 이
들은 열처리시 쉽게 경화될 수 있도록 경화능(hardenability)을 개선하기도 하고, 담금질시
마르텐사이트 변태가 쉽게 되도록 Ms점(*마르텐사이트 변태 시작점*)을 강하시키기도 한다.
담금질시 경화능을 개선시키는 원소는 B>Mn>Mo>P>Cr>Si>Ni>Cu 순이며, Ms점
강하는 Mn>Cr>Ni>Mo 순으로 효과가 있다. 이들 개개의 합금 원소들이 가지고 있는

일반적인 특성과 효과는 다음과 같다.

① 몰리브덴(Mo) : 400℃ 정도까지 고온 강도와 인성을 증대시키며 뜨임 취성과 P에 의한 저온 취성을 방지한다.

② 텅스텐(W) : 고온 강도와 경도를 향상시키고 내마모성을 증대시킨다.

③ 크롬(Cr) : 내식성과 내마모성을 향상시키나 다량 첨가시 결정 입자가 조대해지고 인성이 감소한다.

④ 니켈(Ni) : 인성을 증가시키고 저온 충격에 대한 저항을 증가시킨다.

⑤ 망간(Mn) : 담금질성을 향상시켜 고온 강도와 경도를 증대시키나 1% 이상 첨가시 결정 입자가 조대해져 취성이 증가한다. 탈산 및 탈황 효과도 있다.

⑥ 티탄(Ti) : 결정 입자는 미세화하여 내마모성을 증대시킨다.

⑦ 바나듐(V) : 결정 입자를 미세화하고 복합 탄화물을 형성하여 경도와 내마모성을 증대시킨다.

⑧ 붕소(B) : 담금질성을 향상시킨다.

3) 특수강의 성질과 용도

(1) 공구용 특수강

① 고속도강(high speed steel, HSS)

고속도강은 Mo계열과 W계열이 있으며 15종으로 분류하고 있다. 이 두 종류는 거의 유사한 성능을 가지고 있지만 Mo계열이 W계열보다 저렴하고 전체 고속도강 생산이 95% 이상을 차지하고 있다. 대부분의 고속도강은 절삭 공구용으로 쓰이나 어떤 것은 냉간 압조 공구, 전조 다이스, 펀치, 블랭킹 다이스 용도로 쓰이는 것도 있다. 특히 SKH50계열은 고강도강의 절삭 공구로 쓰인다. 표 2-7은 고속도강의 종류와 화학 성분표를 나타낸 것이다.

㉮ Mo계 고속도강 : Mo계 고속도강은 Mo, W, Cr, V, Co 등의 합금 원소를 함유하고 있으며, 동일 경도에서 W계열보다 인성이 약간 크다. C와 V의 첨가량을 증가시키면 내마모성이 더욱 향상되며, Co를 증가시키면 고온 경도는 증가하나 충격 값은 감소하는 경향이 있다. Mo계는 1,175~1,230℃ 범위에서 담금질시 최고 경도값을 나타내며, 탄소량이 적은 것은 HRC 63, 고탄소 Co 함유 계열은 HRC 70

까지도 가능하다. 표 2-7은 고속도강의 종류와 화학 성분표로서 Mo계 고속도강은 드릴, 리머, 엔드밀, 밀링 커터, 탭, 호브 등 거의 모든 종류의 절삭 공구에 쓰이며, 경우에 따라 냉간 압조 공구, 전조 다이스, 펀치, 블랭킹 다이스 등 냉간 가공용 공구나 금형에 사용하기도 한다. 냉간 가공용으로 쓰일 때에는 경도를 조금 낮추어 인성을 부여한 후 사용하면 좋다.

표 2-7 고속도강의 종류와 화학 성분표

(KS D 3522)

| 분류 | KS 기호 | 화학 성분(%) | | | | | | | 경도 (HRC) |
		C	Si	Cr	Mo	W	V	Co	
W계	SKH 2	0.73~0.83	0.45 이하	3.80~4.50	–	17.20~18.70	1.00~1.20	–	63 이상
	SKH 3	0.73~0.83	0.45 이하	3.80~4.50	–	17.00~19.00	0.80~1.20	4.50~5.50	64 이상
	SKH 4	0.73~0.83	0.45 이하	3.80~4.50	–	17.00~19.00	1.00~1.50	9.00~11.00	64 이상
	SKH 10	1.45~1.60	0.45 이하	3.80~4.50	–	11.50~13.50	4.20~5.20	4.20~5.20	64 이상
MO (분말야금)	SKH 40	1.23~1.33	0.45 이하	3.80~4.50	4.70~5.30	5.70~6.70	2.70~3.20	8.00~8.80	65 이상
MO계	SKH 50	0.77~0.87	0.70 이하	3.50~4.50	8.00~9.00	1.40~2.00	1.00~1.40	–	63 이상
	SKH 51	0.80~0.88	0.45 이하	3.80~4.50	4.70~5.20	5.90~6.70	1.70~2.10	–	64 이상
	SKH 52	1.00~1.10	0.45 이하	3.80~4.50	5.50~6.70	5.90~6.70	2.30~2.60	–	64 이상
	SKH 53	1.10~1.25	0.45 이하	3.80~4.50	4.70~5.20	5.90~6.70	2.70~3.20	–	64 이상
	SKH 54	1.25~1.40	0.45 이하	3.80~4.50	4.20~5.00	5.20~6.00	3.70~4.20	–	64 이상
	SKH 55	0.85~0.95	0.45 이하	3.80~4.50	4.70~5.20	5.90~6.70	1.70~2.10	4.50~5.00	64 이상
	SKH 56	0.85~0.95	0.45 이하	3.80~4.50	4.70~5.20	5.90~6.70	1.70~2.10	7.00~9.00	64 이상
	SKH 57	1.20~1.35	0.45 이하	3.80~4.50	3.20~3.90	9.00~10.00	3.00~3.50	9.50~10.50	64 이상
	SKH 58	0.95~1.05	0.70 이하	3.50~4.50	8.20~9.20	1.50~2.10	1.70~2.20	–	64 이상
	SKH 59	1.00~1.15	0.70 이하	3.50~4.50	9.00~10.00	1.20~1.90	0.90~1.30	7.50~8.50	66 이상

주) 각 종류마다 P 0.030%, Mn 0.40%, S 0.030%, Cu 0.25%, Ni 0.25% 등을 초과하지 않아야 한다.

㉯ W계 고속도강 : W계 고속도강은 W, Cr, V, Co 등을 주합금 원소로 함유하고 있는 특수강이며, 1900년대 초기 개발된 후 C를 1.60%, V를 5.20%까지 증가시켜 고온 강도와 내마모성을 증대시킨 강이다.

특히 SKH10은 1,205~1,300℃에서 염욕 냉각시 HRC 64 이상 경도가 상승하며 내마모성을 도모하는 탄화물들을 다량 보이고 있다. W계 고속도강은 Mo계 고속도강과 용도가 유사하며 드릴, 탭, 브로치, 밀링 커터, 호브 등의 절삭 공구와 다이스, 펀치 및 고온에서 과부하가 걸리는 베어링 부품 등에 사용된다.

② 합금 공구강(alloys tool steels)

합금 공구강 강재의 종류는 32종으로 적용하는 용도에 따라 열간 금형용(10종), 냉간 금형용(10종), 내충격 공구강용(4종), 절삭 공구강용(8종) 등으로 구분한다.

㉮ 열간 금형용

열간 금형용은 금속이나 합성 수지 제품 등의 고온 가공으로 인한 열적 응력하에서의 금형의 마모나 피로 파손 등을 개선하는 목적으로 개발되었다. 열간 금형용은 Cr계, W계, Mo계로 분류된다.

ⓐ Cr계 열간 금형용 : Cr을 2.0~5.5%까지 함유하고 있으며, 기타 탄화물 형성 원소로 Mo, W, V 등을 함유하고 있다. W와 Mo을 함유하고 있는 강종은 고온 강도가 뛰어나다. V는 고온에서 내마모성을 증대시키며 Si는 800℃까지 산화 저항을 갖게 한다. 특히 공냉으로 충분히 경화가 가능하며 복합 탄화물의 석출에 의하여 2차 경화 특성이 있으므로 고온 뜨임을 실시할 수 있고, 이를 통하여 잔류 응력이 제거된다. 이 강종은 용접성이 좋고 열팽창이 작으며 산화와 부식에 대한 저항도 뛰어난 장점을 가지고 있다. 가장 많이 쓰이는 것은 STD6, STD61이다. 거의 모든 종류의 열간 금형 및 공구, 알루미늄 다이캐스팅 금형, 마그네슘 다이캐스팅 금형에 사용된다.

ⓑ W계 열간 금형용 : W계 열간 금형용은 W과 함께 Cr, V을 주합금 원소로 함유하고 있으며, 열간 가공시 STD6, STD61보다도 고온에서 연화되지 않는 특성이 우월하다. 반면, 취약성은 다소 떨어지며, 특히 수냉 담금질시 균열 등의 위험성이 있다. 이 W계 열간 금형용은 공냉 담금질이 가능하나 녹 발생을 방지하기 위해 기름이나 소금물에 담금질하는 것이 보통이다. W계 열간 금형용은 사용 전 충분한 예열을 통해 균열 발생을 최소화할 수 있다. 구리 합금의 압출 금형, 니켈 합금의 압출, 강의 열간 압출용 금형, 공구류 등에 사용된다. 표 2-8은 열간 금형용 합금 공구강의 화학성분과 용도를 나타내었다.

표 2-8 열간 금형용 합금 공구강의 화학성분과 용도 (KS D 3753)

| 기호 | | 화학 성분(%) | | | | | | | 경도(HRC) | 용도 |
KS	ISO	C	Si	Mn	Ni	Cr	W	Mo		
STD 4	–	0.25~0.35	<0.04	<0.06	–	2.00~3.00	5.00~6.00	–	>42	프레스 형틀, 다이캐스팅 형틀, 압출 다이스
STD 5	X30WCrV9-3	0.25~0.35	0.10~0.40	0.15~0.45	–	2.00~3.00	9.00~10.00	–	>48	
STD 6	–	0.32~0.42	0.80~1.20	<0.50	–	4.50~5.50	–	1.00~1.50	>48	
STD 61	X40CrMoV5-1	0.35~0.42	0.80~1.20	0.25~0.50	–	4.80~5.50	–	1.00~1.50	>50	
STD 62	X35CrMoV5	0.32~0.40	0.80~1.20	0.20~0.50	–	4.75~5.50	1.00~1.60	1.00~1.60	>48	다이스 형틀, 프레스 형틀
STD 7	32CrMoV121-28	0.28~0.35	0.10~0.40	0.15~0.45	–	2.70~3.20	–	2.50~3.00	>46	프레스 형틀, 압출공구
STD 8	38CrCoWW18-17-17	0.35~0.45	0.15~0.50	0.20~0.50	–	4.00~4.70	3.80~4.50	0.30~0.50	>48	다이스 형틀, 압출공구, 프레스 형틀
STF 3	–	0.50~0.60	<0.35	<0.60	0.25~0.60	0.90~1.20	–	0.30~0.50	>42	주조 형틀, 압출공구, 프레스 형틀
STF 4	55NiCrMoV7	0.50~0.60	0.10~0.40	0.60~0.90	1.50~1.80	0.80~1.20	–	0.35~0.55	>42	
STF 6	45NiCrMo16	0.40~0.50	0.10~0.40	0.60~0.90	3.80~4.30	1.20~1.50	–	0.15~0.35	>52	

주) P : 0.030% 이하, S : 0.020% 이하

ⓒ Mo계 열간 금형용 : 이 강종은 미국의 H42에 제한되어 있으며 Mo와 함께 Cr, W, V 등을 함유하고 있다. 특성은 텅스텐계 열간 금형용과 유사하며 값은 텅스텐계보다 저렴하다. 열간 가공시 유발되는 히트 체크(heat check : 가열 냉각을 반복할 때 금형의 표면에 생기는 거북이 등껍데기 모양이나 직선 모양의 가는 균열)에 대한 저항이 텅스텐계보다 우수하다. 용도는 W계와 유사하며, 특히 히트 체크에 대한 저항이 크게 필요한 열간 금형 등에 사용된다. 대부분의 생산 활동은 고온에서 펀칭, 전단, 성형 등을 포함하고 있다.

㉯ 냉간 금형용

냉간 금형용은 열간 금형용과는 달리 고온 가공으로 인한 경도 저하를 방지하기 위한 합금 원소를 함유하고 있지 않기 때문에 260℃ 이상 반복 가열을 하거나 연속 방치되지 않는 조건에서 사용해야 한다. 냉간 금형용은 공냉 경화강, 유냉 경

화강, 고탄소 고크롬강의 세 가지로 분류된다.

ⓐ 공냉 경화강 : 공냉 경화강은 합금 원소로서 Mn, Cr, Mo 등을 함유하고 있으며, 공냉 담금질하여 지름 102mm까지 충분히 경화시킬 수 있다. 이 강종의 장점은 공기 중 냉각으로도 경화가 가능하므로 열처리시 변형이나 균열 등 위험이 적다. STD12 및 미국의 A3, A7, A8, A9 강종은 Cr을 약 5% 함유하고 있으므로 뜨임 경도 저하를 예방할 수 있으며 A9, A10은 Si와 Ni이 보강되어 조직 중에 흑연(graphite)을 생성하므로 기계 가공성이 훨씬 뛰어나다. 절단 날, 펀치, 블랭킹 다이스, 트리밍 다이스, 성형 다이스, 코이닝 다이스, 게이지 류, 정밀 측정 공구, 내마모용 블릭 금형, 세라믹 금형 등에 사용된다.

ⓑ 유냉 경화강 : 유냉 경화강은 담금질시 유냉에 의하여 조직이 강화되는 강종으로 수냉시보다 담금질시 균열 발생의 위험이 적으며, 특히 용접성이 뛰어나고 기계 가공성도 좋아서 다음과 같은 것에 사용된다.

   ⅰ STS3 미국의 O2, O6 : 블랭킹, 트리밍, 드로잉, 플랜징, 포밍 가공용 펀치 및 다이스

   ⅱ O7(미국) : 경도는 다소 낮으나 내마모성이 우수, 예리한 절단각 부위

   ⅲ STS3 : 기계 구조용 캠, 부싱, 가이드 및 게이지류

ⓒ 고탄소 고크롬강 : 고탄소 고크롬강은 탄소량이 0.95~2.5%로 많고 Cr을 12% 이상 함유하고 있으며, STD1, STD2를 제외하고는 Mo도 약 1% 함유하고 있는 강종이다. 따라서 이와 같은 합금 원소의 영향으로 온도 상승에 따른 경도 값 저하가 작으며 탁월한 내마모성을 가지고 있다. 그러나 STD1, STD2는 유냉 경화시 변형과 균열 발생 등 위험이 있고, 탄화물이 많아 날카로운 에지(edge) 부위는 취약하다. D7 강종은 최상의 내마모성을 보유하고 있다. 긴 수명을 요하는 블랭킹 다이, 포밍 다이, 전조 다이, 디프 드로잉 다이, 미세 절삭용 다이, 브릭 몰드 게이지, 내화 공구, 압연롤, 전단 또는 절삭날 등에 사용된다.

냉간 금형용 합금 공구강의 화학성분과 용도는 표 2-9에 나타내었다.

표 2-9 냉간 금형용 합금 공구강의 화학성분과 용도 (KS D 3753)

기호		화학 성분(%)						경도 (HRC)	용도
KS	ISO	C	Si	Mn	Mo	Cr	W		
STS 3	–	0.90~1.00	<0.35	0.90~1.20	–	0.50~1.00	0.50~1.00	>60	게이지, 나사 절단, 다이스 절단기, 칼날
STS 31	–	0.95~1.05	<0.35	0.90~1.20	–	0.80~1.20	1.00~1.50	>61	게이지 프레스 형틀, 나사절단 다이스
STS 93	–	1.00~1.10	<0.50	0.80~1.10	–	0.20~0.60	–	>63	게이지, 칼날. 프레스 형틀
STS 94	–	0.90~1.00	<0.50	0.80~1.10	–	0.20~0.60	–	>61	
STS 95	–	0.80~0.90	<0.50	0.80~1.10	–	0.20~0.60	–	>59	
STD 1	X210Cr12	1.90~2.20	0.10~0.60	0.20~0.60	–	11.00~13.00	–	>62	신선용 다이스, 포밍 다이스, 분말 성형틀
STD 2	X210CrW12	2.00~2.30	0.10~0.40	0.30~0.60	–	11.00~13.00	0.60~0.80	>62	
STD 10	X153CrMoV12	1.45~1.60	0.10~0.60	0.20~0.60	0.70~1.00	11.00~13.00	–	>61	신선용 다이스, 전조 다이스, 금속인 물, 포밍 다이스 프레스 형틀
STD 11	–	1.40~1.60	0.40	0.60	0.80~1.20	11.00~13.00	–	>58	게이지, 포밍다이 스, 나사 전조 다 이스, 프레스 형틀
STD 12	X100CrMoV5	0.95~1.50	0.10~0.40	0.40~0.80	0.90~1.20	4.80~5.50	–	>60	

주) P : 0.030% 이하, S : 0.030% 이하

ⓓ 내충격 공구강용

내충격 공구강용의 주요 합금 원소는 Mn, Si, Cr, W, V 등으로 구성되어 있으며 4종으로 탄소 함유량은 약 0.35~1.10%이다. 이와 같은 합금 원소들의 조화를 통해 고강도, 고인성, 중급 정도의 내마모성을 지니고 있으며, 경화능이 작은 관계로 담금질시 가열 온도가 높고 수냉이나 유냉을 통해 조직이 강화된다.

내충격 공구강용의 화학성분과 용도는 표 2-10에 나타내었다. 조각칼, 리벳 세트, 펀치류, 드라이버 비트 및 충격에 대한 인성이 요구되는 금형, 공구류 등에 사용된다.

표 2-10 내충격 공구강용의 화학성분과 용도 (KS D 3753)

기호		화학 성분(%)						경도	용도
KS	ISO	C	Si	Mn	Cr	W	V	(HRC)	
STS 4	–	0.45~0.55	<0.35	<0.50	0.50~1.00	0.50~1.00	–	>56	끌, 펀치, 칼날
STS 41	105V	0.35~0.45	<0.35	<0.50	1.00~1.50	2.50~3.50	–	>53	
STS 43	–	1.00~1.10	0.10~0.30	0.10~0.40	<0.20	–	0.10~0.20	>63	헤딩다이스(heading dies), 착암기용 피스턴
STS 44	–	0.80~0.90	<0.25	<0.30	<0.20	–	0.10~0.25	>60	끌, 헤딩다이스

주) P : 0.030% 이하, S : 0.030% 이하

　각종 불순물은 Ni 0.25%, Cu 0.25% 등을 초과해서는 안 된다.

　㉣ 절삭 공구강용

　　Cr, W과 함께 미량의 V을 합금 원소로 포함하고 있는 절삭 공구강용은 탄소강보다 경화능이 좋고, Cr과 W을 통하여 경도와 내마모성을 증가시킨 공구강이다. 특히 V을 소량 첨가함으로써 조직을 미세하게 하였고, L6(미국)의 경우는 HRC 64까지 가능하며 표면으로부터 76mm 깊이까지 HRC 60 이상을 유지한다. 절삭 공구, 냉간 인발형, 탭, 드릴, 커터, 타발형, 둥근톱, 띠톱 등에 사용된다. 절삭 공구강용의 화학성분과 용도는 표 2-11에 나타내었다.

표 2-11 절삭 공구강용의 화학성분과 용도 (KS D 3753)

기호		화학 성분(%)							경도	용도
KS	ISO	C	Si	Mn	Ni	Cr	W	V	(HRC)	
STS 11	–	1.20~1.30	<0.35	<0.50	–	0.20~0.50	3.00~4.00	0.10~0.30	>62	절삭공구, 냉간 드로잉용 다이스·센터드릴
STS 2	–	1.00~1.10	<0.35	<0.80	–	0.50~1.00	1.00~1.50	<0.20	>61	탭, 드릴, 커터, 프레스형틀, 나사 가공 다이스
STS 21	–	1.00~1.10	<0.35	<0.50	–	0.20~0.50	0.50~1.00	0.10~0.25	>61	
STS 5	–	0.75~0.85	<0.35	<0.50	0.07~1.30	0.20~0.50	–	–	>45	원형톱, 띠톱
STS 51	–	0.75~0.85	<0.35	<0.50	1.30~2.00	0.20~0.50	–	–	>45	
STS 7	–	1.10~1.20	<0.35	<0.50	–	0.20~0.50	2.00~2.50	<0.20	>62	쇠톱
STS 81	–	1.10~1.30	<0.35	<0.50	–	0.20~0.50	–	–	>63	인물(칼, 대패), 쇠톱, 면도날
STS 8	–	1.30~1.50	<0.35	<0.50	–	0.20~0.50	–	–	>63	줄

주) P : 0.030% 이하, S : 0.030% 이하

　각종 불순물로서 Ni 0.25%(STS 5, STS51 등은 제외), Cu 0.25% 등을 초과해서는 안 된다.

③ 몰드강

몰드강은 Cr, Ni을 주합금 원소로 함유하고 있으며 표면을 침탄 경화하여 사용한다. 이 강종은 풀림 상태에서 매우 연하고 가공 경화가 적어 임의 형상대로 형상을 눌러 성형한 후 침탄하며 표면 경도는 HRC 58 정도가 된다.

KS나 JIS에서는 몰드강이 별도로 구분되어 있지 않으며 저탄소 몰드강의 성능 특성은 표 2-12에 나타내었다. 저온 다이캐스팅 금형, 플라스틱 압력 금형, 인젝션 금형 등에 사용된다.

표 2-12 저탄소 몰드강의 성능 특성

기호			탈탄 저항	경화 특성				사용 특성			
KS	JIS	AISI		경화능	변화량	크랙 저항	적정 경도	가공성	인성	연화 저항	마모 저항
–	–	P2	고	중	저	58~64	중고	중고	고	저	중
–	–	P3	〃	〃	〃	〃	중	중	〃	〃	〃
–	–	P4	〃	고	매우 저	〃	저중	저중	〃	중	고
–	–	P5	〃	–	O, 저	〃	중	중	〃	저	중
–	–	P6	〃	–	A, 매우 저	58~61	〃	〃	〃	〃	〃
–	–	P20	〃	중	저	28~37	중고	중고	〃	〃	저중
–	–	P21	〃	고	최저	30~40	중	중	중	중	중

주) 적정 경도 단위 : HRC

이상에서 언급한 바와 같이 일반 특수강의 기본 특성들은 사용 중의 내마모 성능, 변형 저항 성능, 피로 파쇄 및 균열에 대한 저항도, 온도 상승에 따른 경도값의 저하 정도 등으로 나타낼 수 있다. 주어진 경도하에서 내마모 정도는 열처리의 종류와 상태에 크게 좌우되며 온도 상승에 따른 경도값의 저하는 열처리시 나타나는 복합 탄화물의 분포와 양에 의해 크게 좌우된다. 보편적으로 빠른 동작 상태하에서 금형이 파쇄되지 않고 충격을 흡수하는 능력은 경도를 떨어뜨리면 좋아진다. 종합적으로 일반 특수강의 성능은 합금 원소와 정련 과정에서 청정도, 열처리 등에 달려 있다. 특수강을 사용함에 있어 용도에 맞게 올바르게 선정하기 위해서는 세심한 주의가 필요하다.

(2) 특수 용도용 특수강

① 스테인리스강

스테인리스강(봉)은 녹 발생을 없애기 위하여 개발된 61종류로 과포화크롬산화물 피막이 재료 표면에 얇게 형성되어 산화(부식)가 방지되는 구조를 가지고 있으며 마르텐사이트계, 페라이트계, 오스테나이트계, 페라이트-오스테나이트계, 석출 경화계 등으로 분류되며 표 2-13은 스테인리스강의 종류를 나타낸 것이다.

표 2-13 스테인리스강의 종류 (KS D 3705, 3706)

분류		KS 기호	분류		KS 기호
Fe-Cr계	마르텐사이트계	STS 403	Fe-Cr-Ni계	오스테나이트계	STS 304
		STS 410			STS 304 N1
		STS 410 S			STS 304 LN
		STS 420 J1			STS 304 J1
		STS 440 A			STS 305
	페라이트계	STS 405			STS 309 S
		STS 410 L			STS 310 S
		STS 430			STS 316 L
		STS 430 LX			STS 316 LN
		STS 434			STS 316 Ti
		STS 436 L			STS 317
		STS 444			STSXM 7
		STS 445 NF			STS 350
		STSXM 27		페라이트-오스테나이트계	STS 329 J1
Fe-Cr-Ni계	오스테나이트계	STS 301			STS 329 J3L
		STS 301 L			STS 329 J4L
		STS 302		석출 경화계	STS 630
		STS 302 B			STS 631

주) 봉, 강판, 강대라는 것을 기호로 표시할 경우 기호 끝부분에 -B, -HP, -HS 등을 붙인다.
예) STS 410-B, STS 410-HP, STS 410-HS

㉮ 마르텐사이트계 : Cr 11.5~18%, C 0.15~1.2%를 첨가한 마르텐사이트 조직의 강으로 Cr 13% 강이 대표적이다. 760~790℃에서 서냉하면 연화되어 기계 가공성이 좋아지고, 1,000℃에서 유냉하면 조직이 마르텐사이트로 강화된다. 응력을

제거하기 위하여 315℃에서 뜨임하면 인성이 부여되고 연화를 목적으로 뜨임할 때에는 535~600℃로 고온 뜨임해야 하며 400~500℃ 범위에서는 취성이 있으므로 피해야 한다. 상온에서 강자성을 가지고 있으며 내식성은 최저이나 경도, 인장강도, 크리프 강도 및 내열성이 우수하다.

㉯ 페라이트계 : Cr 11.5~32%, C 0.03~0.12%를 첨가한 페라이트 조직의 강으로 Mo, Si, Al 등의 합금 원소를 첨가하여 개량한 것들도 있다. 특히 S을 첨가시킨 강종은 기계 가공성이 우수하다. 상온에서 강자성체이며 연성이 풍부하여 성형성이 좋다. 그러나 인성은 저온에서 오스테나이트계보다 떨어진다.

㉰ 오스테나이트계 : Cr 16~26%, Ni 3.5~28%까지 다양하게 첨가하여 면심 입방 격자 구조를 가지고 있으며 풀림된 상태에서 비자성체이고 스테인리스강 중에서 내식성이 가장 뛰어나다. 이 강종은 냉간 가공에 의해서만 강화되고 저온에서 안정적이며 고온에서도 강도를 유지한다. Cr 18%, Ni 8%의 18-8 스테인리스강이 가장 대표적이며, 내식성, 내충격성, 기계 가공성이 우수하나 염산, 염소 가스, 황산 등에 약하고 결정 경계의 부식이 쉽게 일어나는 단점이 있다. 경계 부식이란 결정 경계 부근의 Cr 원자가 탄소 원자와 결합하여 Cr_4C(크롬탄화물)를 형성함으로써 결정 경계 부근 조직의 Cr 농도가 12% 이하로 낮아져 부식을 발생시키는 것을 말한다.

경계 부식의 방지법은 다음과 같다.

ⓐ 고온에서 가열한 후 Cr 탄화물을 오스테나이트 조직 중에 용체화(*오스테나이트 영역으로 가열하는 조작*)하여 급냉시킨다.

ⓑ 탄소량을 감소시켜 Cr_4C 탄화물의 발생을 저지시킨다.

ⓒ Ti, V, Nb 등을 첨가시켜 Cr_4C 대신 TiC, NbC, V_4C_3 등의 탄화물을 발생시켜 Cr의 탄화물화를 감소시킨다. 따라서 Ti, V, Nb 등을 첨가하여 경계 부식을 저지시킨 것을 안정화되었다고 한다.

㉱ 오스테나이트-페라이트계 : 이 강종은 면심 입방 격자의 오스테나이트계와 체심 입방 격자의 페라이트계의 혼합 조직을 갖도록 개발된 스테인리스강으로 상비율은 조성과 열처리에 따라 다르나 보통 풀림 상태에서 동등한 상비율을 갖도록 개발되어 있다. 이 강종의 특징 중 하나는 부식 저항이 오스테나이트계와 유사하나

인장 강도와 항복 강도가 뛰어나고 응력 부식, 파쇄 저항이 크다는 것이다. 강도
와 인성은 오스테나이트계 스테인리스강의 중간 정도이다.

㉲ 석출 경화계 : 이 강종은 석출 경화 원소로 Cu, Al, Nb 등을 함유하고 있으며 일
   명 PH(precipitation hardening)강이라고도 한다. 보통 풀림 상태에서는 오스테나
   이트나 마르텐사이트 구조로 되어 있으며, 오스테나이트 구조로 되어 있는 것은
   서브제로(sub-zero) 등 분위기 열처리로서 마르텐사이트화할 수 있다. 이 석출 경
   화계 스테인리스강은 마르텐사이트 조직으로부터 석출 경화에 의하여 큰 강도를
   얻게 된다. 석출 경화계 스테인리스강의 종류와 특징은 다음과 같다.

   ⓐ 스테인리스강 W : 1,050℃에서 용체화 처리하여 오스테나이트 단상으로 한 후
      공냉시켜, 120℃ 이하에서 마르텐사이트로 변태시키고 500~550℃에서 30분
      간 시효 처리한 강이다. Cr 17%, Ni 7%, Ti 0.7%, C 0.07%, Al 0.2%, Si 0.5
      %, Mn 0.5%와 Fe이 합금된 것으로, 인장 강도 1,470MPa, 연신율 10%, 경도
      는 HB 500 정도이다.

   ⓑ 17-4 PH : 암코(Armco) 회사 제품으로 석출 경화제로 Cu를 첨가하여 내식성
      과 강도가 높으므로 단조재나 주조재로 사용한다. 열간 가공성이 좋으므로
      1,180~1,210℃에서 단조하며 960℃ 이상에서 단조한 후 공냉 또는 유냉하면
      용체화 처리 없이도 석출 경화된다. 실온까지 냉각하면 마르텐사이트가 발생
      하므로 대형이나 복잡형 제품 등에는 단조 후 풀림 처리하여 변형과 균열을
      방지한다. 이 강에 Si 1~2%를 첨가하면 유동성이 증가하고 강력한 내식 주물
      이 된다. Cr 16~18%, Ni 4%, C 0.05%, Cu 4%, Cd 0.3%, Si 1% 이하, Mn
      1% 이하, 나머지 Fe의 조성을 가지며, 인장 강도 1,370MPa, 연신율 10%, 경
      도는 HRC 42 정도이다.

   ⓒ 17-7 PH : 경화제로 Al을 사용하며 마르텐사이트 조직이 나타나지 않는 강으
      로, δ페라이트를 소량 함유한 오스테나이트 조직으로 연하고 성형 가공성이
      우수하다. 1,030~1,050℃로 가열한 후 수냉 또는 공냉하는 용체화 처리를 하
      고 500℃에서 시효 처리한다. Ni, Al 등이 오스테나이트 조직 중에서 석출 경
      화된다. Cr 17%, Ni 7%, Al 1.2%, C 0.07%, Si 1% 이하, Mn 1% 이하, 나머

지 Fe의 합금이다.

ⓓ V₂B : 마모에 강한 단조 합금으로 밸브, 펌프, 기어 등에 사용하며, 1,090℃에서 수냉하는 용체화 처리로 오스테나이트와 45%의 페라이트 조직으로 이루어진 강이다. 500℃에서 Be의 석출 경화가 발생하며, 경계 부식을 방지하기 위하여 저탄소화한다. Cr 19%, Ni 10%, Mo 3%, Be 1.5%, C 0.05%, Si 3%, Mn 0.6%와 Fe의 합금이다.

ⓔ PH15-7Mo : 판과 선재 등에 사용되고, 고온 강도, 내식성, 성형성이 양호하므로 항공기 재료로도 쓰인다. 17-7PH와 같은 용체화 처리를 하며 냉간 가공에 의해서 마르텐사이트화 및 석출 경화하여 높은 경도를 얻을 수 있다. Cr 15%, Ni 7%, Mo 2.3%, Al 1.2%, C 0.07%, Si 1% 이하, Mn 1% 이하와 Fe의 합금으로 인장 강도 1,568MPa, 연신율 5%를 나타낸다.

ⓕ 17-10PH : 내식성과 강도 이외에 투자율이 낮은 용도에 적합하며, 1,140℃에서 열간 가공한 후 1,120℃에서 수냉하여 오스테나이트화하고, 700℃에서 12시간 혹은 650℃에서 24시간 유지한 다음 수냉하면 오스테나이트 조직 중에 탄화물, 인화물 등이 석출 경화된다. Cr 17%, Ni 10%, P 0.25%, C 0.12%, Si 0.4%, Mn 0.6%와 Fe의 합금으로 인장 강도 980MPa, 경도는 HRC 30 정도이다.

ⓖ PH55 : 1,120℃에서 용체화 처리하여 오스테나이트와 페라이트의 2상 조직으로 되고, 480℃에서 8시간 가열하여 페라이트 중에 σ상을 석출시켜 경화된다. 마모를 수반한 부식과 진동에 강하다. Cr 20%, Ni 9%, Mo 4%, Cu 3%, C 0.04%, Si 3%, Mn 1%와 Fe의 합금이다.

ⓗ 마레이징(maraging)강 : 고Ni의 초고장력강으로 1,372~2,059MPa의 인장 강도와 높은 인성을 가진다. 경화 방법은 PH형과 동일하며 용체화 처리로 마르텐사이트 중에 합금 원소를 고용시키고 400~500℃에서 시효 경화한다. Ti과 Al이 석출 경화 작용하며 17-7PH와 비슷한 열처리를 한다. Ni 12~25%이며 Cr, Co, Mo, Ti, Al, Nb 등의 합금 원소를 함유하고 있다.

② 스프링강

스프링강은 급격한 충격을 완화시키며 에너지를 축적하기 위하여 사용된다. 또한 사용 중에 영구 변형이 생기지 않는 성질이 필요하며, 탄성 한도가 높고 충격 및 피로에 대한 저항력이 커야 하므로 킬드강으로 제조되어야 하며 솔바이트 조직으로 되어야 한다. 스프링 용도로서 탄성 한도가 높고 충격 및 피로에 대한 저항력을 크게 한 강종으로 탄소 함유량은 0.47~0.64%C까지 다양하며 8가지 종류로 구성되어 있다. 일반 자동차용에는 Si-Mn, Cr-Mn계 스프링강이 사용되나 고인성, 고항복점, 내열성 등이 요구되는 부위에는 Cr-V계 스프링이 사용된다. 또한 특히 내식성이 요구되는 부위에는 스테인리스강이나 고Cr계를 사용하기도 한다.

표 2-14는 스프링강의 종류와 화학 성분을 나타낸 것이다.

표 2-14 스프링강의 종류와 화학 성분 (KS D 3701)

| KS 기호 | 화학 성분(%) | | | | | | | | |
	C	Si	Mn	P	S	Cr	Mo	V	B
SPS 6	0.56~0.64	1.50~1.80	0.70~1.00	<0.030	<0.030	–	–	–	–
SPS 7	0.56~0.64	1.80~2.20	0.70~1.00	<0.030	<0.030	–	–	–	–
SPS 9	0.52~0.60	0.15~0.35	0.65~0.95	<0.030	<0.030	0.65~0.95		–	–
SPS 9A	0.56~0.64	0.15~0.35	0.70~1.00	<0.030	<0.030	0.70~1.00		–	–
SPS 10	0.47~0.55	0.15~0.35	0.65~0.95	<0.030	<0.030	0.80~1.10	–	0.15~0.25	–
SPS 11A	0.56~0.64	0.15~0.35	0.70~1.00	<0.030	<0.030	0.70~1.00	–	–	>0.0005
SPS 12	0.51~0.59	1.20~1.60	0.60~0.90	<0.030	<0.030	0.60~0.90	–	–	–
SPS 13	0.56~0.64	1.15~0.35	0.70~1.00	<0.030	<0.030	0.70~0.90	0.25~0.35	–	–

주) 각종 불순물은 모두 Cu 0.30% 이하
  P, S 등은 주문자와 제조자의 협의에 따라 각각 0.035% 이하로 하여도 좋다.

③ 불변강(invariable steel)

온도 변화에 따라 선팽창 계수나 탄성률 등의 특성이 변화하지 않는 합금강을 불변강이라 하고 그 종류는 다음과 같다.

㉮ 인바(invar) : Ni 35~36%, Mn 0.4%, C 0.1~0.3%와 Fe의 합금으로 열팽창 계수가 0.9×10^{-6}(20℃일 때)로 보통강의 열팽창계수보다 1/11.5 정도의 작아지는 특성을 가진 재료로 내식성이 크므로 바이메탈 시계전자, 줄자, 계측기의 부품 등에 사용한다.

㉯ 슈퍼인바(superinvar) : Ni 30.5~32.5%, Co 4~6%와 Fe의 합금으로 열팽창 계수는 0.1×10^{-6}(20℃일 때) 정도로 정밀기계 부품 등에 이용된다.

㉰ 엘린바(elinvar) : Fe 52%, Ni 36%, Cr 12% 또는 Ni 10~16%, Cr 10~16%, Co 26~58%와 Fe의 합금이며, 열팽창 계수 8×10^{-6}, 온도 계수 1.2×10^{-6} 정도로 고급시계, 정밀저울 등의 스프링 및 정밀기계 부품에 사용한다.

㉱ 코엘린바(coelinvar) : Cr 10~11%, Co 26~58%, Ni 10~16%와 Fe의 합금으로 온도 변화에 대한 탄성률의 변화가 극히 적고 공기 중이나 수중에서 부식되지 않는다. 태엽, 스프링, 기상관측용 기구의 부품에 사용된다.

㉲ 플라티나이트(platinite) : Ni 40~50%와 Fe의 합금으로 열팽창 계수가 $5 \sim 9 \times 10^{-6}$으로 유리나 백금과 동일함으로 전구의 도입선으로 사용된다. 코버트(kovert), 페르니코(fernico) 등의 합금이 있다.

㉳ 퍼멀로이(permally) : Ni을 가장 많이 첨가한 강으로 Ni 75~80%, Co 0.5%, C 0.5%와 Fe의 합금으로 전기 통신재료로 이용된다.

④ 자석강

그림 2-9는 자화 곡선과 히스테리시스 루프를 나타낸 것이다. 여기서 ±H : 자장의 강도, ±B : 잔류자기(자속 밀도), Hc : 항자력(보자력 : *자화된 자성체에 역자기장을 걸어 그 자성체의 자화가 영(0)이 되게 하는 자기장의 세기*), Br : 잔류 자속 밀도로 표시한다. 영구 자석은 결정 입계가 많고 미세한 결정을 갖는 조직이 좋으며, 다음과 같은 구비 조건이 필요하다.

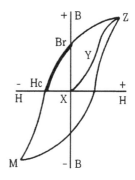

그림 2-9 자화 곡선과 히스테리시스 루프

㉮ Br이 크고 안정도가 높아야 한다.

㉯ Hc가 크고 조직이 안정되고 시효 변화가 적어야 한다.

㉰ 온도 상승 및 충격 진동에 의한 자기 감소가 없어야 한다.

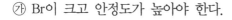

㉑ 페라이트 조직이어야 한다.

자석강으로 W 3~6%, C 0.5~0.7%, Co 3~36%에 Ni, Cr, Mo 등이 함유된 강이 사용되고 있다.

⑤ 베어링강

베어링강은 높은 탄성 한도와 피로 한도가 요구되며 내마모성과 내압성이 우수해야 한다. 또한 공구용 및 게이지용으로도 사용되며 열처리도 비슷하다. 마르텐사이트 조직 중 미용해 탄화물을 균일하게 분포시킨 상태에서 사용한다. KS기호 STB로 나타내며 주로 Cr 0.9~1.6%강이 사용된다. C 0.95~1.1%, Si 0.15~0.7%, Mn 0.5~1.15%를 함유하고 있다.

⑥ 기타 특수강

고Cr, 고Ni의 내열강과 고Ni, 고Ni-Co의 불변강, 자석용 특수강 등이 있다. 자석용 특수강은 고도자율강으로 고Ni강과 영구자석강으로 Cr강, W강, Co강, Ni-Al-Co강 등이 있다.

1.4 주철

주철은 고온에서도 소성 변형이 곤란하나 주조성이 우수하여 복잡한 형상의 주물 제품을 값싸게 생산할 수 있으며, 탄소를 다량 함유하므로 조직 내에 흑연이 발생하여 취성이 크고 강도가 비교적 낮다.

그림 2-10과 같은 주철의 조직은 Fe-흑연계(안정계)와 Fe-Fe$_3$C계(준안정계)의 복평형 상태도로 나타내며, 그림에서 점선은 안정계, 실선은 준안정계이고 탄소량은 2.11~6.68% 범위가 된다. 안정계의 공정 반응은 1,153℃에서 L(용융체) $\rightleftarrows$ γ-Fe+흑연으로 되고 준안정계의 공정 반응은 1,130℃에서 L $\rightleftarrows$ γ-Fe+Fe$_3$C로 이루어진다. C 2.11~4.3%의 주철을 아공정 주철, C 4.3%의 주철을 공정 주철, C 4.3% 이상의 주철을 과공정 주철이라 한다.

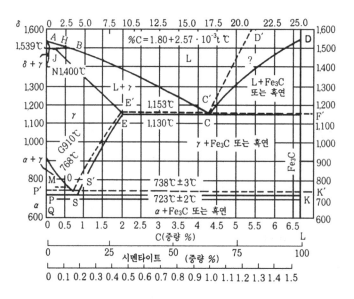

그림 2-10 Fe-C계 복평형 상태도

주철은 강에 비해 탄소와 규소를 많이 함유하고 있으며, 규소는 흑연상(graphite-phase)을 안정화하고 주조성을 좋게 한다. 그림 2-11은 주철과 강 중의 탄소와 규소의 범위를 나타낸다. 주철의 상(phase)을 좌우하는 것은 탄소량과 냉각 속도, 용해 공정 등이 있고, 이들의 조화에 따라 열역학적으로 안정계인 Fe-흑연계 또는 준안정계인 Fe-Fe₃C계로 나타낸다.

탄소가 안정상으로 흑연화되어 있는 주철을 일반적으로 회주철(gray cast iron)이라 하고, 준안정상 Fe_3C 상태로 존재하는 것을 백주철(white cate iron)이라 하며 회주철과 백주철의 중간 상태로 된 것을 반주철(mattled cast iron)이라고 한다.

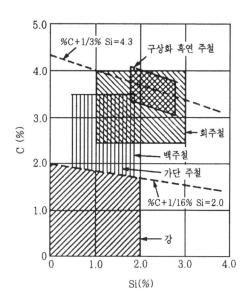

그림 2-11 주철과 강 중의 탄소와 규소 범위

주철은 파면의 색상과 흑연의 모양, 기지 조직, 합금 원소의 유무 등에 따라 여러 가지로 분류될 수 있으나, 대별하면 회주철, 구상 흑연 주철, CV 주철, 가단 주철, 합금 주철로 구분할 수 있고, 특히 금형 재료로서 많이 사용되고 있는 주철은 회주철과 구상 흑연 주철이다.

① 회주철 : 일반적인 주철로 기계 가공성이 좋다.

② 구상 흑연 주철 : 내마모성, 내열성, 내식성 등이 우수하고 변형이 적은 특성을 지니고 있다.

③ CV 주철(compacted vermicular cast iron) : 연충상의 흑연 형상을 하고 있으며, 진동 흡수 능력과 기계 가공성, 강도, 열전도성 등에서 회주철보다 우수하여 디젤 엔진, 실린더 블록 및 헤드, 브레이크나 유압 밸브 용도로 사용된다.

④ 가단 주철(malleable cast iron) : 주철과 주강의 단점을 보완하여 주조성이 좋고 표면이 미려하여 인성과 연성을 부여한 것으로 고탄소의 백주철을 풀림 열처리하여 조직을 페라이트와 흑연 탄소로 만든 것이다.

표 2-15는 주철의 일반적인 분류이다.

표 2-15 주철의 분류

구분	탄소 조직	기지 조직	파면	특징
회주철	편상 흑연	펄라이트	회색	절삭성 우수
백주철	Fe_3C	펄라이트 + 마르텐사이트	백색	경도, 내마모성 우수
반주철	편상 흑연 + Fe_3C	펄라이트	회백얼룩색	경도, 내마모성 보통
구상 흑연 주철	구상 흑연	페라이트 + 펄라이트 + 오스테나이트	회백색	강인성, 내열성, 불변성 우수
가단 주철	템퍼 흑연	페라이트 + 펄라이트	회백색	연성, 인성 풍부
CV 주철	연충상 흑연	페라이트 + 펄라이트	회색	가공성, 강인성 양호

가단 주철에는 백심 가단 주철, 흑심 가단 주철, 펄라이트 가단 주철, 특수 가단 주철이 있으며, 자동차나 자전거와 방직기의 부속품, 강관의 연결용 관 이음쇠(fitting) 등에 쓰인다.

⑤ 합금 주철 : 특수 주철이라고도 하며 Cu, Cr, Ni, Mo, Ti, V 등을 첨가하여 강도, 내

열성, 내마모성 및 내부식성을 개선한 주철이다. 내열성과 내산성에 강한 합금 주철에는 오스테나이트 주철, 고규소 주철, 고크롬 주철 등이 있다.

1) 주철의 성질

(1) 물리적 성질

주철의 물리적 성질은 탄소의 함유량, 흑연의 분포 상태, 흑연 형상, 규소 등의 함유량에 따라 다르나 일반적으로 비중 7.0~7.3, 열팽창 계수 $1~1.1\times10^{-5}$, 용융점 1,145~1,350℃이고, 전기 전도도가 0.5~2.0$(m/\Omega mm^2)$이며 수축률은 0.5~1% 정도이다.

(2) 기계적 성질

주철의 기계적 성질도 물리적 성질과 같이 화학성분뿐만 아니라 페라이트, 펄라이트 및 흑연의 함유비, 흑연의 형상, 분포 상태 등에 의해서 변화를 받게 된다. 따라서 주철에 함유된 원소의 영향에 대해 기술하면 다음과 같다.

① Si의 영향 : 강력한 흑연화 촉진 원소로서 C 양을 증가시키는 것과 같은 효과를 가지며 냉각 속도가 빠르거나 Si 양이 많을 때는 레데부라이트(ledeburite)가 정출하지 않거나 흑연화해서 공정상 흑연이 회주철화한다. 흑연이 많은 주철은 응고시 체적이 팽창하므로 흑연화 촉진 원소인 Si가 첨가된 주철은 응고 수축이 적어진다.

② C의 영향 : 냉각 속도가 빠르면 곰팡이형(mossy type)의 미세한 흑연이 오스테나이트의 수지 상정 간에 정출하기도 하며 주철 중의 탄소는 흑연과 Fe_3C로 생성된다. 기지조직 중에 흑연을 함유한 주철이 회주철이며 Fe_3C를 함유한 주철이 백주철이 된다.

③ Mn의 영향 : 펄라이트 조직을 미세화하고 페라이트의 석출을 억제시키며 보통 주철 중에 0.4~1% 정도 함유된다. 또한 흑연화를 방해하여 백주철화를 촉진시키나 공정 온도에는 변화를 주지 않는다. S와 결합하여 MnS 화합물을 생성함으로써 S의 해를 감소시킨다.

④ P의 영향 : P은 페라이트 조직 중에 고용되나 대부분은 스테다이트[steadite : *인화철 (Fe_3P)로 1900년에 stead가 발견하여 이와 같은 이름이 붙었음*]로 존재하며, 스테다이트가 있는 주철을 950℃ 부근에서 가열하면 페라이트 중에 고용된다. P은 0.5% 이하가 좋으며 융점을 낮추어 주철의 유동성을 좋게 함으로 미술용 주물에는 P의 함

유량을 많게 하여 사용한다.

⑤ S의 영향 : S은 주철의 유동성을 나쁘게 하므로 가능한 적게 함유해야 한다. 주철 중
에 Mn이 소량일 때는 S은 Fe과 화합하여 FeS가 되고, 오스테나이트의 정출을 방해
하므로 백주철화를 촉진한다. FeS는 경점(hard spot : *경화부*) 또는 역칠(intermal
shill : *결함의 일종으로 보통으로는 칠 조직이 외주부에 생기는데 이 경우 그 반대이
다*)을 일으키기 쉽게 하여 주물의 외측에는 공정상 흑연을, 내측에는 레데부라이트
를 나타나게 한다.

⑥ Co, Cu, Al, Ni 등의 영향 : 1% 이하의 소량일 때는 흑연화를 촉진시키며 흑연 조직
을 좋게 한다.

2) 주철의 종류와 특성

(1) 회주철

회주철은 C 2.5~4%, Si 1~3%와 미량의 Mn을 함유하고 있으며 보편적으로 펄라이트
와 페라이트 기지 조직에 흑연이 편상으로 분포되어 있다. 흑연의 형태는 주조시에 냉각

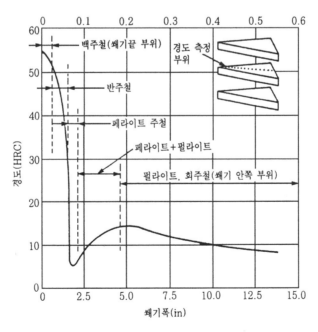

그림 2-12 냉각 속도에 따른 주철의 조직 변화

속도 등의 제어를 통하여 다양하게 조절할 수 있으며, 그림 2-12는 쐐기 모양의 시험편을 냉각시 냉각 속도에 따라 조직 형성의 차이가 어떻게 달라지는지 경도값과 함께 보여 주고 있다.

즉, 냉각 속도가 빠르면 칠드 주철이라고 하는 과포화탄소 조직을 얻을 수 있고, 중간 정도의 속도로 냉각시키면 초석 탄화물과 흑연상의 반주철이 되며, 냉각 속도가 아주 느리면 거친 흑연상과 페라이트 및 펄라이트가 혼존하는 상태가 된다.

그림 2-13은 ASTM(미국재료시험협회)에서 규정한 회주철의 편상 흑연의 5가지 종류이다.

① A형의 경우 : 가장 보편적인 형태로 내마모성이 가장 뛰어나다. 따라서 엔진의 실린더 용도 등으로 사용된다.

② B형의 경우 : 주물의 얇은 면(약 10mm 두께)이나 후육 주물의 표면 부위에 냉각 속도가 빠르기 때문에 형성된 조직이다.

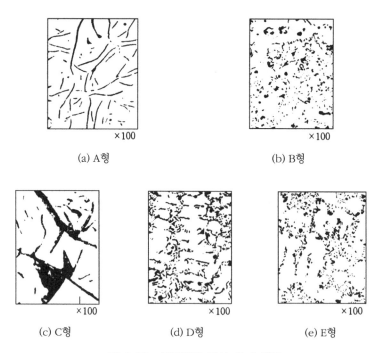

(a) A형   (b) B형

(c) C형   (d) D형   (e) E형

그림 2-13 회주철의 편상 흑연 종류

③ C형의 경우 : 매우 큰 편상 흑연 조직으로 과공정과 같이 탄소량이 많은 경우에 나타
나며, 열 전도성이 뛰어나 열적 쇼크에 대한 저항성이 크나 강인성과 충격에 대한 저
항이 떨어진다.

④ D형의 경우 : 수지상 조직(dendritic structure) 사이에 편상 흑연이 미세하고 균일하
게 분산된 형태를 보이고 있으며, 이러한 조직은 표면 가공이 매끄럽게 되는 특징이
있다. 그러나 이 조직은 급냉에 의해 표면 부위에만 나타나는 조직이므로 펄라이트
기지 조직에 나타나기 어렵다.

⑤ E형의 경우 : 펄라이트 기지 조직에 나타낼 수 있으며 내마모성이 뛰어나 A형과 비
슷한 특징을 가지고 있다.

회주철의 종류와 기계적 성질은 KS D 4301에 규정되었으나 현재 폐지되었으므로 표
2-16에 나타내었다.

표 2-16 회주철의 기계적 성질과 용도 (KS D 4301)

종 류	KS 기호	인장 강도 (N/mm²)	경도 (HB)	등급 구분
1종	GC 100	>100	<201	보통 주철
2종	GC 150	>150	<212	〃
3종	GC 200	>200	<223	〃
4종	GC 250	>250	<241	고급 주철
5종	GC 300	>300	<262	〃
6종	GC 350	>350	<277	〃

주) 2014년도 폐지되었으므로 참고 자료임.

(2) 구상 흑연 주철(nodular cast iron)

구상 흑연 주철은 황 성분이 적은 선철을 전기로 등에서 용해한 후 주형에 주입하기 전
에 마그네슘(Mg), 칼슘(Ca), 세륨(Ce) 등을 첨가하고 접종제로 Fe−Si를 첨가하여 흑연의
모양을 동그란 형태로 구상화한 주철이다. 흑연의 형상이 원형으로 되어 있기 때문에 편
상 흑연의 회주철에 비해 충격 흡수 능력이 크고 강인한 성질을 가지고 있다. 구상 흑연

주철의 조성은 회주철과 유사하며 실용 범위는 그림 2-14와 같다.

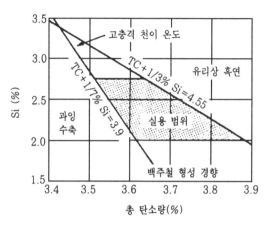

그림 2-14 구상 흑연 주철의 실용 범위(C-Si)

펄라이트 계열	페라이트 계열	불스 아이 조직
① 냉각 속도가 적당할 때 나타남 ② 경도 HB 150~240 ③ 인장 강도 588~686MPa, 강인함	① C, Si가 많음 ② Mg 양이 적당함 ③ 냉각 속도가 느리거나 풀림시 나타남	① 펄라이트형을 풀림 처리시 원형 주위에 백색 페라이트가 석출되면서 나타남
3% 피크랄 × 500	2% 나이탈 × 100	2% 나이탈 × 100

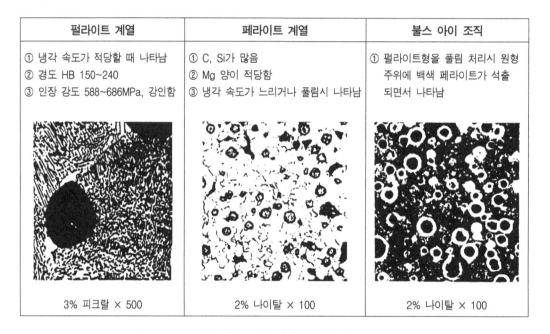

그림 2-15 구상 흑연 주철의 기지 조직에 따른 현미경 조직

구상 흑연 주철은 기지 조직에 따라 시멘타이트형, 펄라이트형, 페라이트형이 있으며 시멘타이트형이 경도가 크고 페라이트형은 가장 연하다. 펄라이트형은 풀림 처리하면 페라이트 조직이 구상 흑연 주위에 나타나며 이를 불스 아이(Bull's eye) 조직이라고 한다. 구상 흑연 주철의 기지 조직에 따른 형성 과정과 현미경 조직을 그림 2-15에 나타내었다.

표 2-17 구상 흑연 주철의 기계적 성질

종류	화 학 성 분(%)						인장 강도 (MPa)	연신율 (%)	경도 (HB)
	C	Si	Mn	P	S	Mg			
강력형	3.40	0.08	0.70	0.14	0.015	0.06	686	1.5	255
연성형	3.50	2.60	0.15	0.02	0.15	0.06	549	10.0	190

구상 흑연 주철의 성분과 기계적 성질값은 표 2-17에 나타내었으며, 열처리에 따른 인장 강도와 연신율 특성을 그림 2-16에 나타내었다. 풀림 열처리를 하면 강도는 감소하나 연신율은 상당히 증가한다.

구상 흑연 주철은 내마모성과 내식성, 불변성이 뛰어나고 내열성과 내산화성이 강보다 떨어지나 회주철보다 뛰어나 압연롤, 잉곳 케이스, 주형용 모형, 다이캐스팅 금형의 몰드 베이스(mold base) 재료와 열간 내마모 재료로 널리 사용된다.

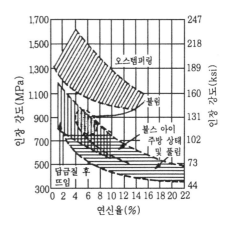

그림 2-16 열처리에 따른 인장 강도 연신율 변화

(3) 칠드 주철(chilled cast iron)

내마모성을 필요로 하는 면에 냉금을 삽입하여 주물 표면을 급냉시킴으로써 백선화시켜 경도를 높임으로써 내마모성을 향상시킨 주물이며, 백선화한 부분은 취성이 있으나 내부는 강하고 인성이 있는 회주철이기 때문에 전체적으로는 취약하지 않으므로 압연용 롤, 차륜, 분쇄기의 조(jaw) 등에 이용되고 있다. 칠드 주철의 내마모성은 칠 부분의 깊이와

경도에 의해 크게 영향을 받으므로, 칠 부분의 깊이가 너무 얇으면 수명이 짧아지고 너무 깊으면 주철이 파손되기 쉽다. 따라서 사용 목적에 따라 칠 부분의 깊이를 조절해야 하며 보통 10~25mm가 적당하다. 또한 칠 부분의 경도를 상승시켜 내마모성을 좋게 하기 위해서는 Ni, Cr, Mo, Mn 등의 합금 원소를 첨가하여 칠 부분의 기지 조직을 베이나이트나 마르텐사이트로 만들어야 한다. 특히 Ni을 첨가할 때는 Ni의 흑연화 작용을 억제시킬 수 있는 흑연화 저지 원소와 함께 사용해야 한다. 그림 2-17은 칠드 조직과 경도를 나타낸 것이다.

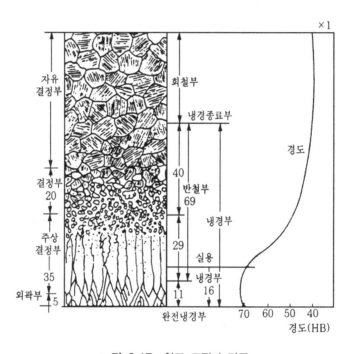

그림 2-17　칠드 조직과 경도

(4) 가단 주철

회주철과 같이 주조성이 우수한 백선 주물을 만들고 열처리를 통하여 강인한 조직으로 하여 단조를 가능하게 한 주철이다.

가단 주철을 만들기 위해서는 우선 백주철이 될 수 있게 화학 조성을 선택하여 백선화시킨 다음 적당한 열처리를 통해서 점성을 부여해야 한다. 이 때 백주철의 표면으로부터 Fe_3C 중의 탄소를 산화에 의해 제거하는 탈탄 열처리와 백주철 중의 Fe_3C를 분해하여 페라이트와 흑연(tempercarbon)으로 만드는 흑연화 열처리의 2가지 방법이 있다. 후자의 경우에는 강도와 내마모성의 향상을 위해 유리 Fe_3C 또는 펄라이트 중의 Fe_3C를 일부 잔류시키는 경우도 있다. 가단 주철은 탄소 함량이 많아 주조성이 우수하며, 적당한 열처리에 의해서 주강과 같이 연성과 강인성을 부여한 것이다. 가단 주철을 대별하면 탈탄을 주목적으로 열처리하여 만드는 백심 가단 주철(white heart malleable cast iron), 흑연화를 주목적으로 열처리를 하되 유리 Fe_3C는 완전히 분해시키고 일부의 Fe_3C를 펄라이트 형태로 잔류시킨 펄라이트 가단 주철(pearlite malleable cast iron), Fe_3C를 완전히 분해시킨 흑심 가단 주철(black heart malleable cast iron)과 특수 원소를 첨가하여 특수한 기지 조직을 갖게 하는 특수 가단 주철 등의 4종류로 나누며, 이것들은 그 사용 목적에 따라 열처리를 용이하게 할 수 있도록 화학 조성을 조절해야 하고 보통 주강과 회주철의 중간 정도의 C와 Si를 함유한다. 표 2-18에는 각종 철합금 주물의 대표적인 화학 조성을 나타내었다.

표 2-18 각종 철합금 주철의 화학 성분

화학 성분 (%)	가단 주철			회주철	Mg 구상 흑연 주철	주강
	백심 가단 주철	흑심 가단 주철	펄라이트 가단 주철			
C	2.8~3.20	2.00~2.90	2.00~2.60	2.50~4.00	2.50~4.50	0.10~0.60
Si	1.11~0.60	1.50~0.90	1.50~1.00	3.00~1.0	4.00~1.20	0.25~0.06
Mn	<0.4	<0.4	0.2~1.00	0.5~1.4	0.3~0.8	0.4~1.0
P	<0.1	<0.1	<0.1	0.05~0.20	<0.05	<0.05
S	<0.3	<0.2	<0.2	<0.2	<0.03	<0.05
기타	–	Cr<0.06	–		Mg 0.02~0.07	–
Fe	bal	bal	bal	bal	bal	bal

(5) 특수 주철

특수 주철을 합금 주철이라고도 부르며 일반적으로 주철의 기계적 성질과 내마모성, 내열성, 내식성 등과 같은 특성의 개선을 위해 특수 원소를 1종 또는 2종 이상을 첨가한 주철을 말한다. 보통 첨가되는 원소는 Ni, Cu, V, B, Mo, Al 등이다.

2.1 구리와 그 합금

구리는 다른 실용 금속과는 달리 거의 순금속에 가까운 상태로 이용되는 경우가 많은 것이 특징이며, 가장 많이 쓰이는 곳은 우수한 전기 전도가 요구되는 전기 공업이다. 순동 (Cu)은 알루미늄(Al)과 더불어 비철 금속 원소 중 가장 많이 쓰이고 있으며, 자연 채취 동 광석은 Cu의 함유량이 2~4%로 미약하기 때문에 동광석을 선광하여 Cu 함유량을 20% 이상 높인 다음 제련한다. 순동의 제련 및 정련 과정은 그림 2-18과 같다.

그림 2-18 순동의 제련 및 정련 과정

구리는 다른 금속 재료에 비해 다음과 같은 우수한 특징을 갖고 있다.

① 전기 및 열의 전도성이 우수하다.

② 색상이 미려하여 귀금속적인 성질을 가지고 있다.

③ 전성과 연성이 좋아 가공하기 쉽다.

④ 부식이 잘 되지 않는다.

⑤ Zn, Ni, Sn, Ag 등과 용이하게 합금을 만든다.

Cu의 물리적 성질은 비자성체로 전기 전도율이 크고 이것은 순도에 따라 달라지며 비 중이 8.96이고 전기전도도를 해치는 불순물은 P, Fe, Si, As, Ti 등이다. Al, Sn, Mn, Ni 등 도 함유량이 많아지면 전기 전도가 낮아진다. Cu는 냉간 가공에 의하여 인장 강도와 경도 를 향상시킬 수 있다. 실용되는 Cu 합금은 크게 황동과 청동으로 대별되며, 금형 재료로 서 Cu는 가공성과 전기 전도성이 우수하여 방전용 전극 재료로 가장 많이 사용되고 있다. 표 2-19에는 순동의 기계적 성질을 나타내었다.

표 2-19 순동의 기계적 성질

성 질	수 치	성 질	수 치
인장 강도	216~245MPa	피로 한도	709MPa
연 신 율	49~60%	탄성 계수	119.6GPa
단면 수축률	93~70%	브리넬 경도	HB 35~40
아이조드 충격값	56.9 J	푸아송비	0.33±0.01

1) 황동(brass)

황동은 일명 놋쇠라고도 하며 Cu와 Zn의 합금 및 이것에 다른 원소를 첨가한 합금을 말한다. 황동은 주조성과 가공성이 좋고 기계적 성질 및 내식성도 좋으며 청동에 비해 값도 싸고 색깔도 좋으므로 널리 사용된다.

(1) 황동의 조직

Cu-Zn 합금의 평형 상태도는 그림 2-19와 같다. 공업용 황동으로 쓰이는 것은 Zn 45% 이하이며, 따라서 Zn 45% 이상의 평형 상태도에서는 복잡하므로 α 및 $\alpha+\beta$ 상만을 이해하는 것으로도 충분하다. α 상은 Cu에 Zn이 고용한 상이며, 그 결정형은 FCC이고 α 상 중의 Zn의 고용 한도는 약 450℃에서 39%이다.

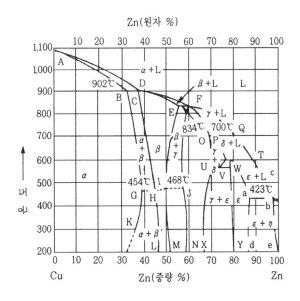

그림 2-19 황동의 평형 상태도

β상은 BCC이고 454~468℃에서 β상의 불규칙 격자로부터 β'상의 규칙 격자로 급속히 변화하나 기계적 성질에는 영향을 주지 않는다. 강력 황동의 경우 고온으로부터 냉각 시 급냉하면 β상에서 α상의 석출이 제지되고 β상이 잔류하며, −13℃ 부근에서 강과 같은 마르텐사이트 변태를 일으킨다. 그림 2-20에는 α상의 7:3 황동과 $\alpha+\beta$상의 6:4 황동의 현미경 조직을 나타내었다.

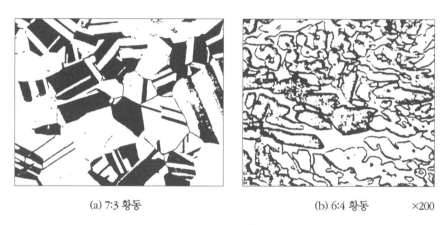

(a) 7:3 황동   (b) 6:4 황동   ×200

그림 2-20 황동의 현미경 조직

(2) 황동의 성질

황동의 물리적 성질은 먼저 Zn 함유량이 증가함에 따라 색깔이 변하고 비중도 거의 직선적으로 변하며, 전기 및 열 전도도는 Zn 40%까지는 감소하고 그 이상 Zn 50%에서 최대가 된다. 7:3 황동은 1,150℃, 6:4 황동은 1,000℃ 이상이 되면 Zn이 비등하므로 주의해야 한다.

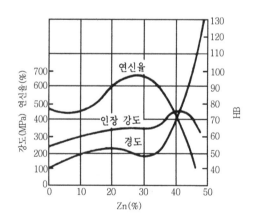

그림 2-21 황동의 기계적 결정

황동의 기계적 성질은 그림 2-21과 같이 Zn 함유량에 따라 변화한다. Zn 30% 부근에서 최대의 연신율이 나타나며 β'상에 가까우면 연신율이 급격히 감소한다.

인장 강도는 Zn 45%, 즉 β상의 출현으로 최대값을 나타내며 그 이상에서는 급격히 감소한다. 따라서 Zn 50% 이상의 황동은 취약하므로 구조용재에는 부적합하다. 또 황동의 온도에 따른 기계적 성질의 변화는 상온에서는 α상의 것이 β'상의 것보다 약하며 전성과 연성이 우수하지만 고온에서는 반대로 된다. 특히 고온에서 β상의 전성과 연성이 뚜렷하게 증가된다. 따라서 6:4 황동은 고온 가공에 적합하나 7:3 황동은 부적합하다. 즉, α상은 상온 가공, $\alpha + \beta'$상은 고온 가공하는 것이 좋다. 6:4 황동의 고온 가공 범위는 750~500℃이다.

황동을 냉간 가공하여 재결정 온도 이하의 낮은 온도로 풀림하면 가공 상태보다 오히려 경화한다. 이 현상을 저온 풀림 경화(low temperature anneal hardening)라 하고, Zn 10% 정도에서 α상 한계까지의 합금에 많이 나타나며 결정 입자가 미세할수록 경화가 뚜렷하다. 이 현상은 Cu 합금 스프링재의 열처리에 이용된다. 또 황동이 가공재를 상온에서 방치하거나 저온 풀림 경화시킨 스프링재를 사용할 때 시간이 경과하면 경도 등 여러 성질이 악화되는 현상이 나타나는데, 이를 경년 변화(secular change)라 한다. 이 원인은 가공에 의한 불균일 응력이 균일화하는 데에서 기인되며 가공도가 낮을수록 경년 변화는 더욱 심하게 나타난다. 아직까지 확실한 방지책은 없는 상태이므로 사용시 주의가 필요하다.

황동의 화학적 성질은 다음과 같다.

① 탈아연 부식(dezincification) : 불순한 물 또는 부식성 물질이 녹아 있는 수용액의 작용에 의해 황동의 표면 또는 깊은 곳까지 탈아연되는 현상을 말하며, 염소를 함유한 물을 쓰는 수관에서 흔히 볼 수 있다. 방지책은 Zn 30% 이하의 α 황동을 사용하거나 0.1~0.5%의 As 또는 Sb, Sn 1% 정도를 첨가하면 좋다.

② 자연 균열(season cracking) : 일종의 응력 부식 균열(stress corrosion cracking)로 잔류 응력에서 기인되는 현상이다. 자연 균열을 일으키기 쉬운 분위기는 암모니아, 산소, 탄소 가스, 습기, 수은 및 그 화합물로, 방지책은 도료 및 Zn 도금 또는 180~260℃에서 응력 제거 풀림 등으로 잔류 응력을 제거하는 방법이 있다.

③ 고온 탈아연(dezincing) : 고온에서 탈아연되는 현상으로 표면이 깨끗할수록 심하다. 방지책은 황동 표면에 산화물 피막을 형성하는 방법이 있다.

이 외에 건조한 공기 중에서는 산화하지 않으나 CO_2 또는 습기가 있으면 염기성 탄산구리가 생기고, 650~850℃에서 수소 메짐 현상이 있으며 950℃ 이상에서 자연 소멸된다.

(3) 황동의 종류 및 용도

① Zn 5~20%(tombac) : 일명 톰백이라고 하며, Zn을 소량 첨가한 것은 금색에 가까워 금박 대용으로 사용하며 화폐, 메달 등에 사용되는 Zn 5% 황동(gilding metal), 디프 드로잉용의 단동, 대표적인 Zn 10% 황동(commercial brass), Zn 15% 황동(red brass), Zn 20% 황동(low brass) 등이 있다.

② Zn 30%(7:3 황동, cartridge brass) : 이것은 연신율이 크고 상당한 인장 강도를 갖는 다. 대표적인 가공용 황동으로 판, 봉, 관, 선 등을 만들어 널리 사용한다. 구체적으로 자동차용 방열기 부품, 소켓, 탄피, 장식품, 체결 기구 등의 용도로 사용된다.

③ Zn 35%(high brass 또는 yellow brass) : 7:3 황동과 같은 α 단상 황동이며 그와 유사한 용도로 사용된다.

④ Zn 40%(6:4 황동, muntz metal) : 일명 문츠 메탈이라고 하며, $\alpha+\beta$ 상 황동으로 고온 가공이 용이하고 복수기용 판, 열간 단조품, 볼트, 너트, 대포 탄피 등에 사용된다. 탈아연 부식이 일어나기 쉽고 가공 풀림한 것은 인장 강도가 392~431MPa, 연신율이 45~55% 정도이다. 금형 주물도 인장 강도 324MPa, 연신율 35% 정도의 성질을 나타낸다.

⑤ 특수 황동

황동에 다른 원소를 첨가하여 기계적 성질을 개선한 황동으로 Sn, Al, Fe, Mn, Ni, Pb 등을 첨가하여 내마멸성, 내식성, 색깔, 내식성, 기계적, 화학적 성질을 개선한 합금을 말한다.

㉠ 주석황동(함석황동) : 주석을 첨가한 황동으로 주석이 탈 아연 부식을 억제하여 내식성, 내해수성이 좋아지고 또한 주석황동은 내식성과 내해수성이 뛰어나 해수 중에서 탈 아연 현상이 일어나지 않는다.

ⓐ 애드미럴티 황동(admiralty brass) : 7:3 황동에 Sn 1%를 첨가한 합금으로 전연성이 좋아 열교환기, 선박의 응축기 튜브 등에 사용된다.

ⓑ 네이벌 황동(naval bras) : 6:4 황동에 Sn 0.75%를 첨가한 합금으로 내해수성이 뛰어나며 주석의 효과로 해수 중에서 탈 아연 현상이 일어나기 어렵고 용

접용 재료나 선박 기계 부품으로 사용된다.

㉯ 쾌삭 황동(함연 황동) : Pb 0.4~3.7%를 첨가한 황동으로 납(Pb) 황동이라고도 하며 절삭성이 우수하고 강도가 필요하지 않은 나사, 볼트, 시계, 계기용 기어 등에 사용된다.

㉰ 알루미늄 황동(aluminium brass) : 7:3 황동에 Al 1.5~2.5%를 첨가한 합금으로 강도와 경도를 증가시키는 반면 수축률은 감소하고 내해수성과 내식성이 좋아 화력 발전용의 복수기관, 응축기관, 냉각기관 등에 널리 사용된다.

㉱ 고강도 황동 : 6:4 황동에 Mn 3~12%를 첨가하여 내식성을 개선한 황동을 망간 청동(*망간 황동이라 불려야하나 습관상 이렇게 부른다*)이라고 부르며 선박의 프로펠러, 프로펠러 축 등에 사용된다. 황동에 Mn 10~15%를 첨가한 황동을 망가닌(Manganin)이라 하는데 저항 온도계수가 적어 표준 저항기, 정밀 계기의 부품 등에 사용된다.

㉲ 니켈 황동(nickel silver) : 양백 및 양은(nikel silver, German silver), 백동이라고도 하며 7:3 황동에 Ni 10~20%를 첨가한 합금으로 내식성이 우수하고 아름다운 은백색으로 Ag 대용으로 사용되고 있다.

㉳ 철 황동(iron brass) : 델타 메탈(delta metal)이라고도 부르며 6:4 황동에 Fe 1~2%를 첨가한 합금으로 결정입자를 미세화 시키고 강도를 증가시킨 것으로 내식성이 우수하여 선박용 기계, 화학 기계 등이 사용된다.

㉴ NM 청동 : Cu 50%, Zn 37%, Ni 10%, Fe 3%, Al 0.5%, Mn 0.3% 조성의 합금으로 전기 저항체, 밸브, 콕, 광학 기계 부품 등에 사용된다.

2) 청동(bronze)

보통 청동은 Cu-Sn계 합금을 지칭하는 것으로 주석 청동(tin bronze)이라고도 한다. 청동은 황동보다 내식성과 마모성이 좋으므로 Sn 10% 이내의 것을 각종 기계 주물용, 미술 공예품으로 사용한다. 또한 부식에 잘 견디므로 밸브, 선박용 판, 탄성을 요하는 스프링 외에 병기, 베어링 재료로 널리 사용되고 있다.

(1) 청동의 조직

Cu-Sn 합금의 평형 상태도는 그림 2-22와 같으며 Cu에 Sn이 첨가되면 용융점이 급속하게 내려간다. α 고용체의 최대 Sn 고용 한도는 약 15.8%이며 주조 상태에서는 수지상 조직으로 붉은색 또는 황적색을 띠고 전성과 연성이 떨어진다. γ 고용체는 고온에서의 강도가 β 보다 훨씬 큰 조직이다. 그리고 δ 및 ε 은 청색의 화합물로 $Cu_{31}Sn_8$ 및 Cu_3Sn 이며, 취약한 조직으로 β 고용체는 평형 상태도와 같이 586℃에서 $\beta \rightleftarrows \alpha + \gamma$ 의 공석 변태를 일으키고, γ 고용체는 다시 520℃에서 $\gamma \rightleftarrows \alpha + \delta$ 의 공석 변태를 일으킨다.

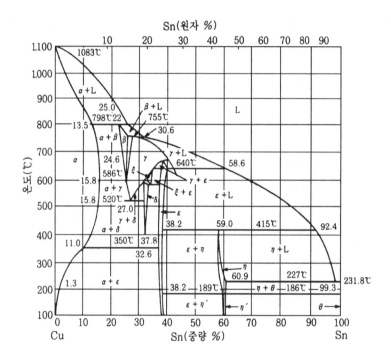

그림 2-22 Cu-Sn 평행 상태도

δ 고용체는 350℃에서 수백 시간 풀림하면 $\alpha + \varepsilon$ 상의 공석으로 분해하지만, 실제로 이 변화는 기대하기 어렵기 때문에 상온에서 α 초정과 $\alpha + \delta$ 공석 조직으로 된다.

상태도는 충분한 시간에 걸쳐서 일어나는 모든 변화가 완료될 때까지의 상태를 표시하고 있는 것이므로 실제로 가열과 냉각에 있어서의 상 변화는 상태도와 같지 않다. 예를 들면 Sn 10% 청동을 주조하여 방치한 상태에서는 $\alpha + \delta$ 조직이 되며 상태도에 표시한 $\alpha +$

ε 조직은 되지 않는다. 또 이 주물을 풀림하면 δ 상 중의 Sn(δ 상은 약 Sn 33% 함유)이 확산하여 α 상만으로 되며 역시 $\alpha + \varepsilon$ 조직은 되지 않는다.

그림 2-23은 Sn 10% 청동 주물을 사형에서 응고시킨 주조 조직을 나타낸다. 청동 주물은 응고 범위가 넓으므로 등축정의 머시(mushy)형이 되어 일정 시간 동안 주물 표면에서 중심부까지 고액 양상의 공존 상태가 된다. 이 때 편석에 의하여 잔류 용융액은 현저하게 Sn 함유량이 높아지고 이 용융액이 내부로부터 표면으로 압출되는 일이 있다. 이것을 석간(tin sweat)이라 하며 약 Sn 20%의 백색 합금이다.

고주석 청동 주물에서는 이와 같이 융점이 낮은 고주석 부분이 외부에 집적하여 역편석(invers segregation)이 나타난다.

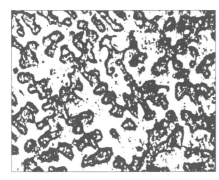 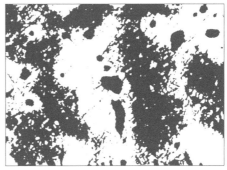

(a) 회색의 α 수지 상정 주위에 편석이 존재하며 백색의 δ 상의 검은 점은 입자이다 (×100).

(b) 회색 바탕에 검은 점이 편석 부분 (×100)

그림 2-23 청동의 주조 조직

(2) 청동의 성질

청동의 색은 Sn 5%까지는 Cu와 같이 붉은색이지만 주석량이 증가함에 따라 황색을 띠고, Sn 15%에서는 등황색, Sn 25%에서는 청백한 황색이 된다.

실용 α 청동은 비중이 순동과 비슷하나 Sn 함유량이 증가함에 따라 전기 및 열 전도도가 급속히 감소하여 Sn 10% 정도에서는 순동의 약 1/10이 된다. 열팽창률은 Sn 10%까지는 순동과 차이가 없으나 응고시 수축률이 커서 수축공을 발생하기 쉬우므로 주조시 주의가 필요하다. 그림 2-24는 청동의 물리적 성질과 기계적 성질을 표시한 것이다.

Sn 10% 정도의 청동은 α 단상 조직이 되어야 하는데 편석 때문에 α 고용체의 수지 상정 사이에 α+δ의 공석 조직이 나타나고, α 고용체도 편석 때문에 농도가 달라져서 유핵 조직(cored structure)을 나타낸다. δ 상은 청백색이며 경하고 취약한 조직이므로 Sn 10% 이상은 별로 가하지 않는다.

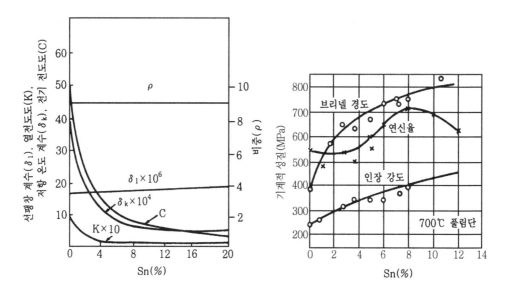

그림 2-24 청동의 물리적 성질과 기계적 성질

주석 청동의 주조 조직은 불균일한 것으로, 600℃ 정도로 풀림하면 α 단상이 되어 강도와 경도가 감소되고 연신율이 증가하므로 냉간 또는 열간 가공을 할 수 있다. 열간 가공은 약 600℃ 이상의 온도에서 가공하는 것이 보통이다.

청동 주물은 상당한 강도가 있고 마모, 수압 및 부식에 잘 견디므로 주조한 그대로 널리 사용되나 용탕의 유동성을 좋게 하기 위하여 일반적으로 Zn을 첨가하여 사용한다.

δ 상이 많은 고주석 청동은 열처리 효과가 좋다. 예를 들면 Sn 20% 청동을 520℃에서 담금질하면 경한 δ 상은 없어지고 연한 γ 상 또는 β 상이 나타나 경도가 감소하며 강인성이 증가한다. 또 담금질한 것을 200~350℃로 뜨임하면 경화하고 750℃에서 담금질한 것을 300℃ 뜨임하면 HB 161에서 HB 212로 증가한다.

청동은 대기 중에서 내식성이 좋고 그 부식률은 0.00015~0.002mm/년 정도인 화학적 성질을 갖는다. 청동기 표면에 생기는 부식 피막은 Cu_2O(적색)층과 $2CuCO_3 \cdot Cu(OH)_2$ (초록색)층이 번갈아 덮고 있다. 또 염수나 해수 중에도 저항력이 커서 부식률이 0.05 mm/년이다. Sn 10%까지는 Sn 함유량이 증가함에 따라 내해수성이 좋아지고, Pb 함유량이 많을수록 내식성은 떨어진다. 산 수용액 중의 부식은 진한 질산과 같은 산화성 산에서는 부식률(0.5mm/년)이 높고 염산 중에서는 Cu보다 빨리 부식된다.

(3) 청동의 종류 및 용도

① 실용 청동

사용 용도에 따라 실용 청동은 기계용, 미술용, 화폐용 등과 같이 분류하며 실용 주석 청동은 단련 및 가공이 쉬워 화폐, 메달, 청동판, 선, 봉 등으로 만들어 사용하는 Sn 3.5~7%의 압연용 청동의 합금이다.

표 2-20은 포금의 기계적 성질을 표 2-21은 청동 주물의 성분과 기계적 성질을 나타낸 것이다.

표 2-20 포금의 기계적 성질

성분 (%)	탈산법	인장 강도 (MPa)	항복점 (MPa)	연신율 (%)	단면 수축률 (%)
Cu 90, Sn 10	P–Cu로 탈산	248	158	10.5	11.9
Cu 90, Sn 10	Mn–Cu로 탈산	322	155	24	25

㉮ 기계용 청동(machinery bronze)

ⓐ 포금(gun metal) : 밸브, 콕, 기어, 베어링, 부시 등에 사용하는 것으로 Cu에 Sn 8~12%, Zn 1~2%을 넣은 합금으로 12세기 이후 포신 재료로 많이 사용되었기에 포금이라는 명칭이 생겼으며 내식성이 요구되는 부품으로 많이 사용된다.

ⓑ 애드머럴티 포금(admiralty gun metal) : Cu 88%에 Sn 10%, Zn 2%를 첨가한 합금으로 포금의 절삭성과 주조성을 개량한 것으로 내해수성이 우수하고 수압, 증기압에 잘 견디므로 선박용 재료로 널리 사용된다.

㉯ 미술용 청동(art bronze)

동상이나 실내 장식품 또는 건축물 등의 재료에 사용하는 것으로 Cu에 Sn 2~8%,

Zn 1~12%, Pb 1~3%를 첨가한 청동으로 쇳물의 유동성을 좋게하여 정밀한 주물을 만들기 위하여 비교적 많은 Zn 첨가하고 절삭성을 좋게하기 위하여 Pb을 첨가한다. 또한 종을 주조할 때에는 Zn 15~25%를 첨가하여 경도를 높인다.

㉰ 화폐용 청동(coining bronze)

성형성이 우수하고 각인하기 쉬우므로 화폐나 메달 등이 사용하는 것으로 Sn 3~10%에 Zn 1% 내외를 첨가하여 주조성을 높이고 또한 상패로 사용할 때에는 조각을 용이하게 하기 위하여 Pb 1~3%를 첨가한다.

표 2-21 청동 주물의 성분과 기계적 성질   (KS D 6024)

종류	KS 기호 (구기호/ UNS No.)	주조 방법의 구분	Cu (%)	Sn (%)	Pb (%)	Zn (%)	인장 강도 (N/mm^2)	연신율 (%)
1종	CAC401 (BC1)	사형주조, 금형주조 원심주조, 정밀주조	79.0~83.0	2.0~4.0	3.0~7.0	8.0~12.0	165 이상	15 이상
2종	CAC402 (BC2)	사형주조, 금형주조 원심주조, 정밀주조	86.0~90.0	7.0~9.0	–	3.0~5.0	245 이상	20 이상
3종	CAC403 (BC3)	사형주조, 금형주조 원심주조, 정밀주조	86.5~89.5	9.0~11.0	–	1.0~3.0	245 이상	15 이상
6종	CAC406 (BC6)	사형주조, 금형주조 원심주조, 정밀주조	83.0~87.0	4.0~6.0	4.0~6.0	4.0~6.0	195 이상	15 이상
7종	CAC407 (BC7)	사형주조, 금형주조 원심주조, 정밀주조	86.0~90.0	5.0~7.0	1.0~3.0	3.0~5.0	215 이상	18 이상
8종 (함연단동)	CAC408 (C83800)	사형주조, 금형주조 원심주조	83.0~83.8	3.3~4.2	5.0~7.0	5.0~8.0	207 이상	20 이상
9종	CAC409 (C92300)	사형주조, 금형주조 원심주조	85.0~89.0	7.5~9.0	0.30~1.0	2.5~5.0	248 이상	18 이상

② 특수 청동(special bronze)

Cu-Sn계 합금에 Al, Mn, Ni, Si, P, Be 등을 첨가하여 특성을 개선한 것을 특수 청동이라 부르며 Sn을 전혀 넣지 않은 합금은 첨가한 원소명을 붙여서 Ni 청동, Al 청동 등과 같이 부른다.

㉠ 인청동(phosphor bronze) : Cu-Sn-P계 청동으로 용해 주조시에 탈산제로 사용하는 P의 첨가량을 많게 하여 합금 중에 0.05~0.5% 정도 남게 하면, 용탕의 유

동성이 좋아지고 합금의 경도와 강도가 증가하며 내마모성과 탄성이 개선된다. 이것을 인청동이라 하며 내식성과 내마모성이 필요한 펌프 부품, 기어, 선박용 부품, 화학 기계용 부품 등의 주물로 사용된다. 스프링용 인청동은 보통 Sn 7~9%, P 0.03~0.05%를 함유한 청동이며, Sn 10% 청동에 대한 P의 효과로서 P 0.5% 부근의 것이 최대강도를 나타낸다.

㉴ 연청동(lead bronze) : Cu-Sn-Pb계 청동으로 Pb 3.0~26%를 첨가한 것이며 조직 중에 Pb이 거의 고용되지 않고 결정 경계를 점재하여 윤활성이 좋아지므로 베어링, 패킹 재료 등에 널리 사용된다.

㉵ 알루미늄 청동(aluminium bronze) : Cu에 Al 12% 첨가한 합금으로 황동과 청동에 비해 강도, 경도, 인성, 내마모성, 내피로성의 기계적 성질 및 내열성과 내식성이 좋아 선박, 항공기, 자동차 등의 부품용으로 사용된다. 청동은 구리와 주석의 합금을 가리키는 것으로 Al 청동은 청동이라 할 수 없지만 예전에 청동은 유명한 합금이기 때문에 관습상 청동이라 부르게 되었다.

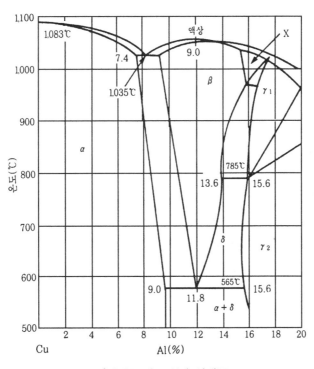

그림 2-25 Cu-Al계 상태도

그림 2-25는 이 합금의 평형 상태도로 α, β, γ_2 등의 상이 있다. β상은 서냉시 565℃에서 $\beta \rightarrow \alpha + \delta$로 공석 변태하여 강의 펄라이트와 같은 층상 공석 조직이 되면 서냉 취성을 일으킨다. 만약, 이 변태점 부근에서 급냉시켜 325℃ 이하가 되면 강의 마르텐사이트계에 해당하는 β' 변태가 일어난다.

이 조직은 뜨임하면 미세한 조직으로 변화되어 인성을 가지게 되며, 이와 더불어 Fe 등을 소량 첨가하여 서냉 취성을 예방할 수 있다. Al 청동은 주물과 단련용으로 선박용 프로펠러축, 펌프 부품, 기어, 자동차용 엔진 밸브, 베어링 재료 등으로 사용되며, Al 청동에 Ni, Fe, Mn 등을 첨가하여 특수 Al 청동을 제조한다. 특히 Mn은 서냉취성의 방지 원소로 첨가한 Al 8~12%, Ni 0.5~2%, Fe 2~5%, Mn 0.5~2%의 암스청동(arms bronze), Al 7.5%, Mn 12%, Ni 2%, Fe 2.5%의 노브스톤(novoston) 등의 특수 Al 청동에서 서냉 취성이 없도록 만들어진 합금이다.

㉞ 규소 청동(silicon bronze) : Cu에 Si 5% 이하를 첨가한 청동으로 에버듀르(ever-dur)라고도 하며 인청동과 비슷한 기계적 성질을 나타낸다. 내식성과 용접성도 우수하며 화학 공업용으로 사용되는 Si 0.75~3.5%를 첨가한 합금으로 허큘로이(herculoy)와 터빈 날개, 선박 기계 부품 등에 사용되는 Si 3.2~5%를 첨가한 합금으로 실진 청동(silzin bronze) 등이 있다.

㉟ Be 청동(beryllium bronze) : Cu에 Be 2.0~3.0%를 소량 첨가한 합금으로 구리 합금중에 가장 높은 강도와 경도를 가지며 인장강도 1,330MPa 정도로 특수강과 비슷하고 이 합금은 가공하기 어렵고 산화하기 쉬우며 비싼 것이 결점이지만 뜨임 시효 경화성이 있어서 내마멸성, 내열성, 강도, 전도율 등이 좋으므로 베어링, 고급 스프링, 기어, 공업용 전극 등에 사용된다.

㊱ Mn 청동(Mn-bronze) : 6:4 황동에 Mn을 소량 첨가한 합금으로 단조를 할 수 있으며 탈산 목적으로 Mn 0.1~0.8%를 첨가하나 이보다 많은 Mn을 첨가하면 고온에서의 강도가 증가한다.

㊲ Ni 청동(nickel bronze) : Cu-Ni의 2원 합금으로서 공업재료로 사용되기보다도 Al, Si, Zn, Mn 등을 첨가하여 뜨임 경화성 재료로 사용하는 것이 보통이며 고온에서 기계적 강도가 높고 내식성이 크므로 증기기관이나 내연기관의 재료로 사용

된다. Ni 청동의 대표적인 합금은 다음과 같다.

ⓐ 쿠니알 청동(kunial bronze) : 구리에 Ni 4~16%, Al 1.5~7%를 첨가한 합금 으로 뜨임 경화성이 크고 내식성, 내열성, 마모성이 우수하여 내연기관 재료 등으로 사용된다.

ⓑ 콜슨 합금(corson alloy) : 구리에 Ni 4%, Si 1%를 첨가한 합금으로 C합금이라 고도 하며 인장강도가 830~930MPa로 높으므로 통신선, 스프링 재료로 사용 된다.

ⓒ 어드밴스(advance) : 구리에 Ni 44%, Mn 1%, Fe 0.5%를 첨가한 합금으로 전 기저항 재료로 사용된다.

ⓓ 콘스탄탄(constantan) : 구리에 Ni 40~50%를 첨가한 합금으로 온도에 따른 저항값의 변화가 적고 전기저항이 높으므로 열전대용, 전기저항선 등에 사용 된다.

2.2 알루미늄과 그 합금

알루미늄의 제련은 원광으로부터 알루미나(Al_2O_3)를 정제하는 단계와 이 알루미나를 용 융염 전해하는 단계로 나눌 수 있으며, 알루미나를 제조하는 방법으로는 바이어법(bayer process), 바이어법으로 할 수 없는 SiO_2를 많이 함유한 보크사이트에는 소다석회법 등이 이용된다. 그밖에 페더슨법(pederson process), 보크사이트에서 직접 C로 환원하고 염소 가스를 통하여 염화알루미늄으로 하고 이것을 분리하여 금속 Al을 얻는 그로스(gross)법 등이 있다.

알루미늄은 은백색으로 비중 2.7로 가볍고 내식성과 가공성이 좋으며 전기 및 열 전도 도가 높고 색깔도 아름다우므로 그 용도는 매우 넓다. 금형 재료로서 알루미늄 합금은 플 라스틱 사출 금형의 몰드 베이스, 고무 성형 금형, 열간 단조 모델형 재료 등으로 사용된 다. 일반적으로 알루미늄은 경금속으로 취급되며 알루미늄의 성질은 다음과 같은 점을 갖 고 있다.

① 전기 전동률은 구리의 60% 이상이며, 송전선으로 많이 사용한다.

② 표면에 생기는 산화알루미늄(Al_2O_3)의 얇은 보호 피막으로 내식성이 좋다.

③ 탄산염, 크롬산염, 아세트산염, 황화물 등의 중성 수용액에서는 내식성이 우수하다.

④ 황산, 인산, 묽은 질산 등에는 침식되나 80% 이상의 질산에는 잘 견딘다.

⑤ 알루미늄은 변태점이 없으므로 합금 열처리시에 석출 경화나 시효 경화를 이용한다.

알루미늄 합금은 크게 주조용 알루미늄 합금과 가공용 알루미늄 합금으로 구분되며, 순 알루미늄 가공재의 기계적 성질은 표 2-22와 같다.

표 2-22 알루미늄 가공재의 기계적 성질

냉간 가공도 (%)	순도 (99.4%)		순도 (99.6%)		순도 (99.8%)	
	인장 강도 (MPa)	연신율 (%)	인장 강도 (MPa)	연신율 (%)	인장 강도 (MPa)	연신율 (%)
0	80	46	75	49	69	48
33	115	12	104	17	91	20
67	139	8	141	9	114	10
80	151	7	146	9	125	9

알루미늄 표면을 적당한 전해액 중에서 양극산화 처리하면 산화물계의 피막이 생기고 이것을 고온 수증기 중에서 가열하여 다공성을 없게 하면 방식성이 우수한 아름다운 피막이 얻어진다. 이 방법에는 수산법, 황산법, 크롬산법 등이 있는데 특히 수산법은 일명 알루마이트(alumite)법이라 하여 2% 수산용액에서 전해하고, 황산법은 알루미나이트법(alumilite process)이라 하여 15~25% 황산액에서 피막을 형성하는 방법이다.

1) 주조용 알루미늄 합금

알루미늄 합금 주물은 사형 주물, 금형 주물, 다이캐스팅 주물로 대별할 수 있다. 표 2-23과 같은 주조용 Al 합금은 일반용, 내열용, 내식용 합금으로 분류된다. 알루미늄 합금 주물의 대표적인 것에는 일반적 용도로 Al-Cu, Al-Si, Al-Cu-Si 및 Al-Mg가 있으며, 내열용으로 Ni을 첨가시킨 Al-Cu-Ni계, Al-Si-Ni계, 내식용으로 Al-Si-Mg계가 있다.

표 2-23 각종 주조용 알루미늄 합금 (KS D 6008)

종류	합금계	KS 기호	주조법	상당 합금명	화학 성분(%)								
					Al	Cu	Si	Mg	Fe	Mn	Ni	Zn	Ti
주물 1종A	Al-Cu계	AC1A	금형, 사형	ASTM : 295.0	나머지	4.0~5.0	<1.2	<0.20	<0.50	<0.3	<0.25	<0.3	<0.25
주물 1종B	Al-Cu-Mg계	AC1B	금형, 사형	ISO : AlCu4MgTi NF : AU5GT	나머지	4.2~5.0	<0.20	0.15~0.35	<0.35	<0.10	<0.05	<0.10	0.05~0.30
주물 2종A	Al-Cu-Si계	AC2A	금형, 사형		나머지	3.0~4.5	4.0~6.0	<0.25	<0.8	<0.55	<0.30	<0.55	<0.20
주물 2종B	Al-Cu-Si계	AC2B	금형, 사형		나머지	2.0~4.0	5.0~7.0	<0.50	<1.0	<0.50	<0.35	<1.0	<0.20
주물 3종A	Al-Si계	AC3A	금형, 사형		나머지	<0.25	10.0~13.0	<0.15	<0.8	<0.35	<0.10	<0.30	<0.20
주물 4종A	Al-Si-Mg계	AC4A	금형, 사형		나머지	<0.25	8.0~10.0	0.30~0.6	<0.55	0.30~0.6		<0.10	<0.25	<0.20
주물 4종B	Al-Si-Cu계	AC4B	금형, 사형	ASTM : 333.0	나머지	2.0~4.0	7.0~10.0	<0.50	<1.0	<0.50	<0.35	<1.0	<0.20
주물 4종C	Al-Si-Mg계	AC4C	금형, 사형	ISO : AlSi7Mg(Fe)	나머지	<0.25	6.5~7.5	0.20~0.45	<0.55	<0.35	<0.10	<0.10	<0.20
주물 4종CH	Al-Si-Mg계	AC4CH	금형, 사형	ISO : AlSi7Mg ASTM : A356.0	나머지	<0.20	6.5~7.5	0.25~0.45	<0.20	<0.10	<0.05	<0.1	<0.20
주물 4종D	Al-Si-Cu-Mg계	AC4D	금형, 사형	ISO : AlSi5CuMg ASTM : 355.0	나머지	1.0~1.5	4.5~5.5	0.40~0.6	<0.6	<0.50	<0.20	<0.30	<0.20
주물 5종A	Al-Cu-Ni-Mg계	AC5A	금형, 사형	ISO : AlCu4Ni2Mg2 ASTM : 242.0	나머지	3.5~4.5	<0.6	1.2~1.8	<0.8	<0.35	1.7~2.3	<0.15	<0.20
주물 7종A	Al-Mg계	AC7A	금형, 사형	ASTM:514.0	나머지	<0.10	<0.2	3.5~5.5	<0.30	<0.6	<0.05	<0.15	<0.20
주물 8종C	Al-Si-Cu-Mg계	AC8C	금형	ASTM:332.0	나머지	2.0~4.0	8.5~10.5	0.50~1.5	<1.0	<0.50	<0.50	<0.50	<0.20

주) 주물8종A, 주물8종B, 주물9종A, 주물9종B 등은 생략하였음.

(1) Al-Cu계 합금

실용 Al-Cu계 합금은 Cu 함유량이 약 4.5%이며 담금질 시효에 의하여 강도가 증가하며 연신율, 절삭성이 좋으나 고온 취성이 크고 수축에 의한 균열 등의 단점이 있다. Al-Cu계 합금의 평형 상태도는 그림 2-26과 같다.

실용 합금으로는 내연기관의 부품으로 사용되는 Cu 4% 합금(Alcoa 195), Cu 8% 합금(Alcoa 12) 등은 자동차 부품으로 사용되며, Cu 12% 합금은 방열기, 기화기, 실린더 등에 사용된다.

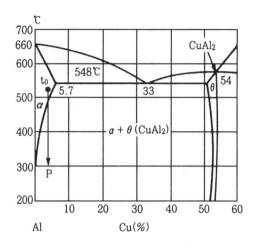

그림 2-26 Al-Cu계 상태도

 α 고용체 중의 Cu의 용해도는 공정 온도 548℃에서 5.7%이나 온도 저하에 따라 400℃에서 1.6%, 200℃에서 0.5% 정도가 된다. 따라서 Cu 4% 정도의 P 합금을 온도 t_0 에서 급냉시키면 과포화 고용체가 얻어지며, 이것은 상온에서 불안정하여 시간의 경과에 따라 다음과 같이 제2상을 석출하려고 한다.

$$\alpha' (과포화\ 고용체) \rightarrow \alpha + \theta\ (CuAl_2)$$

 이 과정은 α' 중에 고용된 Cu 원자가 Al의 (100)면에 집합하여 극히 미세한 2차원적 결정이 형성되어 조직이 경화되는 현상으로 GP존(guinier preston zone)이라고 한다.

 용체화 처리는 이와 같이 급냉에 의하여 과포화 고용체를 만드는 것을 말하며, 시효 처리는 시간의 경과에 따라 제2상을 석출시켜 조직을 강화하는 방법으로 상온에서 방치하는 자연시효(상온시효)와 약 160~225℃로 가열 방치하는 인공시효가 있다.

 GP존에는 두 가지 형태, 즉 부분적으로 규칙적 배열을 하는 어그리게이트(aggregate) Ⅰ과 규칙적 배열을 하는 어그리게이트 Ⅱ가 있다. 따라서 Cu 2.0~4.5%를 함유한 조직의 용체화 처리 및 시효 처리시에 다음과 같은 과정을 거친다.

$$\alpha' \rightarrow 어그리게이트\ Ⅰ \rightarrow 어그리게이트\ Ⅱ \rightarrow \theta' \rightarrow \alpha + \theta$$

시효 온도가 높으면 고용체로부터 완전한 결정을 이루는 석출상(θ')이 분리되며, 이 θ' 석출 상태에서 재료는 최고 경도가 된다. 시효 온도가 너무 높거나 시효 기간이 너무 길어지면 θ' 상이 고용체 격자에서 분리되어 다시 θ 상으로 석출과 연화가 일어난다. 이러한 현상을 과시효(over aging)라고 한다. 인공 시효는 자연 시효보다 경화 속도가 빠르나 이와 같은 과시효에 주의해야 된다.

(2) Al-Cu-Si계 합금

이 종류의 합금을 라우탈(lautal)이라 하고 Al에 Cu 3~8%, Si 3~8%를 첨가한 합금이며, Si를 첨가하여 주조성을 개선하고 Cu를 넣어 절삭성을 좋게 한 합금이다. 이 합금은 고용체 중의 $CuAl_2$(θ 상)와 Si의 고용도가 온도 저하에 따라 감소하므로 시효 경화성이 있으나, Al-Cu-Si 3원공정 합금이므로 용융점이 저하하여 열처리시 온도에 주의해야 한다. 즉, 용체화 처리시 가열 온도가 너무 높으면 국부 용해 산화(burning)가 일어난다. 용체화 온도는 515℃ 전후로 가열 5~10시간 유지 후 수냉하고, 140~150℃로 가열 후 5~8시간 인공시효 처리한다.

(3) Al-Si계 합금

실루민이라 불리는 Al-Si계 합금은 그림 2-27과 같은 공정형이며, 20%까지 Si을 함유하고 공정점은 Si 11.7%, 온도 577℃이다. 또한 용해도가 매우 적어 Al에 대한 Si의 용해도가 적으므로 열처리 효과는 기대할 수 없다. 실용 합금으로는 공정점 부근의 합금을 독일에서는 실루민(silumin)이라 부르고 미국에서는 알팍스(alpax)라고 부르며 용융점이 낮고 유동성이 좋아 얇고 복잡한 주물에 이용된다. 그러나 공정 부근의 조성에 나타나는 Si를 육각판상

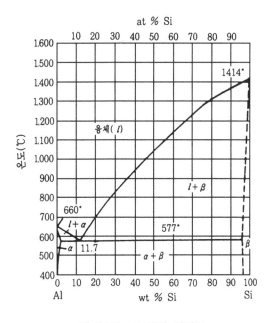

그림 2-27 Al-Si계 상태도

의 조대한 결정이 되어서 취약하므로 금속 나트륨이나 스트론튬(Sr)의 모재 합금으로 Si을 미세하게 분산하여 개량 처리하여 사용한다.

다이캐스팅의 경우에는 주조시 급냉되므로 개량 처리를 하지 않아도 미세 조직이 된다.

(4) Al-Mg계 합금

Al에 보통 Mg 10% 정도를 함유하는 합금으로 하이드로날리움(hydronalium)이라고 알려져 있다. 다른 주조용 Al 합금에 비하여 내식성, 연신율, 강도가 우수하고 절삭성이 매우 우수하다. 실용 합금 중에 Mg 4~5%를 갖는 합금은 내식성, 특히 해수 및 약알칼리 용액에 대하여 내식성이 양호하고 절삭성이 우수하므로 선박 및 화학, 식료품 산업에 응용된다. 그림 2-28은 Al-Mg 상태도이다.

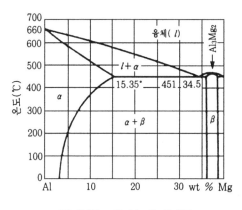

그림 2-28 Al-Mg계 상태도

(5) 기타 Al 합금

① Al-Cu-Ni-Mg계 합금

Al에 Cu 4%, Ni 2%, Mg 1.5% 성분을 함유한 합금을 Y합금 또는 내열 Y합금이라 하며 강력하고 고온 강도가 크기에 내연기관의 실린더 피스톤 등의 내열재료로 사용된다. 특히 기계적 성질이 우수하고 시효 경화성이 있다. 이 외에 Y합금의 일종인 코비탈륨(cobitalium) 합금은 Al에 Cu 1~5%, Si 0.5~2.0%, Mg 0.4~2%, Fe 1~2%, Ni 0.4~2%, Ti 0.2%, Cr 0.2~1%를 첨가한 합금으로 내열성이 우수하고 열팽창계수가 적어 내연기관의 피스톤 재료에 사용된다.

② Al-Si-Cu-Mg계 합금

Al 합금의 대표적인 내열 합금으로 Al에 Si 12~14%, Cu 1%, Mg 1%, Ni 2~2.5% 를 첨가한 로우엑스(Low-Ex) 합금으로 Low-Expansion이라는 뜻인 미국의 Alcoa사 의 No.132에 속하는 합금으로 비중, 열팽창계수 등이 작고 내마멸성 및 고온 강도가 우수함으로 내연기관의 피스톤용으로 널리 사용된다.

③ 다이캐스팅용 Al 합금

이 합금은 금형에 용융 상태의 합금을 가압 주입하여 치수가 정확한 동일형의 주물 을 대량으로 생산하는 방법으로 Alcoa사 No.12 합금, 하이드로날륨(hydronalium), Y합금, 라우탈(lautal), 실루민(silumin) 등이 있으며 특히 다이캐스팅용 Al 합금은 Si 를 10.5~12% 함유한 실루민을 많이 사용하여 Si 첨가량이 많아서 유동성이 좋고 열간 취성이 적다.

다이캐스팅용 Al 합금에 요구되는 성질은 다음과 같다.

㉮ 열간 취성이 적을 것

㉯ 유동성이 좋을 것

㉰ 금형에 잘 부착하지 않을 것

㉱ 응고 수축에 해단 용탕 보급성이 좋을 것

2) 가공용 알루미늄 합금

가공용 알루미늄 합금을 크게 나누면 Al-Mn, Al-Mg, Al-Mg-Si계를 주체로 하는 내 식성 합금계와 두랄루민계의 Al-Cu-Mg계, Al-Zn-Mg계를 주체로 하는 내열용 합금계 로 나눌 수 있다.

가공용 알루미늄 합금의 명칭은 미국 알코아(Alcoa)사의 합금 명칭과 미국 알루미늄 협 회(American Aluminium Association : AA)에서 정한 명칭으로 대별하여 많이 사용된다. 알코아사의 명칭은 맨 앞자리에 A, 뒤에 두 자리 숫자로 합금의 계통을 나타내고, 가공용 합금은 숫자 뒤에 모두 S자를 붙인다. 또한 미국 알루미늄 협회에서 정한 합금 명칭은 네 자리 숫자의 합금 번호로 나타내며 표 2-24는 알루미늄 합금 가공재의 AA번호를 나타낸 것이다.

표 2-24 알루미늄 합금 가공재의 AA번호

AA 번호	합금 성분	기호(Alcoa)	AA 번호	합금 성분	기호(Alcoa)
1,000 번대	Al(99.00% 이상)	2S	6,000 번대	Al-Mg-Si계	50S – 69S
2,000 번대	Al-Cu계	10S – 29S	7,000 번대	Al-Zn계	70S – 79S
3,000 번대	Al-Mn계	3S – 9S	8,000 번대	기타	
4,000 번대	Al-Si계	30S – 49S	9,000 번대	예비 번호	
5,000 번대	Al-Mg계	50S – 69S			

가공재는 냉간 가공과 열처리에 의하여 기계적 성질이 달라지므로 합금 번호 다음에 다음과 같은 기호를 붙여서 사용한다.

① F : 주조한 상태 그대로의 것

② O : 가공재를 풀림한 것

③ H : 가공 경화한 경질 상태(단, n=2는 1/4 경질, n=4는 1/2 경질, n=6은 3/4 경질, n=8은 경질, n=9는 초경질이다.)

   ⑦ H_{1n} : 가공 경화한 것

   ④ H_{2n} : 가공 경화 후 풀림한 것

   ④ H_{3n} : 가공 경화 후 안정화 처리한 것

④ W : 담금질 후 시효 경화 진행 중인 것(W30 : 담금질 후 30일 경과한 것)

⑤ T : F, O, H 이외의 열처리한 것

   ⑦ T_2 : 풀림한 것(주물에만 사용)

   ④ T_3 : 담금질 후 냉간 가공한 것(단, 이것은 굽힌 것을 펴는 정도의 가공이고 가공도가 클 때는 T36을 사용한다.)

   ④ T_4 : 담금질 후 상온 시효가 끝난 것

   ④ T_5 : 제조 후 바로 인공 시효만 한 것

   ④ T_6 : 담금질 후 인공 시효시킨 것

   ④ T_7 : 담금질 후 안정화 열처리한 것

   ④ T_8 : 담금질 후 냉간 가공하여 인공 시효시킨 것

   ④ T_9 : 담금질 후 인공 시효하여 냉간 가공한 것

㉒ T_{10} : 인공 시효만 한 후 상온 가공한 것

알루미늄 합금의 합금 번호와 화학 성분은 표 2-25와 같다.

표 2-25 알루미늄 합금의 합금번호와 화학 성분 (KS D 6701)

합금 번호	동급	KS 기호	Si	Fe	Cu	Mn	Mg	Cr	Zn	Ni, V, Ga, B, Zr 등	Ti	기타 각각	기타 계	Al
1085	–	A 1085 P	<0.10	<0.12	<0.03	<0.02	<0.02	–	<0.03	Ga 0.03 이하, V 0.05 이하	<0.02	<0.01	–	>99.85
1080	–	A 1080 P	<0.15	<0.15	<0.03	<0.02	<0.02	–	<0.03	Ga 0.03 이하, V 0.05 이하	<0.03	<0.02	–	>99.80
1070	–	A 1070 P	<0.20	<0.25	<0.04	<0.03	<0.03	–	<0.04	V 0.05 이하	<0.03	<0.03	–	>99.70
1060	–	A 1050 P	<0.25	<0.35	<0.05	<0.03	<0.03	–	<0.05	V 0.05 이하	<0.03	<0.03	–	>99.60
1050	–	A 1050 AP	<0.25	<0.40	<0.05	<0.05	<0.05	–	<0.05	V 0.05 이하	<0.03	<0.03	–	>99.50
1050A	–	A 1060 P	<0.25	<0.40	<0.05	<0.05	<0.05	–	<0.07	–	<0.05	<0.03	–	>99.00
1100	–	A 1100 P	Si+Fe 0.95 이하		<0.05~0.20	<0.05	–	–	<0.10	–	–	<0.05	<0.15	>99.00
1200	–	A 1200 P	Si+Fe 1.00 이하		<0.05	<0.05	–	–	<0.10	–	<0.05	<0.05	<0.15	>99.00
1N00	–	A 1N00 P	Si+Fe 1.0 이하		0.05~0.20	<0.05	<0.10	–	<0.10	–	<0.10	<0.05	<0.15	>99.00
1N30	–	A 1N30 P	Si+Fe 0.7 이하		<0.10	<0.05	<0.05	–	<0.05	–	–	<0.05	<0.15	>99.30
2014 접합판	–	A 2014 P	0.50~1.2	<0.7	3.9~5.0	0.40~1.2	0.20~0.8	<0.1	<0.25	–	<0.15	<0.05	<0.15	나머지
	–	A 2014 PC	0.35~1.0	<0.6	<0.10	<0.8	0.8~1.5	<0.35	<0.2	–	<0.10	<0.05	<0.15	나머지
2014A	–	A 2014 AP	0.50~0.9	<0.50	3.9~5.0	0.40~1.2	0.20~0.8	<0.10	<0.25	Ni 0.01 이하 Zr+Ti 0.20 이하	<0.15	<0.05	<0.15	나머지
2017	–	A 2017 P	0.20~0.8	<0.7	3.5~4.5	0.40~1.0	0.40~0.8	<0.10	<0.25	-	<0.15	<0.05	<0.15	나머지
2017A	–	A 2017 AP	0.20~0.8	<0.7	3.5~4.5	0.40~1.0	0.40~1.0	<0.10	<0.25	Zr+Ti 0.20 이하	–	<0.05	<0.15	나머지
2219	–	A 2219 P	<0.20	<0.30	5.8~6.8	0.20~0.40	<0.02	–	<0.10	V 0.05~0.15 Zr 0.10~0.25	0.02~0.10	<0.05	<0.15	나머지
2024 접합판	–	A 2024 P	<0.50	<0.50	3.8~4.9	0.30~0.9	1.2~1.8	<0.10	<0.25	-	<0.15	<0.05	<0.15	나머지
	–	A 2024 PC	Si+Fe 0.70 이하		<0.10	<0.05	<0.05	–	<0.10	V 0.05 이하	<0.03	<0.05	<0.15	>99.30
3003	–	A 3003P	<0.6	<0.7	0.05~0.20	1.0~1.5	-	–	<0.10	-	–	<0.05	<0.15	나머지
3103	–	A 3103 P	<0.50	<0.7	<0.10	0.9~1.5	<0.30	<0.10	<0.20	Zr+Ti 0.10 이하	–	<0.05	<0.15	나머지
3203	–	A 3203 P	<0.6	<0.7	<0.05	1.0~1.5	–	–	<0.10	–	–	<0.05	<0.15	나머지
3004	–	A 3004 P	<0.30	<0.7	<0.25	1.0~1.5	0.8~1.3	–	<0.25	-	–	<0.05	<0.15	나머지
3104	–	A 3104 P	<0.6	<0.8	0.05~0.25	0.8~1.4	0.8~1.4	–	<0.25	Ga 0.05 이하 V 0.05 이하	<0.10	<0.05	<0.15	나머지
3005	–	A 3005 P	<0.6	<0.7	<0.30	1.0~1.5	0.20~0.6	<0.10	<0.25	–	<0.10	<0.05	<0.15	나머지
3105	–	A 3105 P	<0.6	<0.7	<0.30	0.30~0.8	0.20~0.8	<0.20	<0.40	–	<0.10	<0.05	<0.15	나머지
5005	–	A 5005 P	<0.30	<0.7	<0.20	<0.20	0.50~1.1	<0.10	<0.25	–	–	<0.05	<0.15	나머지
5021	–	A 5021 P	<0.40	<0.50	<0.15	0.10~0.50	2.2~2.8	<0.15	<0.15	–	–	<0.05	<0.15	나머지
5042	–	A 5042 P	<0.20	<0.35	<0.15	0.20~0.50	3.0~4.0	<0.10	<0.25	–	<0.10	<0.05	<0.15	나머지
5052	–	A 5052 P	<0.25	<0.40	<0.10	<0.10	2.2~2.8	0.15~0.35	<0.10	–	–	<0.05	<0.15	나머지
5652	–	A 5656 P	Si+Fe 0.40 이하		<0.04	<0.01	2.2~2.8	0.15~0.35	<0.10	–	–	<0.05	<0.15	나머지
5154	–	A 5154 P	<0.25	<0.40	<0.10	<0.10	3.1~3.9	0.15~0.35	<0.20	–	<0.20	<0.05	<0.15	나머지
5254	–	A 5254 P	Si+Fe 0.45 이하		<0.50	<0.01	3.1~3.9	0.15~0.35	<0.20	–	<0.05	<0.05	<0.15	나머지

합금 번호	등급	KS 기호	Si	Fe	Cu	Mn	Mg	Cr	Zn	Ni, V, Ga, B, Zr 등	Ti	기타 각각	기타 계	Al[12]
5454	–	A 5454 P	<0.25	<0.40	<0.10	0.50~1.0	2.4~3.0	0.05~0.20	<0.25	–	<0.20	<0.05	<0.15	나머지
5754	–	A 5754 P	<0.40	<0.40	<0.10	<0.50	2.6~3.6	<0.30	<0.20	Mn+Cr 0.10~0.6	<0.15	<0.05	<0.15	나머지
5082	–	A 5082 P	<0.20	<0.35	<0.15	<0.15	4.0~5.0	<0.15	<0.25	–	<0.10	<0.05	<0.15	나머지
5182	–	A 5182 P	<0.20	<0.35	<0.15	0.20~0.50	4.0~5.0	<0.10	<0.25	–	<0.10	<0.05	<0.15	나머지
5083	보통	A 5083 P	<0.40	<0.40	<0.10	0.40~1.0	4.0~4.9	0.05~0.25	<0.25	–	<0.15	<0.05	<0.15	나머지
5083	특수	A 5083 PS	<0.40	<0.40	<0.10	0.40~1.0	4.0~4.9	0.05~0.25	<0.25	–	<0.15	<0.05	<0.15	나머지
5086	–	A 5086 P	<0.40	<0.50	<0.10	0.20~0.7	3.5~4.5	0.05~0.25	<0.25	–	<0.15	<0.05	<0.15	나머지
5N01	–	A 5N01 P	<0.15	<0.25	<0.20	<0.20	0.20~0.6	–	<0.03	–	–	<0.05	<0.15	나머지
6101	–	A 6101 P	0.30~0.7	<0.50	<01.0	<0.03	0.35~0.8	<0.03	<0.10	B 0.06 이하	–	<0.05	<0.15	나머지
6061	–	A 6061 P	0.40~0.8	<0.7	0.15~0.40	<0.15	0.8~1.2	0.04~0.35	<0.25	–	<0.15	<0.05	<0.15	나머지
6082	–	A 6082 P	0.7~1.3	<0.50	(0.10	0.40~1.0	0.6~1.2	<0.25	<0.20	–	<0.10	<0.05	<0.15	나머지
7010	–	A 7010 P	<0.12	<0.15	1.5~2.0	<0.10	2.1~2.6	<0.05	5.7~6.7	–	<0.06	<0.05	<0.15	나머지
7075	–	A 7075 P	<0.40	<0.50	1.2~2.0	<0.30	2.1~2.9	0.18~0.28	5.1~6.1	–	<0.20	<0.05	<0.15	나머지
7075 접합판	–	A 7075 PC	Si+Fe 0.7 이하		<0.10	<0.10	<0.10	–	0.8~1.3	–	–	<0.05	<0.15	나머지
7475	–	A 7475 P	<0.10	<0.12	1.2~1.9	<0.06	1.9~2.6	0.18~0.25	5.2~6.2	–	<0.06	<0.05	<0.15	나머지
7178	–	A 7178 P	<0.40	<0.50	1.6~2.4	<0.30	2.4~3.1	0.18~0.28	6.3~7.3	–	<0.20	<0.05	<0.15	나머지
7N01	–	A 7N01 P	<0.30	<0.35	<0.20	0.20~0.7	1.0~2.0	<0.30	4.0~5.0	V 0.05 이하	<0.20	<0.05	<0.15	나머지
8021	–	A 8021 P	<0.15	1.2~1.7	<0.05	–	–	–	–	–	–	<0.05	<0.15	나머지
8079	–	A 8079 P	0.05~0.30	0.7~1.3	<0.05	–	–	–	<0.10	–	–	<0.05	<0.15	나머지

주) A 2014 PC, A 2024 PC, A 7075 PC 등은 접합판에 사용하는 경우에 한한다.

　A 5083 PS는 액화천연가스 저장조의 측판, Annular plate 및 Knuckle plate에 사용할 경우에 한한다.

　A 1060 P, A 6101 P 등은 도체용으로 사용하는 경우에 한한다.

(1) 내식용 Al 합금

알루미늄에 첨가할 때 내식성이 별로 악화되지 않고 강도를 개선하는 원소는 소량의 Mn, Mg, Si 등이고, Cr도 응력 부식 균열을 방지하는 효과가 있으며 내식용 Al 합금은 다음과 같다.

① 하이드로날륨(hydronalium)

Al-Mg계 합금으로 해수나 알칼리성에 대한 내식성이 강하고 용접성이 양호하며 열처리가 필요 없고 가공경화에 의해서 경화되며 온도에 따라 피로한도의 영향이 적어서 조리용, 선박용, 화학 장치용 부품 등에 많이 사용된다.

② 알민(almin)

Al-Mg계 합금으로 Al에 Mg 1~1.5%를 첨가한 실용합금으로 알코아 사의 3S 등이 이 합금에 속하며 용접성과 가공성이 우수하고 기름탱크, 저장용 용기 등에 널리 사용된다.

③ 알드레이(aldrey)

Al-Mg-Si계 합금으로 Al에 Mg 0.45~1.5%, Si 0.2~1.2%를 첨가한 실용합금으로 알코아 사의 51S, 53S 등이 이 합금에 속하며 강도, 인성 등이 있고 가공 변형에 잘 견디면서 내식성이 우수하다

④ 알클래드(alclad)

강도는 높지만 내식성이 낮고 시효성이 없으며 강도가 약함으로 이 단점을 보완하기 위해 강도와 내식성을 동시에 증가시킬 목적으로 내식성이 우수한 순수 Al 또는 Al 합금을 표면에 피복시킴으로 내식성을 향상시킨 합금으로 샌드위치형으로 각종 합판 재료 등에 널리 사용된다.

(2) 고강도 알루미늄 합금

고강도 알루미늄 합금은 두랄루민을 시초로 발달한 시효 경화성 알루미늄 합금의 대표적인 것으로, Al-Cu-Mg계와 Al-Zn-Mg계로 분류된다. 그밖에 단조용에 Al-Cu계, 내열용에 Al-Cu-Ni-Mg계도 있다.

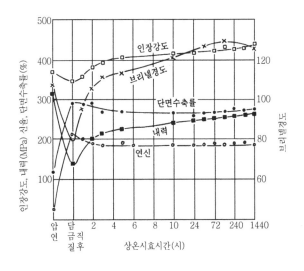

그림 2-29 두랄루민판의 상온 시효

① 두랄루민(duralumin) : 2017 합금으로 Al에 Cu 4%, Mg 0.5%, Mn 0.5%의 성분을

가지며 500~510℃에서 용체화 처리 후 수냉하여 상온 시효 경화시키면 그림 2-29와 같이 기계적 성질이 개선된다. 강도가 크고 성형성도 양호한 이 합금은 용체화 처리 후 시효 경화 처리 전에 가공하는 것이 보통이며, 시효 후 다시 냉간 가공하면 시효 경과는 더욱 진행된다. 2014 합금은 강도, 성형성 및 경도가 높고 T_4 처리재는 2024 합금보다 강도가 작으나, T_6 처리하면 2024 합금과 같은 강도를 가진다. T_6 처리는 170℃에서 10시간 실시하는 것이 좋다.

② 초두랄루민(super duralumin, SD) : 2024 합금으로 Al에 Cu 4.5%, Mg 1.5%, Mn 0.6%의 성분을 가지며, T_4 처리하면 약 470MPa의 강도를 가지며 항공 재료로 사용된다. T_6 처리하면 T_4 처리한 것에 비해 강도는 같으나 내력이 상승하고 연신율이 감소한다. 그러나 연신율이 낮아도 실용상 지장이 없으므로 T_6 처리재도 이용된다. T_6 처리는 190℃로 10~12시간 실시한다.

③ 초강두랄루민(extra super duralumin, ESD) : Al-Zn-Mg계 합금으로 항공기용 재료나 압출재 등으로 사용하는 7075 합금이다. 이 계열의 합금은 인장 강도 529MPa 이상으로, 약 5% 이상의 $MgZn_2$를 함유하는 합금은 시효 경화성이 현저하므로 고강도 합금이다. 그러나 응력 부식 균열성이 있어 자연 균열(season cracking)을 일으키는 경향이 있으므로 Cr 0.2~0.3% 또는 Mn을 첨가해서 이를 억제하고 있다.

2.3 아연과 그 합금

아연은 비철금속 중에서 Al, Cu 다음으로 많이 생산되는 원소로 비중이 7.1, 용융온도가 420℃인 회백색의 금속으로 일명 자스(zinc alloy for stamping : ZAS)라 하는 아연계 저용점 합금은 제2차 세계 대전 중에 전투기 등의 군수 물자를 양산하는 데 필요한 경합금 부품을 양산하기 위한 금형을 단기간에 대량으로 제작하기 위해서 주조로 간단한 금형을 생산하는 방법과 함께 개발된 합금이다.

그 후 용도가 확대되어 플라스틱 사출 금형에서 프레스 금형에까지 활용되고 있다. 제품이 다품종화되고 제품의 수명(life cycle)이 짧아짐에 따라 시제품용 금형의 수요가 늘어나고 있고, 가전 제품 등을 중심으로 제품의 패션성이 중요해짐에 따라 점차 시작용 금형의 제작이 필수 불가결해지고 있는 실정이다. 특히 자동차 시제품의 개발에는 상당수의 금형이 사용되고 있기 때문에 필수 불가결한 재료로 그 수요가 계속 늘어가고 있는 상황이다.

그림 2-30은 자스(ZAS)의 현미경 조직을 나타낸 것이다. 자스 합금은 Zn-Al-Mg계 합금이며 다음과 같은 장점을 가지고 있다.

① 내압성과 내마모성이 좋다.

② 연강과 같은 경도를 가진다.

③ 융점이 낮다(응고 온도 범위 : 392~377℃).

④ 합금 자체에 윤활성이 있다.

⑤ 주조성이 우수하여 사형, 석고형, 세라믹 주형, 금형 등으로 쉽게 주조할 수 있다.

⑥ 폐금형을 재용해하여 반복 사용할 수 있다.

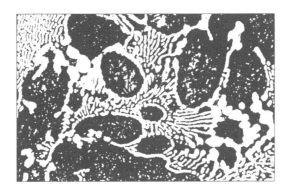

그림 2-30 ZAS의 현미경 조직

1) 아연 합금의 종류

① 자마크(Zamak) 합금

다이캐스팅용 합금으로 Zn에 Al 4%, Mg 0.04%를 첨가한 Zamak 3, Zn에 Al 4%, Cu 1%, Mg 0.03%를 첨가한 Zamak 5 등의 실용합금이 있다.

② 하이드로 티 메탈(hydro-T-metal)

가공용 아연 합금으로 Zn에 Cu 0.5%, Ti 0.12%, 소량의 Mn, Cr 등을 첨가한 합금이며 선재, 판재, 봉재, 형재 등으로 가공되며 용접, 납땜이 가능하여 전기 기기, 건축용 등에 사용된다.

③ 금형용 Zn 합금

Zn에 Al 4%, Cu 3% 등에 소량의 Mg, 기타 원소 등을 첨가하여 Al과 Cu 등의 함유량을 증가시켜 강도와 경도를 높인 합금이다. 이 합금의 종류로는 영국의 KM합금, 미국의 커크사이트(Kirksite), 일본의 ZAS 합금(zine alloy for stamping) 등이 있다. 대부분 모래형 주조품으로 강제 금형보다 저렴하게 제작할 수 있어 항공기, 자동차, 가정용구 등에 널리 사용된다.

2.4 마그네슘과 그 합금

Mg의 비중은 상온에서 1.74로서 Al의 약 2/3로 실용 금속 중 가장 가볍다. 열 및 전기 전도도는 Cu, Al보다 낮고 강도도 작으나 절삭성은 좋다. 또한, 알칼리에는 견디나 산이나 염류에는 침식되며, 산화되기 쉽고 용해하여 흐르면 연소한다. 그리고 습한 공기 중에서 산화막 형성으로 내부가 보호된다.

1) 주조용 마그네슘 합금

① Mg-Al계 합금 : 이 합금의 대표적인 합금은 Al 4~6% 첨가한 도우메탈(dow metal) 합금이 있으며, Al은 순Mg에 나타나는 조대한 결정 입자나 주상정의 발달을 억제하고 주조 조직을 미세화하며 기계적 성질을 향상시킨다.

② Mg-Zn계 합금 : Zn은 저융점 금속으로 많이 첨가하여 열간 균열이 발생한다. 여기에 지르코늄(Zr)을 넣으면 결정 입자가 미세화 작용에 의하여 주조성이 특히 좋다.

③ Mg-희토류계 합금 : 희토류의 15원소는 혼합해서 산출됨으로 그 광석인 그 광석인 모나자이트, 바스트네사이트 등으로 부터는 이들 15원소가 혼합된 염이 만들어지며 이것을 마그네슘, 칼슘, 나트륨 등과 같은 활성금속으로 환원하거나 또는 융해염을 전해하여 금속으로 만들면 15원소가 섞인 원소를 얻을 수 있다. 이것을 미시메탈(misch metal)이라고 한다.

희토류(*희귀한 흙*) 원소란 중국의 생산량이 세계적으로 97%를 차지하고 있으며 원소 주기율표에서 원자번호 57에서 71까지의 란탄계열 15원소와 21번 스칸듐(Sc), 39

번 이트륨(Y) 등 17원소를 총칭하는 말을 뜻하고 용도로는 연마재, 고성능 자석, 발화합금 등을 만들 때 반드시 필요한 원소로서 특징은 각종 제품의 신소재로서 이용되고 화학적 안전과 열전달이 특히 좋으므로 전기 자동차, 풍력발전 모터, LCD 등의 핵심부품에 사용된다.

> [예] **희토류 원소** : 란탄계열 15개 원소[란탄(La), 세륨(Ce), 프라세오디뮴(Pr), 네오디뮴(Nd), 프로메튬(Pm), 사마륨(Sm), 유로퓸(Eu), 가돌리늄(Gd), 테르븀(Tb), 디스프로슘(Dy), 홀뮴(Ho), 에르븀(Er), 툴륨(Tm), 이테르븀(Yb), 루테튬(Lu)]와 스칸듐(Sc), 이트륨(Y)를 합친 17개 원소를 가리키는 용어

기타 Mg-Th계, Mg-Zr계 등이 있으며, 특히 고온에서 산화되기 쉽고 승온하면 연소하므로 산화 방지책이 필요하며 진공 용해 후 용제로 표면을 덮어 산화를 방지한다.

2) 가공용 마그네슘 합금

압연, 단조, 압출 등의 가공으로 봉재, 형재, 판재, 단조재, 관 및 중공재 등의 제품을 만들어 항공기, 로켓 등의 재료에 이용하고 있다.

① Mg-Mn계 합금 : Mn은 Mg 중의 Fe의 용해도를 감소하고 내식성을 개선하며, 중간 정도의 강도와 용접성, 고온 성형성이 우수한 합금이다. Mg에 Mn 1.2%, Ca 0.09%를 첨가한 M1A합금이 있으며 가격이 저렴하고 강도가 중간정도 내식성이 좋고 용접성과 고온 성형이 우수하다.

② Mg-Al-Zn계 합금 : 가공용으로 가장 많이 사용되는 합금이며 Al 함유량이 많은 것일수록 강도가 크다. Mg에 Al 3~7%, 소량의 Zn과 Mn을 첨가하여 강도와 내식성을 더욱 개선한 실용 합금이 엘렉트론(elektron)이다. 또한 T_5 열처리를 하면 성능이 향상된다. 사진 제판용에 이용되는 PE 합금(Mg, Al 3.25%, Zn 1.2%)이 이에 속하는 합금이다.

③ Mg-Zn-Zr계 합금 : Zr의 첨가를 통하여 결정 입자를 미세화하고 열처리 효과도 향상시킨 합금으로 압출재로서 우수한 성질을 가진다. 특히 Zn 4.8~6.2%, Zr 0.45%를 함유한 합금을 T_5 열처리하면 인장 항복 강도 280MPa 이상, 압축 항복 강도 210MPa 이상, 연신율 10% 이상의 우수한 성질을 나타낸다. ZK 21A, ZK 400A, ZK 60A 등은 이 합금에 속한다.

기타 Mg-Zn-희토류계 합금과 Mg-Th계 합금 등이 있으며 판재, 단조재, 압출재

등으로 사용된다.

2.5 니켈과 그 합금

니켈은 백색의 인성이 풍부한 금속으로 비중이 8.90, 용융온도가 1,455℃이며, 열간 및 냉각 가공이 용이하고 강자성체이지만 353℃에서 자기변태를 한다. 그리고 구조용 특수강, 스테인리스강, 내열강 등의 합금 원소로서 가장 많이 사용되며 실용 니켈 합금은 다음과 같다.

① 니켈-구리 합금

⑦ 큐프로니켈(cupro nickel 또는 백동) : Cu에 Ni 10~30%를 첨가한 합금으로 가공성과 내식성이 뛰어나 화폐, 열 교환기 등에 사용된다.

⑭ 콘스탄탄(constantan) : Cu에 Ni 40~50%의 성분을 가지며, 전기 저항이 높고 그 온도 계수가 낮으므로 교류 계측기, 열전대, 전지 저항 재료 등에 사용된다.

⑮ 모넬메탈(monel metal) : Cu에 Ni 60~70%를 함유한 것이며, 고온에서 강하고 내식성과 내마모성이 우수하므로 판, 봉, 선, 관, 주물 등으로 터빈 브레이드, 임펠러, 화학 공업 용기 등에 사용된다.

⑯ 양은(german silver) : Cu 45~63%에 Ni 10~20%, Zn 15~30% 등의 합금으로 양백이라고도 한다. 특히 기계적 성질과 내식성이 우수하고 식기, 기구 등에 사용되며 비저항이 크므로 전기 저항선 등으로 널리 사용된다.

② 니켈-철 합금

⑦ 인바(invar) : Fe에 Ni 35~36%, Mn 0.4%, C 0.1~0.3%를 함유한 합금으로 열팽창 계수가 대단히 작고 내식성도 좋으므로 측량척, 표준척, 시계추, 바이메탈 등에 사용된다. Co를 첨가한 것을 슈퍼인바라고 한다.

⑭ 슈퍼인바(super invar) : Fe에 Ni 30.5~32.5%, Co 4~6%를 첨가한 합금으로 20℃에서 팽창계수가 0에 가깝다.

⑮ 엘린바(elinvar) : 인바에 Cr 12%를 첨가하여 개량한 것이며 고급 시계 부품에 사용된다.

㉣ 플라티나이트(platinite) : 열팽창 계수가 작고 내식성이 좋아 전구 등 연질 유리용 봉합 재료로 사용된다.

㉤ 니칼로이(nicalloy) : Fe 50%, Ni 50%를 첨가한 합금으로 포화자기, 초투자율, 전기저항이 매우 크므로 저주파 변성기, 저출력 변성기 등의 자심으로 사용된다.

㉥ 퍼멀로이(permalloy) : Ni을 가장 많이 첨가한 합금으로 Ni 75~80%, Co 0.5%, C 0.5%와 Fe의 합금이며 약한 자기장 내에서의 초투자율이 높으므로 고주파 철심으로 사용된다.

③ 내식성 니켈 합금 : 내식성 니켈 합금으로 모넬메탈(monel metal) 외에 다음과 같은 것들이 있다.

㉮ Ni-Mo 합금 : Mo을 첨가하여 염산에 대한 내식성을 증대시킨 합금으로 하스텔로이(hastelloy)가 대표적인 합금이다.

㉯ Ni-Cr 합금 : 실용 합금명으로 인코넬(inconel)이 있으며 산화성 산, 염류, 알칼리, 함황 가스, 질산은 수용액 등에 내식성이 우수하며 암모니아, 침탄 가스에 저항력이 크므로 열처리기 부품으로도 사용된다.

㉰ Ni-Cr-Mo 합금 : 염소 가스, 황산, 아황산, 크롬산 등의 수용액에 저항이 크다.

④ 내열성 니켈 합금

㉮ Ni-Cr 합금 : Ni에 Cr 15~20%를 첨가한 합금을 니크롬(nichrome)이라 하며 내열성, 고온 경도 및 강도가 큼으로 전기저항선 등으로 사용된다. 또한 Ni에 Cr 20%를 첨가한 합금을 크로멜(chromel)이라 하고 고온 산화에 견디고 고온 강도가 높으므로 고온용 발열체로 이용된다.

Ni-Cr 합금의 특징은 다음과 같다.

ⓐ 용융점이 높다.

ⓑ 전기저항이 크다.

ⓒ 고온에서도 경도 및 강도가 저하되지 않는다.

ⓓ 내산성, 내알카리성이 크다.

ⓔ 고온에서도 산화하지 않는다(Ni-Cr선은 1,100℃, Ni-Cr-Fe선은 1,000℃까지 사용).

④ Ni-Cr-Fe 합금 : Ni 60%, Cr 16%에 나머지 Fe을 첨가한 합금으로 내산화성이 낮으므로 저온용 발열체로 사용된다.

⑤ 열전대용 Ni 합금

Ni-Cr계, Ni-Cu계 합금이 열전대에 사용되며 가장 많이 사용하는 합금은 800℃ 이하에는 Cu와 콘스탄탄(constantan), Fe와 콘스탄탄 등이 사용되고 1,000~1,200℃까지에는 크로멜-알루멘(chromel-alumel), 1,600℃에는 백금로듐 합금(Pt-Rh 합금, Rh 13%) 열전대가 사용된다.

2.6 기타 비철 금속 합금

기타 비철 금속 합금으로서 금형 재료에 사용되는 실용 합금은 열간 단조 모델형으로 쓰이는 Sn, Pb, Sb 등의 합금이 있다.

1) 주석과 그 합금

주석은 은백색의 연한 금속으로 오래 전부터 우리나라 사람들이 유기를 이용하였는데 이것은 Cu, Sn, Zn 등의 합금으로 비중이 7.3이고 용융점은 232℃이며, 13.2℃에서 백색 주석이 회색 주석으로 변태한다. 실용 주석 합금은 Sn-Pb 합금으로 땜납이라고도 하며, 독이 없으므로 식품, 의약품 등의 포장용 튜브로서 사용된다.

땜납은 붙여지는 금속의 종류에 따라 여러 가지가 있으나 어느 것이나 붙임을 당하는 모재보다는 낮은 온도에서 녹아야 하며, 합금을 만들어서 잘 밀착되어야 한다. 땜납은 용융점 또는 경도에 따라서 일반적으로 연납과 경납으로 구별한다.

• 연납(soft solder) : 보통 일반적으로 말하는 납땜
• 경납(hard solder) : 황동납, 금납, 은납, 동납 등 용융점이 높은 납

① 주석합금의 종류

㉮ Sn-Pb 합금 : 독이 없으므로 식품, 의약품 등의 포장용 튜브로 또는 땜납(soft solder)으로 많이 사용되며 Ag, Fe, Zn, 황동, 청동 등의 접합용으로 이용되고 융점은 300℃ 이하, Sn 5~90% 범위 내에서 Sn 40~50%가 가장 널리 사용된다.

Sn 함량이 많은 것은 놋쇠, 식기 등의 땜납으로 Pb 함량이 많은 것은 전기 부품 등에 사용된다.

④ Sn-Sb-Cu 합금 : Sn에 Sb 4~7%, Cu 1~3%를 첨가한 합금을 백랍, 퓨터(pewter), 브리타니아 메탈(britania metal)이라 하며 장식용에 사용되고, Cu 0.4%를 함유한 Sn 합금을 경석이라 하며 의약품, 그림물감 등에 대한 내식성이 좋으므로 튜브 용기 재료로 사용된다. 또한 Sn 합금으로 베어링용으로 많이 사용되는 배빗 합금 (babbit alloy) 등이 있다.

2) 납과 그 합금

납은 비중이 11.36이고 용융점 327℃이며 가공이 용이하므로 예로부터 인류가 사용해 온 금속이다. 99.90% 이상의 납판재는 내산성, 방습성을 요하는 화학 공업용 및 건축용에 사용되며, 기계적 강도가 요구되는 곳에는 비소(As), 칼슘(Ca), 안티몬(Sb) 등을 첨가한 합금이 사용된다.

① Pb-Sb 합금 : Pb에 Sb을 넣으면 강도가 증가한다. 안티모니얼 리드(antimonial lead)라 하는 Sb 1%을 첨가한 Pb 합금은 케이블 피복용으로 쓰인다. Sb 4~8%를 함유한 합금은 경연(hard lead)이라 하며, Sb 함유량이 낮은 것은 가공용, 높은 것은 주물용으로 사용한다.

② Pb-As 합금 : 강도와 크리프 저항이 우수하며 케이블 피복재로 사용한다.

③ 활자 합금(type metals) : 인쇄 공업에 사용되는 납판, 활자 합금은 주로 Pb-Sb-Sn 합금이며, 특히 경도를 요구할 때에는 Cu를 첨가한다. Sb은 합금을 경화시키는 원소이며, Sn은 합금의 융점을 저하시키고 유동성을 좋게 하는 원소이다.

3) 저융점 합금

이 합금은 융점이 낮고 Sn(232℃)보다 낮은 융점을 가진 합금의 총칭이고, 일명 이융 합금, 가용 합금이라고도 한다. 주석(Sn), 납(Pb), 비스무트(Bi), 카드뮴(Cd) 등의 2원 또는 다원계의 공정 합금이며 전기 퓨즈, 저온 땜납, 화재 경보기 등에 이용된다.

3.1 합성 수지

1) 합성 수지의 정의와 성질

천연 유기물 재료는 동물이나 식물의 몸체 중에서 큰 분자들로 만들어지나 합성 고분자 재료는 분자량이 작은 분자를 인위적으로 결합시켜 제조하며, 합성 고분자 재료를 총칭하는 것을 플라스틱(plastic)이라고 한다. 외력을 가하면 유동체와 탄성체도 아닌 물질이 인장, 압축, 굽힘 등이 어느 정도의 저항으로 형태를 유지하는 성질을 가소성이라 하고, 플라스틱 중에서 유기 물질로 합성된 가소성이 큰 물질을 좁은 의미의 합성 수지(sythetic resin)라 한다.

합성 수지는 1869년 하이야트(Hyatt)의 셀룰로이드 제조를 근원으로 하여 1908년 백랜드(back-land)의 페놀 포름알데히드수지 제조가 시초가 되었다.

일반적으로 플라스틱이라고 하여 포괄적으로 표시되는 합성 수지, 합성 섬유, 합성 고무 등은 합성 수지적인 성질을 가지고 있으나, 합성 수지는 섬유를 만들 수 있는 것은 극히 적다. 넓은 의미로 볼 때 합성 섬유는 합성 수지에 포함될 수 있다. 한편 합성 고무는 특히 높은 탄성을 목적으로 한 것이고 합성 수지는 가소성이 중요하다. 금형 재료에 있어서 합성 수지는 소량 생산용 자동차 차체 드로잉 금형재, 주형용 수지 형재, 소실 주형 재료 등에 사용한다. 합성 수지의 일반적 특성으로 기계적 성질이나 내열성 등은 아직 금속 재료보다 떨어지나, 비중이 작고 탄성, 소성, 화학적 저항성, 전기 절연성 및 가공성 등은 금속 재료보다 우수하므로 기계 기구용 재료, 전기 재료 및 의식주의 각 방면에 걸쳐 다양한 용도를 지니고 있다.

표 2-26은 합성 수지의 일반적인 특성을 나타낸 것이고, 합성 수지의 공통 성질을 열거하면 다음과 같다.

① 가공성이 크고 성형이 간단하다.
② 전기 절연성이 좋다.
③ 단단하나 열에 약하다.
④ 가볍고 튼튼하다(비중 1~1.5).

표 2-26 합성 수지의 일반적인 특성

분류	사용 특성
물리적 성질	• 비 중 : 0.91~2.3으로 가볍다. • 투 명 성 : 투명 내지는 유백계 반투명성이 많다. 아크릴 수지는 광투과율 90~92% • 마모계수 : 일반적으로 작고 미끌어지기 쉽다.
기계적 성질	• 인장강도 : 일반적으로 12kg/mm^2 이하로 작다. • 강 성 : 금속에 비하여 훨씬 작다. • 표면강도 : 일반적으로 작아 흠집이 나기 쉽다.
열적 성질	• 열전도성 : 금속의 수 100분의 1로 낮다. • 비 열 : 0.2~0.6 • 열안전성 : 연속 내열 온도 300℃ 이하로서 열팽창은 일반적으로 금속보다 크다. 열분해 온도가 낮아 타기 쉽다(연기, 가스를 발생시키는 것도 있다).
전기적 성질	• 절 연 성 : 초고전압 이외의 절연 재료를 특점할 정도로 우수한 것이 많다. • 대 전 성 : 정전기의 대전성이 높고 먼지가 흡착하면 장애가 크다.
화학적 성질	• 내 수 성 : 포바르 등을 제외하면 내수성이 높다. • 흡 수 성 : 염화비닐, 나일론 등은 크다. • 내 약 성 : 일반적으로 강하나 수지에 따라 차이가 크다.
내구성	• 내후성, 내광성, 내마모 등 일반적으로 약하나, 수지의 종류, 그레이드 등에 따라 차이가 크다.

⑤ 산, 알칼리, 유류, 약품 등에 강하다.

⑥ 비강도는 비교적 높다.

⑦ 투명한 것이 많으며 착색이 자유롭다.

2) 합성 수지의 분류

합성 수지는 가소성과 온도의 관계를 기준으로 다음과 같이 크게 두 가지로 분류된다.

① 열경화성 수지(thermosetting resins)

② 열가소성 수지(thermoplastic resins)

열경화성 수지는 일명 열고정성 수지라고도 하며, 가열하면서 가압 및 성형하면 다시 가열해도 연하게 되든가 용융되지 않는다. 열가소성 수지는 일명 열연화성 수지라고도 하며, 성형된 후에도 다시 가열하면 연해지고 냉각하면 다시 본래의 상태로 굳어지는 성질이 있다.

일반적으로 페놀 수지, 요소 수지 등은 열경화성 수지에 속하며 가열하면 화학적 변화가 생기고 유동성을 상실하게 된다. 또한 강하게 가열하면 용융되지 않고 분해한다.

한편, 열가소성 수지는 가열하면 작은 힘으로도 유동하고 화학적 변화가 생기지 않으며, 가열 및 냉각을 반복하여도 상온에서 물리적 성질 변화를 볼 수 없다. 열가소성 수지는 스티롤 수지, 염화비닐 수지, 아크릴 수지, 폴리에스테르 등이 있다.

표 2-27은 합성 수지의 특성 및 용도를 나타낸 것이다.

표 2-27 합성 수지의 특성 및 용도

분류	종류	특징	용도
열경화성 수지	페놀 수지	경질, 내열성	전기기구, 식기, 판재, 무음기어
	요소 수지	착색 자유, 광택이 있음	건축 재료, 일반 문방구, 성형품
	멜라민 수지	내수성, 내열성	테이블판 가공
	규소 수지	전기절연성, 내열성, 내한성	전기 절연 재료, 도료, 그리스
열가소성 수지	스티렌 수지	성형이 용이함. 투명도가 큼	고주파 절연 재료, 잡화
	염화비닐	가공이 용이함	관, 판재, 마루, 건축 재료
	폴리에틸렌	유연성 있음	판, 필름
	초산비닐	접착성이 좋음	접착제, 껌
	아크릴 수지	강도가 큼. 투명도가 특히 좋음	방풍, 광학 렌즈

(1) 열경화성 수지

열경화성 수지는 재용융하면 다른 모양으로 재성형할 수 없는 화학 반응이 되어 영구 성형 경화되지만, 너무 높은 온도로 가열하면 분해되므로 열경화성 수지는 재생할 수 없다.

열경화성 수지는 기계적 강도가 크고 내열성이 좋아 기어, 베어링 케이스, 소형 기구의 프레임 등 기계 재료로 사용된다.

열경화성(thermosetting)이란, 플라스틱을 영구히 굳히기 위해서는 열(*열에 대한 그리스어로는 therme*)이 필요하다는 뜻이다. 그러나 상온에서 화학 반응만으로 굳어지는 열경화성 수지가 많다. 대부분의 열경화성 플라스틱은 단단한 고체를 형성하는 공유 결합된 탄소 원자망으로 되어 있다.

① 페놀 수지(phenol resins ; PF)

페놀, 크레졸 등과 포르말린을 반응시켜 제조한 것으로서 베이클라이트(bakelite)라는 상품명으로 널리 사용된다. 나뭇조각, 솜, 석면 등, 각종 물질을 충분히 섞어 만든 제품이 전기 기구, 가정용품 등에 사용되고 있다. 또한 종이, 천, 석면 등과의 적층면으로서 전기 기구용 재료, 무음 기어, 베어링 등에도 사용된다. 액체 상태의 것은 페인트 또는 접착제로도 사용되는 등 용도가 다양하다.

페놀 수지는 기계적 성질이 우수하고 비교적 가격이 저렴하며 전기 절연성이 좋지만, 착색이 자유롭지 않고 성형하여 기계 가공성이 좋지 않다.

② 요소 수지(urea resins ; UF)

요소 수지는 우레아 수지라고도 하며 강도, 내수성, 내열성, 전기 절연성 등은 다소 떨어지나, 가공성 및 착색이 용이하고 아름다운 상품을 만드는데 적당하다.

내수성과 내열성은 멜라민 등을 첨가하면 성질이 많이 개선된다. 요소 수지는 커피 포트, 식탁 기구, 진열 상자, 가재 도구, 버튼, 전기 부품 등의 성형에 사용되며, 접착제, 소부 에나멜 등에 사용된다.

③ 규소 수지(silicone ; SI)

규소 수지는 1943년경부터 공업적으로 쓰였고, Si-O-Si-O 결합으로서 고분자 물질의 종류와 결합기의 개수에 따라 수지상, 고무상, 유상, 그리스상 등이 있다. 규소 수지는 내수성이 우수하고 전기 절연성이 좋으며, 일반 합성 수지보다 내열성이 100℃ 이상 우수하고 기계 가공성도 좋다.

한편 실리콘 오일계는 절연유, 고온 절연유, 진공 펌프에서 확산 펌프용 오일, 주물용 내열 오일 등에 사용된다.

④ 멜라민 수지(melamin resins ; MF)

멜라민은 무색의 가벼운 침상 결정으로 요소 수지보다 강도, 내수성, 내열성이 우수하다. 멜라민 수지는 사용 목적에 따라 멜라민과 포르말린, 석탄산, 요소 등을 합성하여 각종 성형품 접착제, 페인트, 섬유 제조 등에 사용되고 있다.

⑤ 푸란 수지(furan resins)

푸란 수지는 130~170℃에 견디고 내약품, 내알칼리성, 접착성 등이 우수하여 저장

탱크 화학장치, 부식성 가스 등에 접하는 부분의 보호 및 도장에 쓰인다. 석재, 목재, 콘크리트 등에 침투시켜 기계적 강도, 내식성을 증가시키기도 한다.

⑥ 폴리에스테르 수지(polyester resins)

공구용 프로필렌 글리겐과 불포화 폴리에스테르 수지라고 하며 푸탈산(butal acid)과 같은 이기염산과 프로필렌 글리겐과 같은 폴라올을 반응시켜 생성물을 스티렌 모노며 기타 디아일푸달페이트, 비닐톨루엔 등을 모노미에 용해하고 안정제를 첨가한 액상 수지이다. 폴리에스테르 수지의 촉매제로 과산화물을 첨가하고, 여기에 다시 촉진제를 첨가함으로써 상온 경화할 수 있으나, 경화 반응에 의한 발열이 크다.

(2) 열가소성 수지

열가소성 수지는 재료의 성질 변화가 거의 없으므로 여러 번 재가열하여 새로운 모양으로 재성형할 수 있다. 대부분의 열가소성 수지는 서로 공유 결합된 탄소 원자가 주 분사사슬에 공유 결합하기도 한다. 주 분자사슬에 원자나 원자단이 결합하여 매달리며 열가소성 수지에서 긴 분자사슬은 서로 2차 결합한다.

① 폴리염화비닐 수지(polyvinyl chloride resins ; PVC)

석회석, 석탄, 소금 등을 원료로 하기 때문에 다른 공업 재료와는 달리 원자재가 풍부하다. 가소제를 첨가한 제품을 연질제품(SPVC)이라 하고, 가소제를 첨가하지 않았거나 조금 첨가한 것을 경질제품(HPVC)이라 한다.

내산성과 내알칼리성이 풍부하고 황산, 염산, 수산화나트륨 등의 약품이나 바닷물에 녹거나 부식되는 일이 없으며, 기름이나 흙에 파묻혀도 침식되지 않는다. 제품은 내외의 면이 모두 매끈하다.

염화비닐 수지 파이프는 마찰 계수가 작아 물에 있을 때에는 잘 부착되지 않으므로 유체의 수송 등에 적합하며, 전기 및 열의 불량 도체이므로 전기적인 부식의 염려도 없고 전선관이나 도회지의 수도관 등에 적당하다.

비중 1.4로 철의 1/5, 납의 1/8이고, 가볍고 부서지지 않으며 가공하기 쉬우나 열에 약하다.

② 초산 비닐 수지(vinyl acetate resins)

초산 비닐 수지는 폴리비닐알코올(PVA)이라고도 하며, 상온에서 고무와 유사한 탄성을 나타내나 천연 고무와는 특성이 약간 다르다. 용제는 벤졸, 아세톤 등에 사용되고 무취무독, 접착성, 투명성 등의 특성을 이용하여 접착제, 도료, 성형 재료, 껌 원료 등에 사용된다.

초산 비닐 수지와 염화비닐 수지를 혼합하여 중합한 합성 수지는 변형이 적어 축음기의 레코드판에도 사용되고 있다. 비닐계의 중합품은 우비, 앞치마, 밴드, 전기 기구, 타일, 필름, 식탁용 커버, 합성 섬유 등에도 사용된다.

③ 폴리에틸렌 수지(polyethlene resins ; PE)

폴리에틸렌 수지는 무색 투명하며 내수성과 전기 절연성이 양호하고 산, 알칼리에도 강하고 120~180℃로 가열하면 끈끈한 액체가 되기 때문에 사출 성형이 용이한 좋은 성질이 있다. 제조방법에 따라 저밀도(LDPE), 중밀도(MDPE), 고밀도(HDPE) 등이 있다.

유류 저장통, 브러시 등으로부터 장난감에 이르기까지 제품 용도가 무수히 많다. 폴리에틸렌 수지는 비중 0.92~0.96으로 염화비닐 수지보다 가벼우며 유연성이 있고, −60℃에서도 경화되지 않는다. 충격에 대해서도 강하며 때려도 파손되지 않고, 내화성도 고무나 염화비닐 수지보다 좋다.

④ 스티렌 수지(styrene resins)

스티렌 수지는 비중이 1.05~1.07로서 합성 수지 중에서는 가벼운 편이며, 스티렌의 중합체로 스티롤 수지라고도 한다. 성형이 쉽고 화학 약품에 대하여 안정하므로 전기 재료, 장식품 가정용품에 사용되는 대표적인 열가소성 수지이다. 일반적으로 폴리스티렌(polystyrene ; PS)은 150%에서 연화하고 250℃ 이상에서는 해중합(depoly-merise)되어 단일체의 스티렌이 된다. 특히 고주파 절연 재료, 투명한 광학 재료 등에 사용된다.

⑤ 아크릴 수지(acrylic resins)

아크릴 수지는 메타크릴 수지(PMMA)라고도 하며, 투명성이 좋고 탄성이 크며 햇빛에 노출되어도 변색이 잘 되지 않으므로 안전 유리의 중간층 재료, 케이블의 피복 재료, 도료 등에 사용된다. 일반적으로 벤젠, 아세톤, 유기산 등에는 용해되나 알코올, 물, 사염화탄소, 식물유 등에는 용해되지 않는다. 폴리메틸아크릴 수지는 유기 유리

(organic glass)로서 광학적 특성이 우수하여 렌즈 제작에 사용된다.

이 외에 각종 장식품, 식기류, 밸브, 테이블, 항공기, 방풍 유리, 치과 재료, 시계 부속, 도료 등에 사용되며 제품의 사출 성형에 적합하다.

⑥ ABS 수지(acrylonitrile-butadiene-styrene resins)

ABS 수지는 아크릴로니트릴(A), 부타디엔(B), 스티렌(S)의 3자가 합성되어 있다. 이 수지의 성분 비율이나 결정 방법, 제조 방법 등을 여러 가지로 변화시킴으로써 성질이 다른 종류의 것을 만들 수가 있다. 이것은 넓은 온도 범위에서 내충격성, 강인성, 컬러링(coloring), 내약품성, 성형 가공성 및 치수 안정성 등 우수한 성질을 가지고 있지만 유동성이 좋지 않으며 내후성이 약하다.

ABS 수지는 TV, 라디오, 청소기 케이스, 전화기 본체, 냉장고 내상, 에어컨 그릴, 용기 헬멧 등에 많이 쓰이며, 플라스틱에 도금이 필요한 용도에 적당하다.

⑦ AS 수지(acrylonitrile stytrene resins ; SAN)

AS 수지는 스티렌과 아크릴 수지의 원료에 있는 아크릴로니트릴과 공중합된 수지이다. 폴리스티렌과 같이 투명성이 좋고 폴리스티렌보다 내열성, 내유성, 내약품성 및 기계적 성질이 좋다. 또 유동성이 좋고 성형성이 양호하며 성형 능률이 좋다. AS 수지는 믹서 케이스, 선풍기 날개, 배터리 케이스, 투명 부품 등에 많이 사용된다.

⑧ 폴리프로필렌 수지(polypropylene resins ; PP)

폴리프로필렌은 유백색, 불투명 또는 반투명으로 범용 수지 중에서 제일 가볍다. 비중은 0.9이고 결정성 수지에 속하며 폴리에틸렌에 비하여 광택이 좋고 스트레스, 균일, 내약품성이 좋다. 또 내충격성이 강하고 힌지성이 좋아 수백 회 반복 굽힘에도 견딜 수 있다.

용도는 폴리에틸렌과 비슷하며, 세탁기(회전날개, 세탁조), 배터리 케이스, TV, 카세트 케이스, 단자, 배선 기구 등에 쓰인다. 힌지가 있는 성형품의 경우, 충전 부족, 힌지 부위 웰드라인(weld line) 발생 등을 방지하기 위해 게이트 위치에 주의할 필요가 있다. 또 변형을 방지하기 위해서 다점 게이트로 하는 것이 좋다.

⑨ 폴리아미드 수지(polyamide resins ; PA)

폴리아미드 수지에는 6나일론(PA6), 66나일론(PA66) 11나일론(PA11) 등의 종류가 있다.

폴리아미드 수지는 그 종류에 따라 성질이 다르지만 폴리에틸렌, 폴리프로필렌과 같이 대표적인 결정성 수지이다. 특징을 보면 마찰 계수가 작고 특히 자기 윤활성, 내마모성이 우수하나, 수축률이 커서 치수 안정성이 좋지 않다.

기계 부품용으로 많이 쓰이는 기어, 캠, 베어링 등에 사용되며, 포장 재료로도 사용된다. 폴리아미드를 사용하는 금형은 용융 점도가 낮고 플래시가 발생하기 쉬우므로 치수 정도가 높은 금형 가공을 요하며, 금형 온도를 높게 하고 냉각을 균일하게 할 필요가 있다.

⑩ 폴리카보네이트 수지(polycarbonate resins ; PC)

폴리카보네이트는 투명하고 강성이 높은 수지로 자소성이 있다. 또한 충격 및 인장 강도가 높으며 내열성이 뛰어나다(135℃에서 가장 좋은 물성을 가진다). 그리고 성형성이 비교적 양호한 편이며, 성형 수축률이 작고 치수 안정성이 높다. 단점으로 반복 하중에 약하며 스트레스 균열이 일어나기 쉽다.

폴리카보네이트 수지는 절연볼트 너트, 밸브, 전동 공구, 의료 기기, 콕 등에 사용된다. 금형에서는 유동성이 좋지 않으며, 고압 성형을 하기 때문에 러너 직경을 크게 하고 길이도 짧게 하는 것이 좋다. 러너와 게이트는 충분히 끝다듬질을 하는 것이 좋으며, 잔류 응력에 의한 크랙이 발생하기 쉬우므로 충분히 온도를 높여 성형하도록 해야 한다.

⑪ 폴리아세탈 수지(polyacetal resins)

폴리옥시메틸렌(poly oxy methylend ; POM)이라고도 하며, 정제 건조된 포름알데히드를 용매로 사용하여 중합시킨 후 안정화를 위한 후처리를 하여 만든다.

폴리아세탈은 피로 수명이 열가소성 수지에서 가장 높으며 금속 스프링과 같은 강력한 탄성을 나타내고 마찰 계수 및 내마모성이 우수하다. 또한 인장 강도, 굽힘 강도, 압축 강도 등은 나일론, 폴리카보네이트와 같이 최고 수준에 이르고 치수 안정성이 좋다. 그러나 단점으로 약 220℃ 이상의 온도에서는 열분해 현상이 일어나서 변색과 동시에 독한 포름알데히드가 발생하여 불쾌한 냄새가 난다.

폴리아세탈 수지는 기어, 캠, 베어링, 전자 밸브, 케이스, 커넥터, 폴리 등에 사용된다.

⑫ 폴리우레탄 수지(polyurethane resins ; PUR)

폴리우레탄은 고무처럼 부드럽고 탄성이 있는 엔지니어링 수지이므로 아주 연질에서부터 경질까지 여러 가지 용도로 나누어져 있다. 아니론보다 흡습성이 낮고 흡습시의 기계 및 전지적인 특성의 변화가 적으며 충격을 주어도 파괴되지 않는다.

폴리우레탄 수지는 롤러, 엘리베이터용, 가이드, 벨트, 완충용 패트 등에 사용된다.

⑬ 폴리페닐렌옥사이드 수지(poly phenylene oxyth resins ; PPO)

폴리페닐렌옥사이드는 높은 열변형 온도와 넓은 온도 범위에서의 안정된 우수한 전기적 성질과 기계적 성질을 가지고 있고 또 난연성을 가지고 있으나 그 성형성에 난점이 있다. 성형성을 개량한 수지가 스티렌 변형 폴리페닐렌옥사이드 수지(노릴)이다. 이 노릴도 우수한 전기적 성질도 있고 성형 수축률, 선팽창 계수가 적다는 특징이 있다. 엔지니어링 수지 중에서는 특히 성형성, 물성의 균형이 양호한 재료이며, 충격 강도가 습도, 온도 등의 환경조건에 영향을 받는 일이 적고 내수성, 내열 증기성도 우수하다.

이 수지는 석유 산업의 유전 파이프와 화학 가공 산업에서의 밸브, 끼워맞춤 부품, 송유 파이프, 기타 장비의 내부식 및 열안정을 위한 보호 코팅, 주방 용구, 전기 부속품, 신축 링, 컨베이어 롤러, 펌프의 하우징 등, 고온에서 우수한 내화학성이 요구되는 부속품에 사용된다.

⑭ 불소 수지(fluorocarbons resins)

불소 수지는 대개의 화학 약품에 대해 불활성이며 밀랍과 같은 촉감과 낮은 마찰 계수를 갖고 있다. 그러므로 기계적 특성이 낮지만 유리섬유나 이황화몰리브덴을 충전제로 보강하면 우수한 특성을 나타낸다. 가장 널리 사용되고 있는 것은 TFE, CTFE, FEP 등이 있다.

불소 수지 종류의 용도는 다음과 같다.

㉮ TFE : 오일리스베어링, 내화학용 파이프와 펌프 부품에 사용된다.

㉯ CTFE : 연료 관측 렌즈, 전기 절연재 등에 사용된다.

㉰ FEP : 개스킷, 고주파 접속구, 마이크로웨이브 구성 부품, 전기 단자 등에 사용된다.

3) 합성 수지의 성형 가공

합성 수지의 성형 및 가공법은 여러 가지가 있으나 금속 재료와 유사한 방법이 사용되고 있다. 금속의 성형에 사용되는 금형은 공구강 및 금형강이 사용되나 합성 수지에는 연강이 많이 사용되며 금형에 압입 주조된다.

합성 수지는 스티렌 수지, 아크릴 수지, 염화비닐 수지 등의 분말 또는 입상 수지를 사용하며 금형에 압입 주조된다. 또한 열경화성 수지는 재료를 준비된 금형에 넣고 가열 또는 상온에서 가압하여 성형하는 압축 성형법(compression moulding)에 사용된다. 한편 입상 또는 분말을 용해시켜 이것을 간단히 대량 생산에 적합한 유철형 금형에 주입하여 경화시켜 성형하는 경우도 있다.

얇은 필름과 같은 막을 만들 때에는 필요에 따라 가소제 및 용제를 첨가하여 적당한 농도로 만들고, 원통형 회전 원통식 또는 회전대식 장치들을 사용하여 얇은 필름을 제작한다.

4) 플라스틱의 성질

구조용으로 사용되는 결정성이 강한 플라스틱은 금속과 유사한 점이 많고, 제품의 성능은 원료의 종류, 제조 방법, 제품을 만들기 위한 각종 배합제의 종류나 배합 비율 또는 성형 방법 등에 따라 상당히 차이가 난다. 그러나 플라스틱과 금속 사이에는 탄성 계수와 파괴 강도에서 큰 차이가 있고 하중 속도와 온도의 영향 등이 크다.

일반적으로 플라스틱의 경도는 경질에 대해서는 금속용 시험법을, 연질에 대해서는 고무용 시험법을 사용한다. 표 2-28은 플라스틱의 기계적 성질을 나타낸 것이다.

표 2-28 플라스틱의 기계적 성질

플라스틱의 종류	탄성률(MPa)	인장 강도(MPa)	연율(%)
염화비닐 수지(경질)	2,500~4,200	35~63	2.0~40
염화비닐 수지(연질)	–	7~25	200~400
폴리에틸렌 수지	600~1,000	22~39	15~100
메타크릴 수지	2,500~3,500	49~77	3~10

플라스틱의 종류	탄성률(MPa)	인장 강도(MPa)	연율(%)
나일론	1,000~2,800	60~110	90~320
나일론(유리섬유 강화)	6,000~9,000	98~210	1.5~2.5
폴리프로필렌	900~1,700	50~70	250~700
폴리카보네이트	2,200~	59~67	60~100
아세탈 수지	2,900~	70~	15~75
페놀 수지	5,300~7,000	49~56	1.0~1.5
페놀 수지(유리섬유 강화)	23,200	35~70	0.2
요소 수지(α 셀룰로오스)	700~10,050	42~91	0.5~1.0
멜라민 수지(α 셀룰로오스)	800~10,000	49~91	0.6~0.9
폴리에스테르(유리섬유)	11,200~14,000	70~176	0.5~5.0
폴리에스테르(유리직포)	10,500~31,600	211~352	0.5~2.0
에폭시 수지	3,200	28~91	3~6

3.2 합성 고무

고무나 폴리우레탄은 유연하고 탄성이 풍부하며 밀폐 용기에 넣어 압력을 가하면 고점성 액체로서 작용한다. 이러한 성질을 이용하여 압력이 그다지 높지 않아도 되는 펀치 또는 다이의 한쪽 금형에 고무나 우레탄을 사용하고 전단, 굽힘, 드로잉, 포밍 등의 가공을 행한다. 고무나 우레탄의 특징은 금형 틀 속에서 펀치력을 수압하면서 정확히 성형하고자 하는 형상으로 익숙해지는 것이며, 가벼운 물건의 굽힘이나 성형에 매우 유효하다.

그림 2-31에는 고무를 형재로 사용한 드로잉 가공의 일례를 나타내었다.

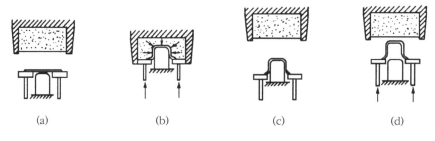

그림 2-31 고무형을 이용한 드로잉 가공

고무의 특성을 충분히 이용하여 효과적인 성형을 하려면 고무의 경도가 적당해야 한다. 각종 성형법에 적당한 고무의 경도는 다음과 같다.

① 전단 가공 : 60~85(HS)

② 굽힘 가공 : 60~70(HS)

③ 드로잉 가공 : 45~60(HS)

④ 포밍 가공 : 65~75(HS)

1) 드로잉 가공

고무나 폴리우레탄을 이용한 드로잉 가공에는 마홈법, 호이론법, 펀치 없이 하는 드로잉법 등이 실효화되고 있다.

마홈법은 리테이너 속에 넣어진 고무 패드를 다이로 하고, 주름 누름으로 피가공재를 고무 패드 표면으로 눌러 붙이면서 펀치를 고무 속으로 밀어 넣어 드로잉한다. 또한 호이론법은 고무판 위에 액압대가 있어서 34MPa 이상의 액압을 고무에 가하고 피가공재에 변형 압력을 미치게 하여 성형한다.

펀치 없이 하는 드로잉법은 고무환 위에 피가공재를 올려 놓고 다이를 그 위에 얹어 압력을 가하는 성형법이다.

2) 전단 · 굽힘 · 포밍 가공

강재의 견고한 리테이너에 고무를 채우고 이것을 만능형으로 하여 각종 성형을 하는데, 고무는 리테이너 깊이의 2/3 정도의 두께로 채운다. 고무에 가하는 평균 압력은 최고 7.8 ~14.7MPa 범위가 많다.

전단과 굽힘이 조합된 성형도 많이 이용되며 굽힘형의 높이는 보통 플랜지의 깊이보다 3~5mm 높게 한다.

3.3 탄소 재료

지구상에 널리 분포하는 탄소는 금속과 유사한 성질을 갖고 있는 천이 원소(*전자 수가 전자궤도에 들어갈 수 있는 최대 수보다 작은 금속원소의 집단*)로서, 3개의 동소체로 다이아몬드, 흑연, 무정형탄소 등이 있다. 그리고 탄소에는 비결정질 탄소와 결정질 탄소가 있다. 대표적인 결정질 탄소에는 다이아몬드와 흑연이 있으며, 그 물리적 성질은 다음과 같다.

① 융점이 대단히 높다.

② 결정 구조의 변화에 의해 열 및 전기의 전도도, 경도, 마찰 계수 등의 물리적 성질에 대단한 차이가 있다.

③ 산화 작용 이외의 화학 작용에 대해 강한 저항성이 있다.

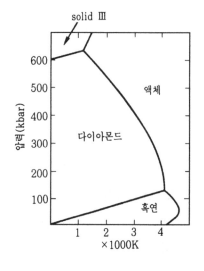

그림 2-32 탄소의 상태도

그림 2-32는 탄소의 상태도를 나타낸 것이며, 탄소에 대한 공업 제품은 산업 기술의 발전과 더불어 사용 분야가 더욱 확대되고 있다.

1) 다이아몬드

다이아몬드는 경도가 가장 크고 공유 결합으로 형성된 결정으로서 주로 공업적으로 연삭 재료로 쓰이고, 분말이나 입자들은 구리 또는 철 중에 분산시킨 서멧이 절탄, 연삭용에 널리 쓰이고 있다. 천연산 다이아몬드는 남아프리카 긴바레 광산의 산출이 많으나 근년에는 공업용 합성 다이아몬드도 생산되기에 이르렀다. 미국 GE 회사에서 인공 다이아몬드를 2,700℃, 10만 기압의 조건에서 생산한 것이 처음이고, 현재는 1,500℃, 6만 기압 조건에서도 생산되고 있다. 또한 전기 스파크라든가 폭파에 의한 충격파로써 분말을 생산하는 방법이 출현되고 있다.

2) 흑연

방전 가공용 전극 재료로는 주로 구리와 흑연이 사용된다. 흑연은 구리에 비해 융점이 높고 아크 에너지의 흡수가 빨라 대형물의 방전이 가능하며 방전 속도가 빠르다.

따라서 사출 성형용 금형이나 다이캐스팅 금형 등과 같이 곡면이 많은 금형에 방전 가공을 많이 실시하며, 흑연(graphite) 방전 수요가 점점 증가하고 있다. 표 2-29에는 흑연 전극재의 종류와 용도를 나타내었다.

표 2-29 흑연 전극재의 종류와 용도

종류	비중	쇼어 경도 (HS)	고유 저항 ($\mu\Omega\,cm^2$)	표준 규격(mm)		용도			
				두께	폭×길이	거친 가공	다듬 가공	정밀 가공	초정밀 가공
ISEM-1	1.70	52	1,350	60, 80 110, 130 300	250×300 300×500 610×1,000	○			
ISEM-2	1.78	54	1,100	60, 80 110, 130 230	250×310 310×500 540×1,000	○	○		
ISEM-3	1.85	58	1,000	110, 130 230	270×500 500×540 540×1,000	○	○		
ISEM-4	1.78	65	1,650	60, 80 110, 130 300	270×420 420×540 540×850			○	○
ISO-50	1.86	75	1,550	50,80,170	220×370 370×450 440×750			○	○
ISO-63	1.83	85	1,650	60, 80 110, 130 210	270×420 420×540 520×830			○	○
ISO-88	1.90	90	1,500	35, 75	160×320 160×640				○

흑연 전극의 장점은 다음과 같다.

① 피가공성이 좋다.

② 가격이 저렴하다(동일 체적에서 Cu의 1/2~2/3).

③ 무게가 Cu의 1/5로 작업이 용이하다.

④ 전극 소모가 적다(Cu의 1/3~1/10배).

⑤ 방전 가공 속도가 빠르다(Cu의 1.3~1.7배).

⑥ 열팽창 계수(Cu의 1/4)가 작으며 고도의 등방성(*물질의 방향이 바뀌어도 물리적 성질이 달라지지 않는 성질*)을 지닌 대형 전극이 가능하다.

방전 가공면의 조도는 방전 가공시 스파크 방전이 아크 방전으로 되면서 에너지 밀도가 낮아지므로 나빠진다. 따라서 고융점의 Cu−W, Cu−Ag 같은 합금이 개발되었으나, 가격이 비싸 제한적인 용도로만 사용되고 있다.

3.4 목재

목재는 주조품의 모형 재료로 많이 사용되며, 금형에 비해 값이 저렴하고 제작 기간도 짧을 뿐만 아니라 취급이 용이한 장점이 있다. 따라서 주물의 제작 수량이 몇 십 개 정도로 비교적 사용 횟수가 적은 것에 적당하며 복잡한 주물의 모형으로 광범위하게 이용되고 있다. 가볍고 취급이 용이하여 특히 대형 주물의 조형 작업에 많이 사용되고 있으며, 이 경우 변형을 방지하기 위하여 형태에 따라 받침목을 설치해 주어야 한다.

목형용 목재에는 회나무, 삼나무, 벗나무, 마호가니, 티크, 계수나무, 종려나무 등이 있다. 마호가니와 티크 등 활엽수는 가공성이 나쁘지만 재질이 단단하고 내마성이 좋으므로 소형물 부품이나 부분적인 돌기 부분에 사용되고 있다. 반면 활엽수는 변형이 심한 단점이 있으므로 대형 제품용 목형으로는 사용되지 않는다.

목형용 목재로서 가장 많이 사용되는 침엽수는 부위에 따라 그림 2-33과 같이 분류할 수 있다. 그림에서 변재란 나무 껍질에 가까운 부분을 말하며 흰색 또는 연회색을 띠고 있는 것으로 수액의 유통과 양분을 저장하는 부위이다. 이 부분은 목형 재료로 사용하지 않는다.

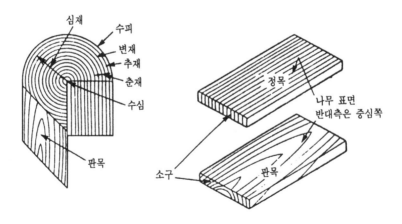

그림 2-33 침엽수의 단면도

정목은 나무를 나이테의 중심으로부터 방사선상으로 절단한 것으로 나이테가 평행선으로 나타나고, 판목은 나무 둘레의 나이테 접선 방향으로 절단한 것으로 나이테가 곡선으로 되어 있다. 목재의 변형과 어긋남 등은 판목에 많이 나타나므로 목형 재료로서는 정목이 좋다.

목재의 결함으로는 굴곡, 마디, 양질, 터짐 등이 있으며, 굴곡은 성장시 굽어진 곳으로 판목으로 절단하면 변형이 일어나 목형 재료로 부적합하다. 양질이란 햇빛을 한쪽에서만 받아 성장이 불균일한 부분을 말하는데, 이러한 양질과 마디는 사용 중에 변형이나 뒤틀림을 유발하므로 역시 목형 재료로 부적합하다. 또한 대부분의 목재는 흠이 있기 때문에 결국 목형 재료로 적합한 것은 40~60%에 불과하다. 목재를 이용한 성형은 다음과 같다.

① 벤딕스형 : 다이가 평형하지 않은 절삭날을 가지고 있으며, 타발시 스크랩을 처리할 수 있는 구조로 되어 있다. 펀치는 적층 강화목의 타발된 부분에 밀어 넣어 상형을 만들며, 이 펀치를 전극으로 활용하여 방전 가공에 의해 하형을 만든다. 따라서 피가공재를 타발할 때 클리어런스가 균일하게 되므로 잘 절단될 수 있다. 그림 2-34에 벤딕스형의 구조를 나타내었다.

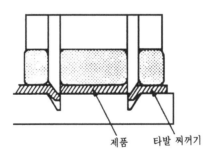

제품　타발 찌꺼기

그림 2-34 벤딕스형의 구조

② MVC형 : 목재를 금형 재료로 활용하는 것으로, 그림 2-35와 같이 C, C'부의 펀치, 대강을 사용하여 다이를 적층 강화목에 압입한 것이다. 이것은 펀치와 다이의 상대적 클리어런스가 불필요하며, 그 이유는 피가공재를 타발시 목재의 완충 작용으로 자연스럽게 클리어런스가 조절되기 때문이다. 그림에서 D, D'부는 타발된 제품을 취출하기 위한 스트리퍼로서 고무 등이 사용된다.

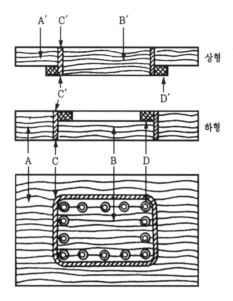

A,B : 적층 강화목   C : 펀치, 다이   D : 스트리퍼

그림 2-35 MVC형의 구조

MVC형의 장점은 다음과 같다.

㉮ 형 제작 비용이 적게 든다.

㉯ 숙련도가 크게 필요하지 않다.

㉰ 가볍고 취급이 용이하다.

MVC형을 사용하여 가공할 수 있는 재료 두께는 황동, 스테인리스강의 경우 1.6mm 정도이며, 연강판은 3.2mm, 하드보드 및 경질 고무는 6.4mm까지 가능하다.

③ 템플릿형 : 템플릿형은 MVC형과 마찬가지로 다이는 절삭날로서 대강을 이용하고 이 것을 적층 강화목에 묻어 넣어 형을 제작한다. 또한 펀치는 공구강을 사용하며 MVC 형과 동일한 장점을 가지고 있다. 템플릿형으로 가공할 수 있는 재료는 보편적으로 제약이 없고, 피가공물의 가공 정도도 일반적인 손다듬 금형과 동등한 수준이다. 이 종류의 형은 대형 부품용으로 적합하며 너무 소형물인 경우에는 큰 효과를 기대할 수 없다.

3.5 시멘트(cement)

시멘트란 물체와 물체를 붙이는 접착 물질로 정의되며, 독립 경화성을 가지고 있는 분말 및 액상의 유기물, 무기물의 모든 접착제를 말하고, 실용되는 시멘트는 석회를 주성분으로 함유하고 있다. 시멘트에는 포틀랜드 시멘트, 조강 시멘트, 고로 시멘트, 실리카 시멘트 등으로 구분된다.

① 포틀랜드 시멘트(portland cement)

보통 시멘트라고 불리우는 것으로 $CaO-SiO_2-Al_2O_3-Fe_2O_3$ 등 네 가지 화학 성분으로 되어 있으며, CaO 63~66%, SiO_2 21~23%, Al_2O_3 5~7%, Fe_2O_3 3~4%를 함유하고 있다. 특히 1824년 영국의 조셉 애스피딘이 오늘날의 포틀랜드 시멘트를 제조하였다. 일반적으로 원료 생산이 풍부하고 제조가 용이하며, 성형성이 우수하므로 가장 널리 사용되고 있다.

② 조강 시멘트(high early strength cement)

처음에는 고급 시멘트라 불리었으나 그 이후에는 단기 고강도 시멘트 등으로 불리고 있다. 이 시멘트는 포틀랜드 시멘트와 화학성분이 유사하고 제조방법도 유사하나 성분 조절로 28일까지 강도 증가가 많아 공사기일을 단축할 수 있는 장점이 있다.

③ 고로 시멘트(blast furnace cement)

포틀랜드 시멘트에 소량의 석고와 용광로에서 배출된 염기성 슬래그를 급냉시켜 39~40% 첨가한 것이며, 경화성은 느리나 황산염을 함유한 물에 저항성이 크기 때문에 바다 또는 지하수에서의 기초 공사용으로 많이 사용되고 있다.

④ 실리카 시멘트(silica cement)

포틀랜드 시멘트 클링커에 규산질 혼합제 20~25%와 소량의 석고를 배합한 것을 규산질 시멘트라 부르며 이것은 시멘트와 더불어 혼합 시멘트라 한다. 규산질 시멘트와 고로 시멘트는 내화학성과 내수성이 포틀랜드 시멘트보다도 우수하며 그밖에 CaO, Al_2O_3를 대략 같은 양으로 혼합한 알루미나 시멘트와 마그네시아를 주성분으로 한 마그네시아 시멘트 등이 있다.

표 2-30에는 시멘트의 종류별 강도를 나타내었다.

표 2-30 시멘트의 강도(MPa)

종류	압축 강도			굽힘 강도		
	3일	7일	28일	3일	7일	28일
보통 시멘트	3.5 이상	7.0 이상	15 이상	1 이상	2 이상	3 이상
조강 시멘트	8.0 이상	10 이상	25 이상	2 이상	3.5 이상	5.5 이상
고로 시멘트	3.5 이상	7.0 이상	15 이상	1 이상	2 이상	3 이상
실리카 시멘트	3.5 이상	7.0 이상	15 이상	1 이상	2 이상	3 이상

3.6 엔지니어링 세라믹

세라믹은 금속의 고도의 산화물로서 주성분은 장석이며 금속 재료에 비해 고온에서 강도를 유지하고, 부식 저항, 화학적 안전성, 전기 및 열의 절연성, 내마모성 등이 뛰어나 여러 산업 분야에서 사용량이 점차 증가하고 있다.

산업별 구체적인 적용 예를 표 2-31에 나타내었다.

표 2-31 산업 분야별 엔지니어링 세라믹의 사용 예

산업 분야	요구 특성	사용 예
유체 취급 분야 (침식성 유체의 운반 및 취급)	부식 저항, 침식성 마모 저항	유체관의 봉합용 실, 베어링, 분사 노즐, 밸브
광고업 분야	경도, 부식 저항 및 전기 절연성	파이프 라이닝, 사이클론 라이닝, 연마 기구, 펌프 부품, 절연재
선재 제조 분야 (내마모, 표면 조도 요구)	경도, 인성	신선용 금형 공구, 가이드, 롤, 다이스, 폴리 등
종이, 펄프 제조 분야	내마모성, 부식 저항	절단날, 사이징날 등
기계, 공구 분야 (기계 및 금형 부품)	경도, 저열 팽창	베어링, 부싱, 피팅, 압출, 성형, 다이스, 스핀들, 성형 롤
열공정 분야	열피로 저항, 부식 저항, 불변성	열방사 튜브, 열처리로 부품, 절연물, 열전대 튜브
내연 기관 부품 (엔진 부품 등)	고열 저항, 마모 저항, 부식 저항	밸브 가이드, 마찰면, 피스톤 캡, 베어링, 부싱 흡기 매니라이너 등
의료, 과학 기구	불활성	혈액 분리기, 수술 기구 등

1) 알루미나(aluminum oxide)

알루미나(Al_2O_3)을 주성분으로 하는 재료기호는 CA이며 경도가 높고 탁월한 내마모성, 내부식성, 낮은 전기 전도도 등의 특성과 경제적 생산으로 저가에 공급되는 이유로 가장 많이 사용하는 세라믹의 일종이다. 알루미나의 종류는 Al_2O_3의 성분비에 따라 85%에서 99%까지 특성별로 다양하다.

Al_2O_3 85%는 고경도 요구 부품에 사용되며 값이 저렴하다. Al_2O_3 90~97%는 전기 전도성이 낮기 때문에 전자 기판용 재료로 사용되며, 집적 회로(IC)의 금속 전도 통로와 세라믹 사이에 강한 결합을 이룬다. Al_2O_3 99%의 고순도 알루미나는 나트륨 기체 램프의 반투명 피복재로 사용되기도 한다. 조직은 순도가 높은 경우 등방성으로 되어 있으나 순도가 낮아지면 길쭉한 입계들의 복잡한 형상으로 되어 있다.

2) 질화규소(silicon nitride)

질화규소(Si_3N_4)를 주성분으로 하는 재료기호는 CN이고 규소와 질소의 결합으로 이루어지는 비산화물계 세라믹이며 분해 온도 1,880℃의 고내열과 고강도 재료이다. 열팽창률도 $3×10^{-6}$/℃로 아주 작으며, 열충격 저항과 산화 저항력이 커서 자동차 엔진 부품 분야에 적용 폭이 점차 넓어지고 있다. 고온 강도는 1,200℃에서 588~981MPa로 엔진의 피스톤, 피스톤 라이너, 터보 차지의 로터, 밸브류 등의 고온 구조 재료로 적합하며, 금속 가공의 절삭 공구로도 뛰어난 성능을 나타내고 있다.

3) 탄화붕소(boron carbide)

탄화붕소(B_4C)는 경도가 높고 밀도가 아주 작기 때문에 방탄 부품 등의 구조 재료로 사용된다. 탄화붕소는 제조시 2,000℃ 이상의 고온에서 성형되므로 열간 가압으로 성형 온도를 낮추었으나 복잡한 구조의 제품 성형에 제한이 있다.

4) 시알론(sialon)

시알론은 Si-Al-Oxy-Nitride의 두문어로서 주로 Al_2O_3나 AlN을 Si_3N_4와 반응시켜 제조한다. 시알론은 열팽창 계수가 $2×10^{-6}$/℃로 아주 작고, 산화 저항력이 커서 Si_3N_4와 유사한 자동차 엔진 부품 및 절삭 공구 용도로 사용된다.

5) 알루미늄 타이터네이트(aluminum titanate)

알루미늄 타이터네이트(Al_2TiO_5)는 구조가 육방정으로 되어 있어서 열팽창시 비등방성 팽창을 하므로, 열팽창 계수가 $2.6 \times 10^{-6}/℃$로 아주 작아 열충격 저항이 우수하다.

알루미늄 타이터네이트는 Al, Mg, Zn, Fe 등의 주조 분야에 래들 부품, 깔때기 등의 용도로 사용된다. 자동차 분야에서는 흡기 포트의 라이너, 흡기 매니폴드 재료로 사용된다.

6) 탄화규소(silicon carbide)

탄화규소(SiC)는 고온에서 분말 소결하여 제조한 것과 반응 융착으로 제조한 두 가지 형태가 있으며 경도가 매우 높고 열전도성이 뛰어나다. 또한 매우 큰 강도를 가지고 있으나 인성 면에서 다소 떨어진다. 탄화규소는 주로 마모나 부식의 문제가 있는 부위에 사용되며, 1,500℃의 고온 영역까지 경도 저하가 별로 없어서 가열 튜브, 열처리로 부품 등으로도 사용된다.

7) 지르코니아(zirconia)

순수 지르코니아(ZrO_2)는 압축된 세라믹체로 기존의 기술로는 만들 수 없다. 왜냐하면 지르코니아 제조시 정방형에서 단사정 결정으로 변태를 일으키며, 이 때 체적이 2~5% 팽창되므로 조직이 부서지기 때문이다. 따라서 정방형이나 입방정 구조로 안정화시키기 위해서 CaO, MgO, Y_2O_3, CeO_2 등을 첨가제로 넣어 주는데 이것을 CSZ(cubic-stabilized ZrO_2)라 한다. CSZ는 1,500℃의 고온 영역까지 경도 저하가 별로 없어서 유도 가열 기구, 열저항 재료, 산소 센서 장치물, 발열체와 배리스터 등의 전기 재료 등으로 사용된다.

8) 탄화티탄(titanium carbide)

탄화티탄(TiC)은 고경도의 세라믹으로 메탈과 접착하여 서멧으로 사용되며, 이 서멧은 세라믹과 초경 합금의 중간 정도의 공구 재료로 사용된다. 탄화티탄계 서멧은 내크레이터 마모성이 특히 우수하여 고속 절삭에 적합하며 표면 조도도 초경 공구의 가공면보다 우수하다. 알루미나계 공구는 강과 주철의 고속 절삭에 적합하나 강도와 열충격에 약하므로 Al_2O_3-TiC계 공구가 개발되었다. 이 외에도 탄화티탄은 내열용과 내식용 치공구, 다이스에 사용되며, 알루미나 공구의 한계를 넘어선 칠드 주철, 질화강, 내열강 등의 가공에 사용된다.

9) 인성 세라믹(toughened ceramics)

예전에는 세라믹이 아주 단단하고 전기 저항이 크며 탁월한 산화 저항이 특징인 데 반해 인성이 적어 구조 재료로서 한계가 있었다. 따라서 이들 특성과 더불어 인성을 갖춘 세라믹 화합물 등의 개발이 이루어졌는데 이를 인성 세라믹이라 한다.

ZTA(zirconia-toughened alumina)는 알루미나 기지에 지르코니아를 5~30% 분산 첨가한 인성 세라믹으로 강도가 크고 알루미나에 비해 인성이 우수하며 지르코니아의 함유량이 증가할수록 강도와 인성도 증가한다. ZTA는 절삭 공구, 열충격 부위 등에 사용된다.

TTZ(transformation toughened zirconia)는 CeO_2, Y_2O_3, CaO, MgO 등의 정방형 안정 원소들이 첨가된 인성 세라믹으로 인성이 뛰어나며, 제강 분야의 압출 노즐, 와이어 드로잉용 금형, 다이스 등에 사용된다.

Y-TZP(yttria-stabilized ZrO_2)는 조직이 미세한 고강도, 고인성의 인성 세라믹으로 비교적 저온인 1,400℃에서 소결하여 제조한다. 조직이 미세하기 때문에 탁월한 마모 저항을 나타내며, 절단용 가위, 절단 칼날 등에 사용된다.

10) 복합 세라믹(composite ceramics)

인성 세라믹을 고온에서 사용 제한을 개선한 세라믹으로 SiCw-강화 알루미나의 경우, 침상의 SiC와 등방정의 알루미나의 복합 결정으로 되어 있다. SiCw-강화 알루미나는 절삭 공구로 이미 사용되고 있으며, 알루미늄 캔 제조 분야에 공구 재료로 사용되고 있다.

3.7 초고경도 내마모 재료

초고경도 내마모 재료는 그림 2-36에서 나타낸 바와 같이 B-C-N-Si계 4원합금 상태도로부터 결합된 화합물이 주류를 이루고 있다. 초고경도 내마모 재료로서 상업화된 것으로는 입방정 질화붕소(CBN)와 합성 다이아몬드가 있다.

CBN과 합성 다이아몬드의 형성 과정은 연질의 HCP 조직이 고온과 고압에 의하여 경질의 정방 조직(cubic)으로 변화되는 과정을 통해서 제조되며, 저압하에서도 PVD나 PCVD

코팅에 의해 박막으로 제조되기도 한다.

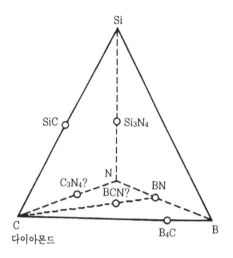

그림 2-36 초고경도 재료 B-C-N-Si 4원계 상태도

1) 다이아몬드의 특성

다이아몬드와 흑연의 결정 구조는 그림 2-37과 같다. 고온과 고압하에서 흑연은 모든 격자점이 탄소로 채워져 다이아몬드 조직이 되고 재료기호는 DP이며, 극소량의 B나 N가 탄소와 치환되어 채워질 수도 있다. 합성 다이아몬드는 금속이나 금속 탄화물, 개재물들을 함유하고 있으며 이것들은 침입형으로 개재되어 있는 경우가 많다. 합성 다이아몬드는 600℃ 정도의 저온과 저압하에서 다시 흑연으로 변화된다.

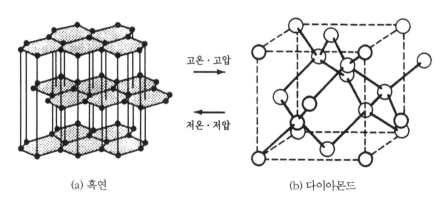

(a) 흑연   (b) 다이아몬드

그림 2-37 다이아몬드와 흑연의 탄소 배열 변화

합성 다이아몬드는 화학적으로 무기산에서 불화성이지만, 온도를 올리면 Fe, Ni, Co, W, Ti 등 탄화물 형성 원소와 서서히 반응하기 시작한다.

열전도도는 상온에서 Cu의 5배 이상으로 뛰어나며 전기 전도도는 금속상을 피복시키지 않는 한 절연체이다. 표 2-32에는 초고경도 물질들의 기계적 특성값을 나타내었다.

표 2-32 초고경도 재료들의 기계적 성질

재질	밀도 (g/cm^3)	경도 (HK)	압축 강도 (10^6 psi)	열팽창 계수 (1×10^{-6}/℃)	열전도도 (cal/s · m · ℃)
다이아몬드(C)	3.52	7,000~10,000	1.5	4.8	5.0
CBN	3.48	4,500	1	5.6	3.3
SiC	3.21	2,700	0.19	4.5	0.10
Al$_2$O$_3$	3.92	2,100	0.435	8.6	0.08
초경(WC-Co)	15.0	1,700	0.78	4.5	0.25

합성 다이아몬드는 실존 재료 중 가장 단단하나 충격에 약하며, 주요 파단면은 (111)면으로 균열이 발생한다.

합성 다이아몬드의 크기는 수 μm에서 1cm에 이르는 것들이 있으며, 공구 재료, 열안정 재료, 절단기 부품 등에 사용된다. 소결 다결정체 다이아몬드는 합성 다이아몬드를 모아 소결하여 만든 제품으로서 커팅 공구, 드릴, 마모 표면, 드로잉 다이스 등의 공구 재료로 사용된다.

합성 다이아몬드 단결정의 취성을 개선하기 위하여 다이아몬드 입자들을 등방성(다방향으로 분산)으로 소결한 것이며, 마모 저항과 취성 저항이 대단히 커서 드로잉 다이스의 경우 수명이 매우 길어진다. 소결 다이아몬드에는 초경(WC-Co)을 보조재로 융합시켜 기계적인 강도와 융착 편의성을 보완시킨 것과 공구에 삽입하여 사

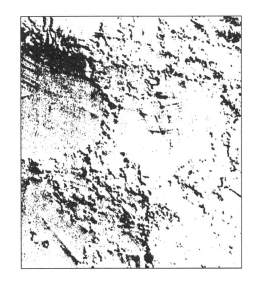

그림 2-38 소결 다이아몬드 첨가 재료 조직

용하는 것이 있다.

가공은 레이저 커팅, 전해 연마 등으로 완성시켜 사용한다. 또한 그림 2-38과 같이 다결정 다이아몬드를 결정 경계에 제2상으로 분산시켜 내마모성을 크게 개선한 공구 재료도 있다.

2) CBN의 특성

CBN의 재료기호는 BN이며 구조는 다이아몬드의 결정 구조와 유사하며 다이아몬드 결정 중의 탄소 위치에 붕소와 질소를 대체하여 넣은 것으로 생각하면 된다.

CBN은 온도와 압력의 변화에 따라 육방정의 HBN(hexagonal boron nitride)으로 상변화를 일으키며 호박색의 반도체 성질을 가지므로 P형 또는 N형으로 도포할 수 있다. CBN 역시 용제를 넣어 합성하여 주요 파단면은 (110)면이나 합성 다이아몬드에 비해 산화 및 상변화에 대한 저항이 커서 1,300~1,400℃까지 가열해도 상변화가 일어나지 않는다.

또한 CBN은 질화물, 붕화물의 형성 원소인 티탄(Ti), 탄탈(Ta), 지르코늄(Zr), 하프늄(Hf), 알루미늄(Al) 등과 반응성이 강하며 경도와 열전도성은 합성 다이아몬드의 1/2 정도 수준이다. 그림 2-39는 소결 다결정 CBN 조직을 나타내었다.

소결 다결정 CBN은 액상 소결 공정을 통하여 제조되며 조직적으로는 금속상과 CBN상을 가지고 있다. 소결 다결정 CBN은 전성과 연성이 소결 다이아몬드보다 크지만 크기와 형상은 유사하다.

그림 2-39 소결 다결정 CBN 조직

3) 다이아몬드와 CBN의 용도

초고경도 내마모 재료로서 다결정 다이아몬드(PCD)와 다결정 입방 질화붕소(PCBN)의 소결 공구 재료는 형상과 크기, 배합비 등에 따라 다양하다. 이들은 절삭, 드릴링, 드레싱, 마모 표면 용도로 사용되고 있으며 초경에 부착하여 사용하는 경우도 있다.

PCD의 경우, 비금속이나 비철 재료의 가공에 유용하며 표 2-33에 사용 예를 나타내었다. 일반적으로 입도가 작을수록 가공면이 매끄럽고 입도가 큰 것은 알루미늄 합금이나 큰 하중 작업시에 사용한다.

PCBN의 경우, 철, 강, 코발트나 니켈 기지 합금의 가공에 유용하며 실제 적용 예를 표 2-34에 나타내었다. PCBN은 HRC 35~45 이하의 합금이나 강의 가공용으로는 부적합하여 형상과 크기는 PCD와 유사하다. 날카로운 코너 형상은 가공 하중과 응력을 집중시켜 파손의 원인이 되므로 주의해야 한다.

표 2-33 PCD의 적용 분야

구분	적용 분야
비철 금속	Si계 Al 합금 Cu 합금 W 합금
비철 분야	파이버 판재 파이버 보드
복합 재료	에폭시 흑연 탄소 섬유 유리 섬유질 플라스틱
세라믹	세라믹

표 2-34 PCBN의 적용 분야

구분	적용 분야
고경도 주철	Ni : 강화 주철, 합금 주철, 칠드 주철, 구상 흑연 주철
연성 주철	회주철
분말 야금	분말 야금 제품
열처리강	공구강, 금형강, 합금강, 베어링강
슈퍼 합금	인터넬 600 · 718 · G01, 스텔라이트

3.8 서멧(cermets)

서멧이란 금속(또는 합금)과 한 가지 이상의 세라믹을 결합시킨 신소재로서, 균열이 발생될 경우 서멧 중의 금속상의 균열 에너지를 흡수하여 소성 변형하므로 세라믹에 비해 인성을 증대시킨 기능 재료이다. 서멧 중의 세라믹 두께는 용도에 따라 $50\sim100\mu m$까지도 가능하다.

2차 대전 이후 초경 합금이 주류를 이루던 것이 서멧의 개발과 더불어 탄화물계와 질화물계 서멧으로 점차 옮겨가고 있다. 서멧의 용도는 공구 재료로서 탁월한 성능을 가지고 있으며, TiC, TiCN 기지의 공구나 각양 세라믹 기지의 공구들은 각각 고유한 특성을 가지고 있다. 이들은 열간 가공 공구, 샤프트 실, 밸브 부품, 내마모 부품, 로켓 엔진 부품, 노즐 부품 등의 고열 부품으로 상품화되어 있다.

TiC 및 TiCN의 크레이터 마모에 대한 특성은 기존의 초경(WC-Co)보다 우수한 것으로 나타났으며, 세라믹 공구에 비해 절삭량이 많고 고속으로 가공이 가능하며 수명도 길다.

1) 산화물계 서멧

① 산화규소계 서멧(silicon oxide cermets) : 주성분은 SiO_2이며 소량의 Al_2O_3가 첨가될 때도 있다. 금속 기지는 황동이나 청동 조성으로 소량의 철분이 함유된다. 흑연의 분산 분포로 윤활성을 부여했으며 산업 기계용 클러치, 고하중 브레이크 등의 부품과 항공기용 마모와 마찰 부품에 사용된다.

② 알루미나계 서멧(aluminum oxide cermets) : 주성분은 Al_2O_3이며 금속은 바인더로서 기여한다. 매우 미세한 알루미나를 니켈 분말과 혼합하여 제조하며, 금속 바인더의 양이 적으므로 가압 프레스 후 서멧은 취성이 매우 강하다. 알루미나계 서멧은 고속 경하중의 절삭 공구로 사용되며, 고온 및 열저항 재료로서 노부품, 제트 화염 홀더 등으로 사용된다. 또한 Cr을 70% 정도 첨가시킨 알루미나계 서멧은 열전대용 튜브로 사용되고 있으며 Al_2O_3-TiC계 서멧은 열간 가공 공구로 적합하다.

③ 지르코늄계 서멧(zirconium oxide cermets) : 주성분은 ZrO_2이며 5~10%의 Ti을 첨가하면 열충격에 강한 서멧이 된다. 이 서멧은 용해 및 금속 반응로의 도가니에 적합하다. 또한 Mo을 50% 첨가시키면 부식 저항이 탁월해지고 고온 강도, 열 충격 저항이 커져 비철 금속 성형용 압출 다이스 재료로 사용된다. 60% 이상의 지르코늄 산화물이 첨가된 서멧은 내마모 부품으로 적합하다.

④ 마그네슘계 서멧(magnesium oxide cermets) : 주성분은 MgO이며 금속 기지로 Cr을 첨가할 때 금속과 세라믹 사이에 MgO-Cr_2O_3라는 중간상이 나타난다. 이 서멧은 인성이 좋으나 알루미나계 서멧에 비해 성능이 떨어지는 특징이 있다.

⑤ 기타 산화물 기지 서멧 : UO_2(산화우라늄), ThO_2(산화토륨) 등의 서멧이 있으며 핵반응 기구 중 핵분열 기구의 부품으로 사용된다.

2) 탄화물계 서멧

① 니켈 접합 탄화티탄계 서멧(nikel bonded titanium carbide cermets) : 주성분은 TiC

이며 강도가 높고, 특히 온도 상승에 따른 산화 저항이 우수하며 기계적이나 열적 충격에 강하여 항공기용 엔진 부품에 사용된다. 금속 기지로는 Ni-Mo, Ni-Mo-Al, Ni-Cr 등이 30~72%까지 첨가된다. 고온에서의 산화 저항이 WC-60(초경)보다 우수하므로 베어링, 실, 마찰 및 마모 부품으로도 사용된다.

② 철강 접합 탄화티탄계 서멧(steel bonded titanium carbide cermets) : 주성분은 TiC이고 접합 금속으로 다양한 강(steel)을 첨가하였으며 인성과 윤활성 면에서 초경보다 우월하다.

특히 내마모성이 뛰어나 일반적인 내마모용 공구강들이 TiC계 서멧으로 대체되고 있다. 철강 접합 탄화티탄계 서멧은 열처리가 가능하여 풀림 상태에서는 일반 절삭 가공이 가능하며 열처리에 의하여 다시 강화된다.

그림 2-40은 철강 탄화티탄계 서멧의 조직을 나타낸 것이다. 탄화물들이 둥그런 원형으로 되어 있어 타 붙는 것을 방지하므로 윤활성이 우수하다. 철강 접합 티탄계 서멧의 용도는 메탈 스태핑, 메탈 펀칭 기구, 게이지 성형 다이

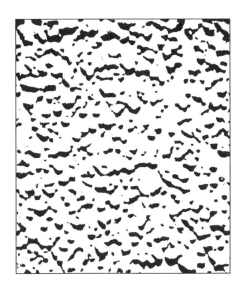

그림 2-40 TiC계 서멧의 조직

스류, 드로잉 다이스, 가이드 롤, 압출용 배럴 라이너, 플라스틱 성형 금형, 종이 천공 펀치 스크루 부품, 맨드렐, 나이프, 냉간 압조 다이스, 열간 압조 다이스, 섬유 성형 롤, 사이징 다이스, 냉각 피스톤 등 다양한 금형 재료로 사용되고 있다.

3) TiCN 서멧

TiCN 서멧(titanium carbonitride cermets)은 탄화티탄(TiC)계 서멧보다 인성과 열 충격 저항이 우수하며 1976년 미국에서 특허 등록된 이래 탄소강, 합금강, 스테인리스강 등의 고속 가공용 공구 재료로 사용된다. 크레이터성 마멸이 적어 가공면의 조도가 탁월한 것

도 TiCN 서멧의 특성이다.

4) 철강 접합 탄화텅스텐 서멧

철강 접합 탄화텅스텐 서멧(steel bonded tungsten carbide cermets)은 TiC 서멧의 인성을 증대시키기 위하여 개발된 것이다. TiC보다 WC은 철계 원소에 잘 고용되므로 충격에 대한 인성이 우월하다. 따라서 냉간 업셋이나 냉간 압출, 하중 펀칭, 냉간 단조, 볼 헤딩 등의 공구 재료로 사용되며 가공은 TiC 서멧과 유사하다.

5) 붕화물계 서멧(boride cermets)

붕화물계 서멧은 TiC계 등에 비해 극도의 열저항과 부식 저항이 요구되는 부위에 사용되는 서멧으로 붕화물들은 용융점이 높다. MoB의 경우 TiC에 비해 1,100℃ 이상의 고온에서도 산화 저항이 크다. 특히 반응에 의하여 발생된 뜨거운 가스와 용탕이 맞닿는 부위에는 ZrB_2, TiB_2 등이 사용된다. SiC를 15%까지 첨가한 ZrB_2 서멧은 1,900∼2,500℃까지 산화되며 압출 다이스, 열간 구리용 다이스, 캔 제조 분야의 공구 등에 사용되고 있다.

6) 기타 서멧

기타 서멧으로 흑연 또는 다이아몬드 함유 서멧이 있다. 흑연 함유 서멧으로서 브레이크라이닝 또는 클러치 부품용의 경우는 금속을 함유하여 열전도성을 향상시키므로, 에너지를 빨리 흡수하여 마찰이나 열적 환경에서 우수한 성능을 나타낸다.

다이아몬드를 함유한 서멧은 금속 기지에 다이아몬드 분말을 분포시켜 그라인딩, 래핑, 절단, 드레싱 등의 공구로 사용된다. 다이아몬드의 규격은 공구의 효율에 크게 영향을 미치며 입자가 미세할수록 가공 속도는 느리다.

초경(WC−Co)과 혼합한 다이아몬드 서멧은 단단한 금속 공구의 마찰 표면에 사용되며, 이 경우 12∼16% 다이아몬드 분말과 Co를 13% 함유한 초경의 조성으로 되어 있다.

금속 기지 원소로는 Cu, Fe, Ni, Mo, W 등이 사용되며, 이들은 석출 경화에 의하여 조직을 강화시키는 구조를 가지고 있다.

3.9 복합재료

기술혁신의 물결과 더불어 복합재료의 활용이 모든 분야에서 눈부신 발전과 개량에 대한 많은 연구가 진행되고 있다. 그러나 단일재는 개발에 한계가 있어 아무리 좋은 재료라 할지라도 내열성, 내산성, 고경도성 등 모든 면에 양재가 될 수 없는 것이다.

복합재료를 정의하면 여러 가지 재료를 조합하여 필요한 방향에 요구되는 특성을 가지도록 설계하여 만든 재료이다. 합금류는 미시적으로는 복합재료라 할 수 있지만, 거시적으로 보면 균질하므로 통상 복합재료라 하지 않는다. 복합재료는 인류가 언제부터 사용하여 왔는지 그 연대가 확실하지 않지만 이스라엘 사람들은 진흙벽돌의 강도를 높이기 위하여 진흙에 짚을 섞어 사용하였으며, 우리나라 신라 가야 시대에 강철과 연철을 접합시켜 칼, 대패, 끌, 장도, 방패 등을 만든 것도 복합재료이다.

Ag와 Cu의 접합재는 200년 전에 중공 용기와 보석 제작에 사용되었으며, Ag의 클래드(clad) 접합재는 1920년경에 전기 접점 재료에 이용되었고, 구리와 인바를 접합시킨 자동 온도 조절장치의 바이메탈이 개발되었다.

복합재료는 1960년 이후 플라스틱계의 복합재와 금속 접합계의 복합재들이 개발되어 항공기, 우주 개발, 기계 구조물, 군사 장비, 가정용품 등에 많이 사용되고 있다.

1) 복합재료의 분류

복합재료란 개개의 우수한 재료를 선택 조합하여 만들어진 종합적인 재료기술의 결정체로서, 단독으로는 갖고 있지 않은 우수한 성질이 있는 재료를 말한다. 일반적으로 거시적인 불균일한 구조를 갖는 재료로 구성한다.

최근 공업 기술의 발전과 더불어 복합재는 다양한 제조법과 용도를 갖고 있으나 주로 입자 또는 섬유로 된 강화 복합재료가 중점 대상이 되어 있으며, 복합재의 재질은 모재와 분산재료로 구성되고 분산재의 형태에는 입자, 섬유, 플레이크(flake) 등이 있다.

복합재료를 분산재의 형태에 따라 분류하면 다음과 같다.

① 분산강화 복합재료(dispersion strengthened composite)

② 입자강화 복합재료(partical reinforced composite)

③ 섬유강화 복합재료(fiber reinforced composite)

그리고 섬유강화 매트릭스에 의해 분류하면 다음과 같다.

① 섬유강화 플라스틱(fiber reinforced plastic : FRP)

② 섬유강화 고무(fiber reinforced rubber : FRR)

③ 섬유강화 금속(fiber reinforced metal : FRM)

④ 섬유강화 세라믹(fiber reinforced metal ceramic : FRC)

표 2-35는 복합재료 소재의 조합에 따른 분류를 나타낸 것이다.

표 2-35 복합재료 소재의 조합에 따른 분류

연속상(matrix) 분산상(filler)	유기 재료 (플라스틱, 고무, 목재 등)	무기 재료	금속 재료
유기 재료 (섬유, 고무, 플라스틱, 펄프, 목재 칩 등)	FRP [FRTP(열가소성수지＋섬유) / FRTS(열경화성수지＋섬유)] WP(목재＋플라스틱) 복합막	세라믹스–플라스틱 복합체 세라믹스–플라스틱 적층판 폴리머–혼합 시멘트, 석고, 섬유혼합 시멘트	금속–플라스틱 적층판
탄소 재료 (카본 블랙, 흑연입자, 탄소섬유 등)	CFRP(플라스틱＋탄소 섬유) 도전성 고무(고무＋탄소분)	세라믹스–탄소복합 전극재료 탄소섬유강화탄소, 탄소섬유 혼합 시멘트	탄소피막 금속재료
유리 (유리섬유, 유리입자)	GFRP(플라스틱＋유리섬유) 입자충전 플라스틱	유리섬유 혼합 시멘트, 석고	금속–유리 적층판
무기 재료 (미립자, 세라믹 섬유, 세라믹 위스커)	플라스틱–세라믹 복합체 입자충전 플라스틱 폴리머–담체 무기촉매	질화규소 위스커–강화 세라믹스 지르코니아 섬유강화 세라믹스	세라믹 피복 금속 CFRM(금속＋세라믹 섬유) 입자분산 강화 합금(Al_2O_3 소결금속, ThO_2 분산 Ni 등)
금속 재료 (금속섬유, 금속 위스커, 금속판)	MFRP(플라스틱＋금속섬유) 도전성 고무, 접착재(플라스틱＋금속분) 플라스틱–금속 적층판	MFRC(세라믹스＋금속섬유) 세라믹담체 금속 촉매	

비고 : FR : fiber reinforced, P : plastics, TP : thermoplastics, TS : thermosetting plastics, WPC : wood-plastics compostic, C : carbon or ceramics, M : metal

2) 복합재료의 용도

(1) 섬유강화 플라스틱

섬유강화 플라스틱은 우수한 경량 강도 재료로 잘 알려져 있으며 강화 섬유로서는 일반적으로 유리섬유가 많이 사용되고 있으나, 이 외에도 비강성이 높아 주목되고 있는 탄소 섬유 및 붕소 섬유, 케블라 섬유 등이 있다. 강화 섬유는 비강도 및 비강성이 강에 비해 크다.

플라스틱은 금속에 비하여 가볍고 내식성이 우수하나 구조용 재료로서는 강도와 탄성 계수가 작고 열팽창 계수가 크다는 등의 결점이 있고, 기계적 성질이 우수한 플라스틱은 값이 비싸므로 그 용도가 제한되고 있다. 그러므로 구조용 재료로 위와 같은 단점을 다른 재료로 보충하기 위한 각종 강화 플라스틱이 사용된다. 섬유강화 플라스틱 구조용 재료에서 가장 중요한 것은 유리섬유로 강화한 플라스틱이며 주로 성형품으로 사용된다. 이것 외에도 적층 재료 및 샌드위치 구조 등에 쓰인다.

① 유리섬유 강화 플라스틱(FRP)

유리섬유는 지름이 작아지면 단면당 인장 강도가 커지고, 지름이 5~8μm인 유리섬유의 인장 강도는 980~2,940MPa이다. 플라스틱 보강재에는 유리 이외의 여러 가지 비금속 섬유와 금속 섬유가 쓰인다.

그림 2-41은 유리섬유 제조공정을 나타낸 것이다.

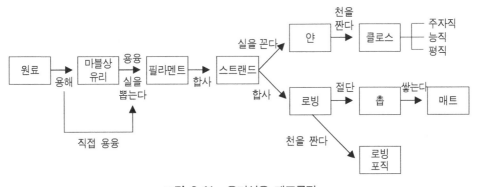

그림 2-41 유리섬유 제조공정

유리섬유는 원료를 용해하여서 마블 형상 덩어리를 만들어 이것에 통전 가열한 백금 포트로 재용융하며, 작은 구멍이 보통 204개이고 400개 이상의 것도 있으나 이 구멍을 통해서 실을 뽑는다. 이와 같이 만든 필라멘트를 합사하여 드럼에 감는다. 이 합사한 것을 스트랜드(strand)라고 하며, 스트랜드를 몇 개 합사한 얀(yarn)을 직조한 것을 클로스(cloth)라고 한다.

이것은 여러 가지로 직조할 수 있고, 스트랜드를 꼬지 않고 수십 개를 합친 것을 로빙(roving)이라고 한다.

② 플라스틱 적층판

플라스틱을 삼투한 판을 중첩시키고 가열 압착한 것으로서 목재를 기판으로 하여 베니어판 형상으로 적층한 것과 금속판을 기판으로 한 적층판이 구조용 재료에 사용된다.

면포 적층재는 기어 재료 등에 사용되며, 화장판에는 멜라민 수지의 축합물을 삼투시킨 종이를 압축한 것이라든가 폴리에스테르 수지를 이용한 것 등이 있다. 그리고 금속을 기판으로 한 적층재에는 염화비닐 금속판 등이 있다.

(2) 세라믹 복합재료

복합재료 중에서 금속 재료, 무기 재료, 유기 재료 등을 포함한 것을 볼 수 있으며, 일반적으로 세라믹 재료는 고강도, 고강성, 내열성, 불활성, 저밀도 등의 매우 유용한 특성이 있다. 그러나 인성이 없는 것이 큰 문제점이다. 따라서 표면이나 내부에 결함이 있으면 급속한 파단이 이루어지는 경향이 있고, 제조 중이나 사용 중에 발생하는 열충격이나 손상에 매우 민감하다.

세라믹 재료 내의 섬유 강화는 강화 섬유 간의 상호작용 등에 의하여 재료의 급속한 파단없이 고온 강도와 탄성 저항성을 향상시킬 수 있다. 이러한 원인은 세라믹기 복합재료와 타종의 복합재료와의 기본적인 차이점이 된다.

(3) 고분자 기지 복합재료

고분자 기지 복합재료는 고기능, 고성능 특성이 요구되는 분야에 주로 이용되고 있으며, 비교적 광범위하게 유리섬유 강화 고분자 복합재료가 사용된다.

유리섬유 강화 고분자는 스포츠 제품에서 만간 제품, 항공에 이르기까지 광범위한 여러 방면의 산업에 사용된다. 화학 산업에서의 탱크와 용기뿐만 아니라 송유관 등은 주로 유리섬유 강화 폴리에스테르 수지로 만들어진다.

케블라 섬유는 민간항공기의 저장관과 바닥에 사용된다. 또 다른 항공기의 적용은 문, 유선형 동체 구조, 그리고 레이돔이 포함된다. 또한 케블라는 헬리콥터와 경비행기의 가벼운 하중의 베어링 구성 요소에 사용된다. 유리섬유 강화 고분자가 적용되는 많은 응용 분야에서는 케블라 섬유가 큰 어려움 없이 유리를 대체할 수 있다.

04 기타 재료

4.1 반도체 재료

도체와 절연체의 중간 정도의 도전율을 가진 물질들을 반도체(semiconductor)라고 부른다.

반도체는 불순물의 종류에 따라 반도체 성질로 구분하면 음전하 운반자에 의한 n형과 양전하 운반자에 의한 p형으로 나눈다. 중요한 반도체는 주기율의 4족에 해당하는 원소로 이루어져 있으며, 화합물 반도체들은 주기율표에서 4족 근처의 원소들의 조합으로 이루어진 세라믹스 성질의 화합물이다.

상온에서 절연체와 도체의 도전율 관계는 그림 2-42와 같이 분류할 수 있으나 그 경계는 분명히 정할 수 없고, 대략 도체는 $10^{-4}\,\Omega m$, 반도체는 $10^{-4} \sim 10^{8}\,\Omega m$, 절연체는 $10^{8} \sim$

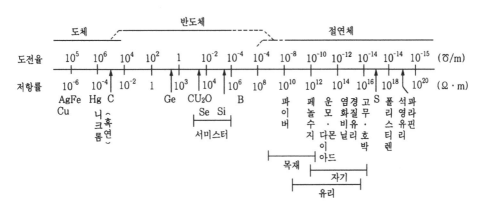

그림 2-42 상온에서 도체와 절연체의 도전율 관계

$10^{16}\,\Omega\mathrm{m}$ 정도의 저항률을 갖는다.

반도체는 자유 전자의 수가 적은 재료로서 일반적으로 전기 저항은 저온에서 온도가 상승함에 따라 그림 2-43과 같이 감소한다. 즉, 부(−)의 온도 계수를 가지며 전압−전류 특성 곡선에 비직선이고, 극히 소량의 불순물을 첨가하면 저항률이 크게 변화하여 도전율이 증가되며 금속에 비해서 광전 효과와 홀 효과가 뚜렷하다.

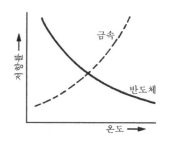

그림 2-43 반도체의 저항과 온도관계

그림 2-44의 (a)와 같이 공유 결합을 하고 있으며 일반적으로 반도체의 금지대 폭은 좁으므로 온도가 상승하면 열에너지를 받아 전자의 운동에너지가 커진다. 이 전도 전자와 정공이 충분히 낮은 온도($0°K$)에서는 절연물과 마찬가지로 생성되지 않는다. 그러므로 온도가 증가하면 격자의 열진동으로 인하여 원자핵과 최외곽 전자와의 결합은 끊어지고, 전자는 (b)와 같이 원자핵으로부터 이탈하여 물질 내부를 떠도는 자유 전자가 된다.

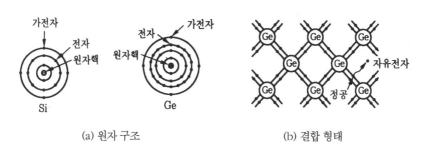

(a) 원자 구조   (b) 결합 형태

그림 2-44 Ge, Si의 원자 구조 및 결합 상태

1) 반도체의 종류와 분류

반도체 재료의 종류는 대단히 많으나 크게 분류하면 무기 재료 반도체와 유기 재료 반도체로 나눌 수 있으며, 무기 재료 반도체는 원소 반도체와 화합물 반도체로 분류된다. 원소 반도체 중에는 대표적으로 게르마늄(Ge), 규소(Si), 텔루륨(Te), 셀레늄(Se) 등이 있으며, 화합물 반도체의 중요한 것은 Ⅲ−Ⅴ족간 화합물(GaAs, GaP, InAs, InSb)과 Ⅱ−Ⅳ족간 화합물(ZnS, Cd) 이외에도 Ⅳ−Ⅵ족간 화합물(PbO, PbS) 및 Ⅴ−Ⅵ족간 화합물($\mathrm{Bi_2}$,

Sb_2, S_2, Te_3) 등이 있다. 표 2-36은 현재 사용되고 있는 반도체 재료의 분류를 나타낸 것이다.

표 2-36 반도체 재료의 분류

분 류		대 표 예
능동 소자 재료	다이오드 재료	Si, Ge, Se, GaAs
	트랜지스터 재료	Si, Ge
	사이리스터 재료	Si
	IC 재료	Si
광전 변환 재료	광전 셀, 광전자 재료	Si, Ge, GaAs, Se, CdS
	광도전 재료	CdS, Sb_2S_3, PbO, Se, ZnO
	형광 재료	ZnS, ZnO, (Zn, Cd)S, Zn_2SiO
	EL 재료	ZnS, ZnSe
	발광 다이오드 재료	GaAs, Gap, Ga(As, P), (Ga, Al)As
	레이저 재료	GaAs, PN 접합
열전 변환 재료	열전 발열 재료	PbTe, $MnSi_2$, In(As, P)
	열전 냉각 재료	Bi_2Te_3, (Bi, Sb)$_2$, Te_3, Bi_2(Te, Se)$_3$
	열전자 방출 재료	(Ba, Sr)O, ThO_2, LaB_6
	서미스터 재료	NiO, $CaTiO_3$, VO_2, $BaTiO_3$
	발열 재료	SiC
	열전 발전 재료	BiSb, ZnSb, Bi_2Te_3
자전 변환 재료	홀 소자 재료	InSb, InAs
	자기 저항 재료	InSb, InAs, Bi
압전 변환 재료	압전 변환 재료	Si, Ge, GaAs, GaSb
	압전 반도체 재료	CdS, ZnO, CdSe, $LiGaO_2$
기 타	배리스터 재료	SiC, PbO

(1) 원소 반도체

① 게르마늄(Ge)

반도체 공업에서 제일 먼저 개발되어 실용화되었는데 1886년 독일의 화학자 빈켈에 의해 아르기로다이트 광석에서 발견되었으며, 비중 5.46, 융해점 959℃, 용융점 958.5℃이고, 순수한 결정의 저항률도 상온에서 약 0.27Ω m로 비교적 크다.

Ge 결정에 Ga이나 As 같은 불순물을 첨가하면 저항률이 10^{-5}Ω m까지 내려가며,

청색을 띤 회백색의 금속성 물질로서 아연광이나 석탄가스의 폐액에서 얻을 수 있다. Ge은 반도체 재료로서 광전 변압기, 저주파 및 초고주파용의 트랜지스터에 사용된다.

② 셀레늄(Se)과 텔루륨(Te)

Se은 용융점이 220℃인데 이 온도에서 급냉시키면 흑색의 비정질 Se이 되나 서냉시키든지 융점보다 낮은 온도에서 열처리하면 육방정계의 결정이 된다. 에너지갭 Eg는 1.5eV 정도이며 Se 결정은 현저한 압전성을 나타낸다.

Te은 Se과 동일 결정으로 융점이 450℃이고, 에너지갭 Eg는 0.34eV이며 상온에서는 진성 반도체로 되고 저항률은 약 $10^{-2}\Omega$m이다. Te의 홀 계수는 온도에 따라 부호가 달라지며 순도가 높은 Te 단결정은 저온에서 P형 반도체로 나타나나, 진성 영역에서는 N형이 되며 220℃ 부근에서는 다시 P형으로 변한다.

③ 실리콘(Si)

Si는 돌이나 모래 등이 주성분으로서 지구상에 산소 다음으로 많은 원소로 Ge에 비해 원자의 크기가 작고 원자간 결합이 강하여 강도가 크다. 금지대 폭은 실온에서 1.11eV로 Ge에 비해 크며 실온에서의 저항도 $3 \times 10^2\Omega$m로 상당히 크지만, 융점이 1420℃로 높고 상온에서는 화학적으로 활성이기 때문에 Ge보다 정제가 곤란하며 늦게 개발되었다. Ge은 사용 온도가 80℃인 반면에 Si는 170℃ 정도로 내열성이 좋아 많이 사용되고 있으며, Si는 특히 일반 정류기, 태양전지, 마이크로 웨이브, 검파기, 가전제품 등에 많이 사용된다.

(2) 유기 반도체

생물체로 만들어지는 것을 유기 화합물이라 하며, 유기 화합물의 대다수는 전기 절연체이지만 특수한 유기 결정은 반도체의 성질을 띠고 있다. 유기 화합물의 대다수는 π 전자라고 불리는 가전자를 가지고 있으며 이것이 전기 전도에 기여한다. 분자량이 적은 나프탈렌, 피렌 등으로부터 분자량이 비교적 많은 비오란스렌, 이소비오란스렌 등이 π 전자를 가지고 있다. 사진 등 광도전 현상의 증감제로 사용하는 수가 많다.

(3) 화합물 반도체

2종 이상의 원소로 구성되어 있는 무기 반도체를 화합물 반도체라고 하며, 이는 GaAs, InSb, CdS, ZnS와 같이 비교적 간단한 2원 화합물, Bi_2Te_3, Sb_2S_3와 같이 약간 복잡한 것, Zn_2SiO_4, $LiGaO_2$와 같은 3원이나 그 이상의 복잡한 화합물 등 여러 가지가 있다. 구조가 복잡할수록 고순도의 결정을 얻기가 곤란하므로 보통 2원 화합물이 사용되고 있다. InSb 나 InAs는 전자 이동도가 대단히 커서 홀 소자나 자기저항 소자로서 많이 사용된다. 또한 GaAs는 금지대 폭이 적당하고 전자 이동도가 크며 캐리어의 수명도 길어 발광다이오드, 레이저 다이오드, 터널 다이오드 등에 널리 사용된다. CdS는 우수한 광도전성을 나타내며 광검출기, 광증폭기, 기타 광도전을 이용한 제어장치 등에 널리 쓰이고 ZnS는 가장 중요한 형광 재료이며 최근 증착박막으로 활용되고 있다.

(4) 비정질 반도체

원자 배열에 주기성이 없는 고체로서 반도체적인 성질을 나타내는 것을 총칭하여 비정질 반도체라고 한다. 이것은 서로 전자를 공유함으로써 S, P 궤도를 8개의 전자로 채운 폐각 구조로 강하게 공유 결합한다. α-Si는 저렴한 태양전지 재료로 주목되고 있으며, S, Se, Fe 등의 할로겐 원소를 주성분으로 하는 비정질 반도체는 적외선 광학유리로 쓰인다. 현재 비정질 반도체는 전자 사진 재료의 Se 분말, 광학유리 및 TV 카메라용 고체 현상 소자 재료로 쓰이고, 광메모리 재료로서도 응용 연구되고 있다.

2) 정제법

Ge을 함유하는 광석으로는 게르마나이트, 아르기로다이트, 레니리이트 등이 사용되며, 이 광석의 가루를 염소화하여 $GeCl_4$를 만들어 이를 증류해서 순도를 높게 하고 다시 가수 분해한 다음 GeO_2를 만든다. 고순도 산화게르마늄은 고순도의 수소 중에서 550℃로 1시간 정도 둔 다음 700℃로 2시간 정도 환원시킨다. 이것을 1,000℃로 녹여 99.99%의 고순도 재료를 얻을 수 있으나, 이 정도의 순도로는 반도체 소자를 만드는 데 사용할 수 없으므로 다시 물리적인 정제법을 사용하는데, 주로 편석 현상을 이용한 정제법이 이용된다.

실리콘은 게르마늄에 비해 약 1,420℃로 융점이 높고 또한 용융 상태에서 화학적으로 매우 활성이기 때문에, 실리콘을 얻기 위해서는 고도의 기술이 필요하다. 화학적으로 정제된 실리콘은 불순물의 농도가 높아 다시 물리적인 정제법으로 고순도의 반도체를 얻는데, 이 방법에는 주로 플로팅존법(floating zone method)이 이용된다.

4.2 분말 야금 합금

1) 분말 야금 공구강

(1) 제조 공정과 특성

분말 야금 공구강의 제조 공정은 애토마이징(atomizing)이란 공정을 통해 용탕을 물 또는 가스로 분무하여 미세한 입자를 만든 다음, 균일하게 섞어서 고온과 고압으로 열간 등방 압축(HIP) 성형, 압출, 단조 및 진공 압축 소결 등의 수단으로 완성된다.

물로 분사하여 수중에 냉각 성형한 분말과 가스로 분무하여 성형한 분말을 각각 워터 애토마이징, 가스 애토마이징 분말이라 하는데, 이들의 가장 두드러진 차이는 워터 애토마이징 분말의 경우 산화된 각진 입자들로 되어 냉간 가압 성형이 가능하지만, 가스 애토마이징 분말은 입자가 둥그런 형태로 되어 있어 압축 성형되기 전에 캡슐화되어야 한다는 점이다.

가장 많이 사용되는 방법은 가스 애토마이징 기법으로 분말을 만든 후 열간 등방 압축 성형을 한다. 이러한 방법에는 스웨덴의 ASP(anti-segregation process)와 미국의 CPM(crucible particle metallurgy) 등이 있다.

또한 워터 애토마이징 후 진공 소결로 복잡한 공구를 성형하거나 절삭 공구용 인서트를 제조하는 것으로는 영국의 Powdrex와 미국의 Fulden 공정 등이 개발되어 있다. 분말 야금 공구강은 일반 공구강에 비해 독특한 장점들을 가지고 있다. 기존의 일반 공구강은 제련 및 응고 특성상 잉곳 자체에 탄화물의 편석이 존재하고, 거칠고 불균일한 미세 조직으로 되어 있어 열처리 후에도 이러한 것들을 온전하게 해결할 수 없었다.

그러나 분말 야금 공구강은 탄화물과 비금속 개재물의 편석이 없고, 합금 첨가에도 일반 공구강에 비해 유연성이 있어 새로운 특징의 특수강들을 제조할 수 있다. 예로서 CPM Rex 20, CPM Rex 76, ASP 60과 같은 슈퍼 고속도강과 CPM 9V 등과 같은 고내마모 냉간 공구강을 들 수 있다. 분말 야금 공구강의 또 다른 특성은 유사 성분의 일반 공구강에 비해 가공성이 아주 좋다는 것이다.

(2) 분말 야금 공구강의 종류와 용도

분말 야금 공구강은 미국철강협회(AISI) 규격에 맞추어 개발되어져 왔으며 일반 공구강에 비해 인성과 가공성이 월등하게 개선되었다. 표 2-37은 분말 야금 공구강의 종류와 화학 성분을 나타내었다.

표 2-37 분말 야금 공구강의 종류와 화학 성분

명칭	AISI 규격	함유 원소(%)								경도 (HRC)
		C	Cr	W	Mo	V	Co	S	기타	
고속도 공구강										
ASP 23	M3	1.28	4.20	6.40	5.00	3.10	–	–	–	65~67
ASP 30	–	1.28	4.20	6.40	5.00	3.10	8.50	–	–	66~68
ASP 60	–	2.30	4.00	6.50	7.00	6.50	10.50	–	–	67~69
CPM Rex M2HCHS	M2	1.00	4.15	6.40	5.00	2.00	–	0.27	–	64~66
CPM Rex M3HCHS	M3	1.30	4.00	6.25	5.00	3.00	–	0.27	–	65~67
CPM Rex M4	M4	1.35	4.25	5.75	4.50	4.00	–	0.06	–	64~66
CPM Rex M4HS	M4	1.35	4.25	5.75	4.50	4.00	–	0.22	–	64~66
CPM Rex M35HCHS	M35	1.00	4.15	6.00	5.00	2.00	5.0	0.27	–	65~67
CPM Rex M42	M42	1.10	3.75	1.50	9.50	1.15	8.0	–	–	66~68
CPM Rex 45	–	1.30	4.00	6.25	5.00	3.00	8.25	0.03	–	66~68
CPM Rex 45HS	–	1.30	4.00	6.25	5.00	3.00	8.25	0.22	–	66~68
CPM Rex 20	M62	1.30	3.75	6.25	10.50	2.00	–	-	–	66~68
CPM Rex 25	M61	1.80	4.00	12.50	6.50	5.00	–	-	–	67~69
CPM Rex T15	T15	1.55	4.00	12.25	–	5.00	5.0	0.06	–	65~67
CPM Rex T15HS	T15	1.55	4.00	12.25	–	5.00	5.0	0.22	–	65~67
CPM Rex 76	M48	1.50	3.75	10.0	5.25	3.10	9.00	0.06	–	67~69
CPM Rex 76HS	M48	1.50	3.75	10.0	5.25	3.10	9.00	0.22	–	67~69
냉간 가공 공구강										
CPM 9V	–	1.78	5.25	–	1.30	9.00	–	0.03	–	53~55
CPM 10V	All	2.45	5.25	–	1.30	9.75	–	0.07	–	60~62
CPM 440V	–	2.15	17.50	–	0.50	5.75	–	–	–	57~59
Vanadis 4	–	1.50	8.00	–	1.50	4.00	–	–	–	59~63
열간 가공 공구강										
CPM H13	H13	0.40	5.00	–	1.30	1.05	–	–	–	42~48
CPM H19	H19	0.40	4.25	4.25	0.40	2.10	4.25	–	–	44~52
CPM H19V	–	0.80	4.25	4.25	0.40	4.00	4.25	–	–	44~56

또한 일반적인 방법으로 제조하기 어려운 공구강들도 분말 야금 제조 공정으로 쉽게 제조할 수 있게 되었다. CPM Rex20, CPM Rex76 ASP 60 등과 같은 종류는 기존의 제조 방법으로는 생산하기 어려웠다.

분말 야금 공구강은 그림 2-45와 같이 조직이 미세하다. 그 이유는 분말 탄화물 입자의 크기가 아주 미세하고 균일하게 분산되어 있기 때문이며, 대부분의 CPM 고속도 공구강은 탄화물의 크기가 3μm 미만인 데 비해 기존의 일반 공구강은 34μm까지 큰 탄화물을 함유하고 있다.

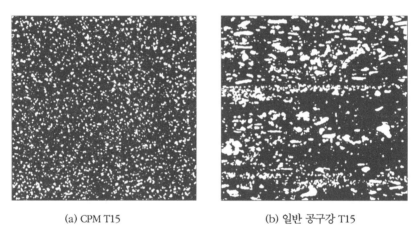

(a) CPM T15　　　　　　　　　　(b) 일반 공구강 T15

그림 2-45 CPM T15 분말 야금재와 일반 공구강 T15의 현미경 조직

분말 야금 공구강의 열처리는 종류별로 각각 다르나 일반 공구강에 비해 변형이 균일하고 균열이 거의 없다.

① 분말 야금 고속도 공구강 : 고속도 공구강의 성능은 사용중 내마모성, 온도 상승에 따른 경도 저하, 유무 및 인성 등을 들 수 있다. 내마모성은 탄화물의 분포에 의한 경도값에 크게 좌우된다. 분말 고속도강에는 합금 탄화물들이 여러 종류로 다량 함유되어 있으므로 일반 고속도강에 비해 경도가 뛰어나다. 온도 상승에 따른 경도 저하를 방지하기 위해서 분말 고속도강에는 V, Mo, Co 등의 2차 경화 탄화물들이 고루 분산 분포되어 있다. 인성 역시 균일하고 미세한 탄화물의 영향으로 일반 공구강에 비해 우수하다. 이와 같은 분말 고속도강은 밀링 공구, 브로치 공구, 구멍 가공용

공구, 기어 가공용 공구 등에 사용된다.

② 분말 야금 냉간 가공 공구강 : 냉간 가공용 분말 야금 공구강은 내마모성을 향상시키기 위하여 주로 V을 많이 함유하고 있으며 냉간 가공 공구강은 내마모성을 중요시하기 때문에 일반적으로 경도를 높여서 사용하는데, 이 때 인성이 떨어지는 경우가 있다. 그러나 분말 야금의 경우, 인성이 크게 향상되어 경도값을 비교적 높여 사용할 수 있기 때문에 내마모성도 탁월하다.

CPM 9V나 CPM 10V의 경우, 내마모성과 인성이 모두 우수하며 1,149℃로 가열 담금질 후 뜨임하면 HRC 58~60 정도의 경도값을 얻을 수 있고, 인성이 좀더 충분해야 할 경우에는 경도값을 HRC 46~55 사이로 관리하면 된다.

그림 2-46은 일반 공구강과 분말 야금 냉간 가공 공구강의 내마모성을 비교한 결과를 나타내었다. CPM 10V는 일반 고속도 공구강이나 합금 공구강과 비교할 때 최상의 내마모성을 나타낸다. CPM 10V의 적용 분야는 냉간 스탬핑 및 냉간 성형용 펀치, 다이스, 롤 가공용 롤, 기타 내마모 공구 용도로 사용되며 초경이나 페로틱에 비해 가격도 저렴하다.

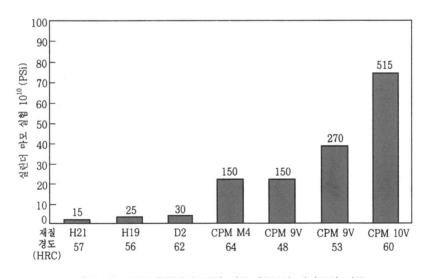

그림 2-46 일반 공구강과 분말 야금 CPM의 내마모성 비교

특히 초경이나 페로틱을 적용했을 때, 치핑이나 파쇄가 일어날 경우에 대체용 재료로 적합하다. 프로그레시브 스탬핑 가공시 비교값을 보면, 두께 0.3mm의 베릴륨 동을 가공할 때 STD11 공구강으로는 75,000개를 생산하는 데 비해 CPM Rex 4의 경우 200,000개, CPM 10V의 경우 1,500,000개까지 생산할 수 있다.

CPM 440V는 고바나듐 고크롬 분말 공구강이며 내마모성 및 내식성이 요구되는 부위에 사용된다.

③ 분말 야금 열간 가공 공구강 : 열간 가공 공구강의 경우 금형의 파쇄 현상이 편석이나 불균일한 조직으로 인하여 발생되는 경우가 많다. 따라서 선진국들은 편석이 적은 공구강을 만들기 위해 노력하였으며, 진공 탈가스, 일렉트로 슬래그 재용해 기법 등을 개발하여 공구강의 성능을 개선하였다.

분말 야금을 통한 공구강의 제조는 원천적으로 편석이 없는 제품을 제조할 수 있게 되었다. H13(STD61−KS 규격), H19 등은 성질이 균일하고 인성도 일반 공구강에 비해 우수하며, H19V는 내마모성을 특히 향상시키기 위하여 V을 많이 첨가시킨 강종이다.

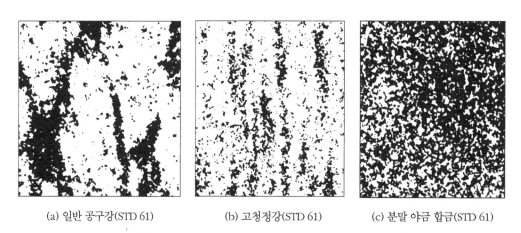

(a) 일반 공구강(STD 61)   (b) 고청정강(STD 61)   (c) 분말 야금 합금(STD 61)

그림 2-47 일반 공구강과 분말 공구강의 미세 조직 비교(×50)

그림 2-47은 기존의 일반적인 제강 조직과 진공 탈가스 및 일렉트로 슬래그 재용해 제강 조직, 분말 야금 공구강의 조직을 나타내고 있으며, 열처리 결과 경도값은 거의 유사하나 충격 강도 및 인장 강도가 상당히 뛰어나다.

열피로 시험 결과도 분말 야금 H13의 경우 열피로 균열이 기존의 공구강보다 약 50 % 늦게 발생되는 것으로 나타났다. 또 한 가지 분말 야금 공구강의 장점은 금형 제작시 거의 완성 형상에 가깝게 강재를 제조할 수 있다는 것으로 이를 통해 원재료를 절감할 수 있고 가공 공수도 줄일 수 있다.

2) 초경 합금(cemented carbide)

초경 합금이란 경도와 용융점이 매우 높은 합금이며, 주기율표상에서 제4, 5, 6족에 속하는 금속의 탄화물과 주로 Co의 접합으로 이루어진 소결한 복합 합금을 말한다. 초경 합금은 주로 절삭용 공구나 금형 다이의 재료로 쓰이며 처음 제조 이후 비디아(widia)란 명칭으로 시판되었고, 미국의 카블로이(carboloy), 일본의 탕칼로이(tangaloy) 등이 대표적인 제품이다. Co는 인성을 부여하고 가공을 가능하게 하는 중요한 역할을 한다. 고융점의 초경 탄화물은 1900년대 초반부터 알려져 왔지만, WC를 사용한 드로잉 공구가 처음 개발된 이래 오늘날에는 분말 야금이 발달되어 미세한 WC 분말을 Co와 혼합한 후 압축 성형하고, 이 성형체를 공정상의 Co-W-C 합금의 융점 이상 온도로 가열하여 완성한다.

대표적인 초경 합금의 종류는 WC-Co계, WC-TiC-Co계, WC-TiC-TaC(NbC)-Co계의 세 종류이며, 초경 합금 표면에 박막의 TiC이나 TiCN 등을 코팅하는 기술이 진보되어 성능이 더욱 향상되었다.

초경 합금이 사용되는 부분은 선반, 밀링, 드릴 등의 절삭 가공용 공구와 내마모성이 요구되는 소성 가공용의 인장, 압출, 타발, 프레스 등의 금형 공구와 내마모성과 내식성이 요구되는 기계 부품 등이다.

그림 2-48은 초경 합금의 제조 공정을 개략적으로 나타낸 것이다.

순수한 WC-Co 초경 합금은 칩이 짧은 주철과 비철 금속 재료를 절삭하는 데 적당하기 때문에 많이 사용되고 있으며, Co의 함유량이 증가할수록 인성은 증가하나 내마모성은 감소한다.

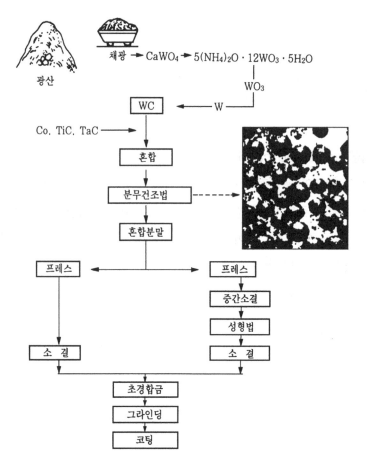

$채광 \rightarrow CaWO_4 \rightarrow 5(NH_4)_2O \cdot 12WO_3 \cdot 5H_2O$

광산

WO_3

WC ← W

Co, TiC, TaC →

혼합

분무건조법 - - - ->

혼합분말

프레스 ← → 프레스

중간소결

성형법

소 결   소 결

초경합금

그라인딩

코팅

그림 2-48 초경 합금의 제조 공정도

WC-Co 초경 합금은 칩이 긴 강재를 절삭할 때에는 공구날 윗부분에 크레이터 현상이 일어나는데, 이러한 현상은 칩과 용접성이 좋지 않은 TiC 등을 WC에 첨가함으로써 감소시킬 수 있다. TiC은 WC에 비해 경도가 높고 산화 저항이 크며 TaC도 WC에 첨가하면 TiC과 유사한 특성이 있고, TaC은 NbC으로 부분적으로 대치되어질 수도 있다. 일반적으로 강 절삭용 초경 합금은 WC에 TiC과 TaC을 첨가한 것들이 주류를 이룬다.

초경 합금의 특성은 다음과 같다.

① 고온 경도 및 강도가 양호하여 고온에서 변형이 적다.

② 경도가 높다(HRC 80 정도).

③ 내마모성과 압축 강도가 높다.

④ 사용 목적, 용도에 따라 재질의 종류 및 형상이 다양하다.

초경 합금은 대부분 WC을 주 탄화물로 하는 초경 합금이며, 이 중에서 50% 정도는 순 WC-Co계 초경 합금이다. TiC과 TaC이 첨가된 WC기 초경 합금은 일반적으로 요구하는 성질과 제작사에 따라 다소 차이가 있으나, TiC 2~25%와 TaC 5~10% 정도가 함유되어 있다.

비WC기 초경 합금은 2차대전 중 원료난에 자극을 받아 크게 개발되기 시작한 것으로, TiC-Mo$_2$C(VC, NbC 또는 TaC을 약간 첨가)와 TiC(C, N)-Mo-Ni계 등이 있다. 이것은 마모 작용이 큰 재료를 가공하는 데 사용된다.

부식 조건하에서는 크롬 탄화물(Cr$_3$C$_2$)로 된 초경 합금이 사용되며 필요한 경우에는 WC, TiC, TaC 등도 첨가하고 Ni이나 Cr-Ni 합금을 접합 금속으로 첨가한다. 이 종류의 초경 합금에는 Cr$_3$C$_2$ 83%-Cr 2%-Ni 15% 조성을 갖는 합금이 있다. 높은 온도에서 사용하는 도중 고온 산화가 문제될 경우에는 Ni 또는 Cr을 용접 금속으로 한 순TiC기 초경 합금이나, Cr$_3$C$_2$를 더 첨가하여 고온 강도를 개선한 Cr-Ni, Cr-Co-W 접합재 초경 합금이 사용된다.

표 2-38은 절삭용 초경질 공구 재료의 분류를 나타낸 것이다.

초경 합금의 성형에는 열간 등방 압축(hot isostatic pressing : HIP) 소결과 진공 소결이 있다. HIP 소결법은 높은 온도에서 등압축력이 작용하므로 분체가 충분히 소성 변형하여 조밀화가 완전히 이루어지기 때문에 기공이 없으며, 진공 소결법은 가스 분위기에서 소결하는 HIP 소결에 비해 복합 탄화물의 우수한 성질을 그대로 유지할 수 있고, 가격이 경제적이며 안정성도 확보되는 등의 장점을 가지고 있다.

표 2-38 절삭용 초경질 공구 재료의 분류 (KS B 3248)

대분류			사용 분류				절삭조건의 증감	재료특성의 증감
기호	피삭재 (대분류)	구분색	사용분류 기호	피삭재	절삭방식	작업조건		
P	철금속 (연속형 칩)	청색	P01	강, 주강	선삭, 보링	- 다듬질 작업을 할 때 - 고속 절삭, 절삭 면적이 작을 때 - 치수 정밀도 및 표면거칠기가 양호한 것을 원할 때 - 진동이 없는 작업을 요할 때	이송의 증가	인성의 증가
			P10	강, 주강	선삭, 밀링, 나사 절삭	- 고속 절삭일 때 - 절삭 면적이 작거나 중간 정도일 때		
			P20	강, 주강 가단주철	선삭, 밀링, 평삭, 모방가공	- 중속 절삭일 때 - 절삭 면적이 중간 정도 일 때 - 평삭의 경우는 절삭 면적이 작을 때		
			P30	강, 주강 가단주철	선삭, 밀링, 평삭	- 중·저속 절삭일 때 - 절삭 면적이 중간이거나 클 때 - 작업 조건이 열악할 때[1]		
			P40	강, 주강	선삭, 평삭, 슬로팅	- 저속 절삭일 때 - 열악한 조건하[1]에서 큰 경사각을 사용하여 절삭 면적이 큰 가공을 할 때 - 자동 기계에서 작업을 할 때		
			P50	강, 주강	선삭, 평삭, 슬로팅	- 난삭재를 가공할 필요가 있을 때 - 저속 절삭일 때 - 열악한 조건하[1]에서 큰 경사각을 사용하여 절삭 면적이 큰 가공을 할 때 - 자동 기계에서 작업을 할 때	절삭속도의 증가	내마모성의 증가
M	철금속 (연속형칩, 비연속형 칩) 비철금속	황색	M10	강, 주강, 망간강, 회주철, 합금주철	선삭	- 중속 또는 고속 절삭일 때 - 절삭 면적이 중간이거나 작을 때		
			M20	회주철, 강, 주강, 가단주철, 합금주철	선삭, 밀링	- 중속 절삭일 때 - 절삭 면적이 중간 정도일 때		
			M30	회주철, 강, 주강, 내열합금[2], 합금주철	선삭, 밀링, 평삭	- 중속 절삭일 때 - 절삭 면적이 크거나 중간 정도일 때		
			M40	연강, 경합금, 비철금속[3]	선삭, 분할 작업	- 자동 기계에서 작업을 할 때		
K	철금속 (비연속형 칩) 비철금속, 비금속	적색	K01	경질 회주철, 칠드 주철, (쇼어경도>85), 고실리콘 알루미늄[4], 열처리강, 프라스틱, 경질 보드지, 세라믹	선삭, 보링, 밀링, 스크래핑	-	이송의 증가	인성의 증가
			K10	회주철(>220HB), 석재, 가단주철, 열처리강, 실리콘 알루미늄, 동합금, 플라스틱, 유리, 경질고무, 자기류	선삭, 밀링, 드릴링, 보링, 브로칭, 스크래핑	-		
			K20	회주철(>220HB), 동 알루미늄, 황동, 복합재료[5]	선삭, 밀링, 보링, 평삭, 드릴링, 브로칭, 스크래핑	- 고인성의 경질 재료 가공	절삭속도의 증가	마멸저항의 증가
			K30	저경도 회주철, 저인장 강도 강압축 목재	선삭, 밀링, 평삭, 슬로팅	- 열악한 조건하[1]에서 큰 경사각을 사용하여 가공을 할 때		
			K40	연질 경질 목재, 비철 금속류	선삭, 평삭, 슬로팅	- 열악한 조건하[1]에서 큰 경사각을 사용하여 가공을 할 때		

주) [1] : 원소재나 부품이 가공하기 어려운 경우, 주물이나 단조 표면, 표면 경도의 변화가 심한 경우, 절삭 깊이가 변할 때, 단속 절삭일 때,
진동이 발생하는 경우
[2] : 내열강(STR 660 등), Ni 합금(NCF 등), Co 합금
[3] : 동 및 동합금, 알루미늄 및 알루미늄 합금 등
[4] : 알루미늄 합금 주물 9종(AC 9A와 AC 9B) 등
[5] : 섬유 강화 플라스틱 등

초경 합금은 일반 절삭 공구 외에도 내마모용까지 그 응용 분야가 광범위하다. 스탬핑, 프레스 및 냉간 단조 부품들은 대량 생산할 때 또는 냉간 압출시에 초경 합금 공구를 사용하므로 경제적인 생산을 할 수 있다. 또한 초경 합금은 표면을 매끄럽게 래핑하기가 쉬워서 PVD, CVD 등 기법으로 TiN, TiC, TiCN, Al$_2$O$_3$ 등을 코팅하여 탁월한 내마모 금형 공구로 사용되고 있다.

표 2-39는 피복 초경 합금의 코팅층과 특성 및 용도를 나타낸 것이다.

표 2-39 피복 초경 합금의 코팅층과 특성 및 용도

코팅층	특성	용도	
		절삭 조건	피삭재
알루미나층(외층) + TiC층(내층)	• 내마모성 및 내열성 우수 • 고온 경도 우수 • 주철 및 강 절삭에 양호	정삭, 일반 선삭 및 황삭(roughing) 절삭 속도(V) : 120~250m/min	주철 및 강
TiC층(외층) + Ti(CN) + TiC층(내층)	• 인성이 우수하므로 단속 절단시 유리 • 강 절삭에 양호	일반 선삭 및 황삭(roughing) 절삭 속도(V) : 120~200m/min	주철 및 강
알루미나층(외층) + TiC층(내층)	• 인성 및 내마모성 우수 • 주철 밀링 절삭에 양호	밀링 가공 절삭 속도(V) : 120~200m/min	주철

초경 절삭 공구의 내마모성과 인성을 향상시킨 코팅 인서트를 피복 초경 합금이라 하며, 코팅 인서트의 특징은 내마모성, 내크레이터성, 내산화성 등이 우수하고 피삭재와 고온 반응성이 낮다.

CHAPTER

03

신 소 재

Chapter 03 신소재

01 신소재의 정의

신소재는 종래부터 사용된 금속 중에서 특별히 고순도의 금속과 특수 목적 용도로 개발된 금속 및 최근의 과학 기술의 발전과 더불어 신시대의 요청으로 개발되고 공업적으로 생산된 새로운 금속을 말한다. 21세기의 고도화된 인간복지산업, 항공우주산업, 정보통신산업 등을 향한 기술 발전과 현대 정보산업 분야에서 볼 수 있듯이 신소재의 발달 및 활용이 기술 발전을 좌우하고, 기술의 보유는 곧 경제적인 부를 의미하므로 각국에서는 거의 정부적인 차원에서 신소재의 전략적인 중요성이 강조되고 있으며 개발 지원이 활발하다. 또한 신소재는 사용 특성상 소재 공급자, 가공업자 및 최종 소비자에 골고루 영향을 미치는 중간 제품의 성격으로 여러 산업 분야의 연계적 협동체제를 구축함으로써 관련 산업의 발전을 자극하여 고도화된 기술산업 분야의 확립에 의해 빠른 시일 내에 국제경쟁력을 제고시킬 수 있는 중요한 분야이다.

신금속 재료를 포함한 신소재가 갖는 공통적인 특성은 상품면, 수요면, 생산면에서 파악할 수 있으며 신소재의 특성은 다음과 같다.

1) 상품적 특성
① 고부가가치성 : 기존 소재보다 가공도가 높은 반면 원료 및 연료 코스트의 비중이 상대적으로 낮아 부가가치 부분이 크며 기존 소재보다 다른 가격 정책이 가능하다.

② 종류의 다양성 : 초미립자화, 고순도화, 비정질화 등 제조 공정의 다양화로 같은 소재에서도 다양한 신소재를 얻을 수 있다.

③ 사용상의 복합성 : 설계 단계부터 몇 개의 소재를 복합화하여 원하는 특성을 이끌어 낼 수 있다.

2) 수요 특성

① 시장의 소규모성 : 기능 재료로서 대량이 필요하지 않으므로 수요 물량이 대부분 매우 적다.

② 짧은 제품 수명 : 새로운 용도는 기술 진보와 함께 개량된 다른 신소재와의 경합으로 기존 소재보다 수명이 짧다.

3) 생산 특성

상품면, 시장면에서의 특성으로 생산 규모면에서 기존 소재 단일 제품의 대량 생산성과는 달리 다품종 소량 생산을 하고 있다.

02 신소재의 종류와 특성

2.1 초전도 재료

절대 온도 영도(0K=−273℃) 가까이의 극저온액에서 전기 저항이 제로(0)가 되는 금속 또는 화합물을 초전도 재료라 하며, 초전도 상태를 얻기 위해서는 온도 T, 자계 H, 그리고 전류 밀도 J가 각각 임계값인 T_C, H_C 및 J_C 이하이어야 한다. 그림 3-1에 나타낸 바와 같이 $T-H-J$ 공간좌표로 임계면이 형성되고, 그 안

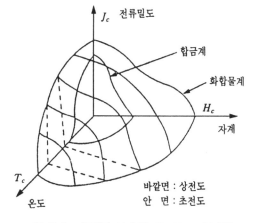

그림 3-1 초전도 상태의 $T-H-J$ 임계면

쪽면이 초전도 상태가 된다.

T_C가 높을수록 냉각이 쉽고 H_C와 J_C가 높을수록 강한 자계가 발생되어 기기를 소형화할 수 있으며 초전도를 이용하는 이점도 높다. H_C와 J_C는 주로 재료의 전자 구조 등과 같은 마이크로한 물성적 인자에 의해 결정되며, J_C는 재료 내의 석출 입자, 전위, 결정 입계 등의 조직에 의해 결정되므로 초전도의 임계값은 재료의 처리 조건에 많은 영향을 받는다.

화합물계 재료는 합금계 재료에 비해 우수한 특성을 보이고 있으나 경하고 취성이 크기 때문에 소성 가공하기 어려운 점이 문제이다. 현재 실용화를 위한 선재화 기술의 개발로 Nb_3Sn과 V_3Ga 화합물의 선재화에 성공하였다. 최근 세계 각국에서 세라믹스계 초전도체의 연구 개발로 큰 진전이 이루어져 Bi계, La계, Y계와 같이 많은 초전도체가 발견되어 이른바 고온 초전도체 경쟁시대에 이르게 되었다.

1) 초전도 재료의 종류 및 제조 방법

초전도체의 기본 요건은 3개의 임계값($T-H-J$)이 공간좌표의 안쪽에 있어야 하며 안정화 기술과 선재화를 위한 기계적 특성이 필요하다. 표 3-1은 실용 초전도 재료의 제조 방법을 표시한 것이다. 따라서 공업화된 제조 방법을 설명하면 다음과 같다.

표 3-1 실용 초전도 재료의 제조 방법

형태	초전도 재료	제조 방법		용도
다심선	NbTi	석출법	복합 가공법	강전적 대전류용 강자장용 전자석 송전용
	Nb₃Sn	확산법	표면 확산법	
			복합 가공법	
			In-Situ법	
	Nb₃Ga	화학적	CVD법	
		변태적	변태 석출법	
필 름	Pb	물리적	진공 증착법	약전적 저(미소)자 장용, 소자 디바이스용
			스퍼터링법	
	Nb	화학적	CVD법	
			플라스마 CVD법	

주 : □ 공업적 방법

(1) 복합 가공법

필라멘트상의 Nb_3Sn 초전도선을 만드는 방법으로 브론즈(Bronze)법이 제일 먼저 개발되었고, 그 뒤 각종 개량법이 개발되고 있다.

브론즈법은 청동과 니오븀의 복합선을 만들어 탄탈륨이나 니오븀 파이프에 넣고, 다시 안정화를 위해 바깥의 동파이프 속에 넣는다. 그 다음 니오븀의 직경이 수μm가 되도록 인발한다. 청동은 가공 경화가 일어나기 쉬우므로 가공 도중에 몇 차례의 풀림을 해야 하며 마지막으로 700~750℃ 정도에서 수십 시간 가열하여 청동 속의 주석과 니오븀의 확산 반응을 함으로써 니오븀 필라멘트 주위에 Nb_3Sn이 생긴다.

(2) 표면 확산법

표면 확산법은 Nb_3Sn과 V_3Ga의 화합물을 테이프상 선재로 제조하는 방법으로 Nb_3Sn의 경우, 두께 20μm, 폭 20mm 이내의 니오븀 테이프에 주석을 도금하거나 용융 Sn욕 중에 담궈 표면에 얇은 Sn을 부착시킨다. 이것을 800~850℃에서 열처리하면 확산 반응에 의해 표면에 Nb_3Sn층이 생긴다. 그리고 안정화 및 보강을 위해 동과 스테인리스강 테이프를 부착시킨다.

2) 응용 분야

초전도를 이용하여 강자계를 발생시킨 응용은 최초로 물성 연구용의 소형 초전도 마그넷이 만들어진 후, 1960년도에 시작되어 선재화 기술이 발달함에 따라 그 응용이 본격화되었다. 초전도의 응용 분야는 다음과 같다.

① 완전 전도성을 이용한 무손실 송전선, 전력의 비축을 가능하게 하는 초전도 에너지 저장 시스템, 고효율 발전 등의 전력 시스템 등에 응용할 수 있다.

② 강한 자장을 발생시키는 초전도 마그넷을 이용한 의료진단용 핵자기 공명장치(NMR-CT), 신에너지를 창출할 핵융합 발전과 전자유량(MHD) 발전 등에 응용할 수 있다.

③ 완전 반자성을 나타내는 마이스너(Meissner) 효과를 이용한 자기부상열차(Maglev) 등에 응용할 수 있다.

④ 조셉슨 효과(Josephson effect : *초전도 물질이 어떤 절연물질로 격리되어 있어도 두 물질 사이에 전기가 흐르게 되는 현상*)를 이용한 접합 소자로 50배 이상의 초고속

연산과 소형화, 성에너지화할 수 있는 조셉슨 컴퓨터 등에 응용할 수 있다.

2.2 형상기억 합금과 초탄성 합금

형상기억 효과(shape memory effect, SME)란, 고온에서 어떤 형상을 기억시켜 두면 저온에서 이것을 변형시키더라도 다시 일정한 온도 이상으로 가열만 하면 변형 전의 원래 형상으로 되돌아가는 현상을 말한다. 또한 초탄성이란 형상기억 효과와 같이 특정한 모양의 것을 인장하여 탄성 한도를 넘어서 소성 변형시킨 경우에도 하중을 제거하면 원상태로 돌아가는 현상을 말한다.

그림 3-2에서 보는 바와 같이 형상기억 합금은 보통의 금속 재료와 변형이 비슷하나 변형된 합금을 Ar″변태 온도 이상의 범위로 가열하면 변형 전의 상태로 되돌아간다. 또한 초탄성 합금을 항복 구역까지 변형한 후 하중을 제거하면 원상태로 되돌아간다.

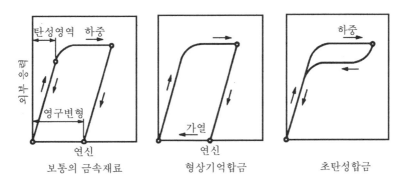

그림 3-2 재료에 따른 응력 변형 곡선

금속의 형상기억 효과의 원인은 냉각시의 응력 유기 마르텐사이트 변태나 또는 이 때 생긴 마르텐사이트 조직 내의 가동쌍정 경계가 가열시의 역변태 과정에서 앞의 변태와 똑같은 경로를 거쳐서 모상으로 복귀하기 때문에 일어난다고 알려져 있다. 이런 고무탄성 효과는 1960년대 초 Au 47.5%, Cd 합금에서 이미 발견되었으나, 니티놀이 더 주목을 끌게 된 것은 특수공업용 재료로서의 응용면이 커질 가능성 때문이다. 1970년대에는 Cu-Al-Ni 합금에도 이러한 현상이 나타나는 것이 발견되었고, 현재는 Ni-Ti 합금, Cu-Zn-

Al 합금, Ni-Al 합금, Fe-Mn-Si-Cr-Ni 합금, Fe-Cr-Ni-Mn-Si-Co 합금 등에도 형상 기억 효과가 있음을 발견하였다.

형상기억 합금은 공통적으로 다음과 같은 세 종류의 기능을 갖고 있다.

① 탄성 회복량이 매우 큰 초탄성 효과

② 소성 변형이 일어나도 가열하면 그 변형이 소실되는 형상기억 효과

③ 진동 흡수능(제진성)

재료의 형상을 변형시키는 이러한 마르텐사이트 변태 기구 등에 관한 이론과 그 재료의 응용에 대한 연구는 현재 첨단 재료 개발의 한 분야로서 각국에서 활발히 진행되고 있다. 따라서 이러한 재료의 응용면을 살펴보면 월면 안테나 재료를 비롯한 각종 우주용 재료를 중심으로 하여 발전기, 발동기, 특수 강관의 접합, 집적 회로의 땜질, 전기 소켓, 볼트, 너트, 리벳, 화재 경보기, 착탈 가능한 수술용 클립, 인공심장의 밸브 및 의족, 의치 등에 이르기까지 다양한 용도를 지니고 있다. 또한 지금까지 알려진 형상기억 효과나 초탄성 현상을 나타내는 합금은 Ni-Ti계, Cu-Al-Ni, Cu-Al-Zn 합금이 실용화되고 있다.

Ni-Ti 합금은 내식성, 내마모성, 내피로성 등이 좋으나 값이 비싸고 소성 가공에 숙련된 기술이 필요하다.

그림 3-3과 같이 냉각에 의해 마르텐사이트상이 생성되기 시작하는 온도를 Ms, 종료 온도를 Mf, 또 가열에 의해 모상으로 되돌아가기 시작하는 온도를 As, 종료 온도를 Af점이라고 하면 각 기능이 나타나는 온도 범위는 그림과 같다.

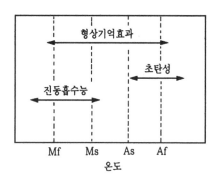

그림 3-3 형상기억 합금의 변태 온도와 각 기능의 관계

2.3 수소 저장 합금

수소 저장 합금이란 수소가스와 반응하여 금속 수소화물이 되고 저장된 수소는 필요에 따라 방출하는 가역 반응(*정반응과 역반응이 동시에 진행되는 반응*)을 일으키는 합금을

말한다. 수소는 무공해 연료의 에너지원으로서, 기존의 고압 봄베나 액화 저장보다 간편하고 안전하게 저장하는 수단으로 등장한 수소 저장 합금은 수소 저장뿐만 아니라 축열, 히트펌프, 냉난방 시스템, 수소 정제, 전지 등 여러 가지 용도에 쓰이고 있다.

수소는 금속에서 수소 취성을 일으키는 해로운 원소로 취급되었으나 금속의 결정 격자 사이에 흡입되어 저장할 수 있으므로, 에너지 변환 기능에서 보는 바와 같이 냉각하거나 압력을 주면 수소를 흡입하면서 발열하고, 가열하거나 압력을 낮추면 수소를 방출하고 흡열하는 가역 반응을 일으킨다. 수소의 흡수, 방출 과정에서 평형 압력과 수소 함유량의 관계는 그림 3-4와 같다.

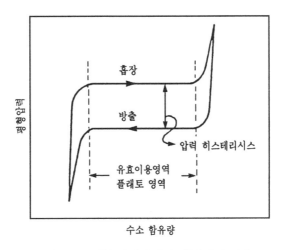

그림 3-4 평형 압력과 수소 함유량의 관계

수소 함유량이 변해도 평형 압력이 거의 변하지 않는 플래토 영역의 기울기와 압력 히스테리시스(흡수압과 방출압의 차이)의 크기는 수소 저장 합금의 특성을 평가하는 지표이다.

수소 저장 합금의 분류는 Fe-Ti, Ti-Mn 등의 Ti계, Mg-Ni 등의 Mg계, La-Ni, Mm-Ni 등의 희토류계 등으로 분류한다. 각 계의 수소 저장 합금의 특성은 표 3-2와 같다. 이 합금의 수소밀도는 $1cm^3$ 중에 10^{22}개의 수소원자를 포함하여 기체수소의 약 1,000배의 용적률을 가지며, 1,000기압의 고압 수소가스의 밀도와 같게 된다.

수소 저장 합금은 주로 분말상으로 이용되고 있으며, 진공이나 불활성 분위기에서 고주파 용해, 아크 용해, 전자빔 용해 등을 이용하여 용해한 후 필요에 따라 성분을 균질화시

표 3-2 수소 저장 합금의 특성

분 류	장 점	단 점
Fe–Ti계	저렴하고 반복 하중에 견딘다.	초기 반응 속도가 느리고 고온고압에서 활성화하는 전처리가 필요하다.
Mg–Ni계	저렴하고 수소 저장 능력도 크다.	250℃ 이상의 고온에서 수소를 방출하고 활성화 전처리도 어렵다.
La–Ni계	상온저압(1~2atm)에서 수소를 방출하여 수소 저장 능력도 크다.	란탄이 비싸고 자원면에서도 불안정하다.

키기 위해 열처리를 보통 1,000~1,100℃인 아르곤이나 진공 분위기에서 5~20시간을 하고 나서 용기에 충전시킬 최대 입도로 분쇄한다. 이러한 용해법 이외에도 미분말화 제어, 열전도성 개선을 위한 방법으로 박막화, 비정질화, 마이크로캡슐화 등의 제조 방법이 연구되고 있다.

응용 분야로는 석유 대체 에너지로 수소가 각광을 받으면서 수소 저장용으로 수소 저장 합금이 부상하였으나, 석유 사정이 완화되면서 수소 저장이라는 면보다도 이용한 히트펌프, 압력 변동을 이용한 액추에이터 등에 관한 기술 개발이 꾸준히 되어 실용화를 추진하고 있다.

합금 개발의 과제로는 저장량의 증대, 반복 사용으로 인한 미분화의 방지, 활성화 대책 수립, 내구성 향상, 열전달 특성 향상 등이 있으며, 특히 수소 흡수, 방출시 팽창, 수축으로 인해 미분화하는 시스템 손상, 열전도도 저하, 대기오염 등의 문제를 일으키므로 적극적인 대책이 수립되어야 한다. 현재 연구되고 있는 방법으로는 합금 원소 첨가, 펠릿화, 마이크로캡슐로 물성을 측정하는 방법이 있고, 물성값 데이터의 정립이 필요하다.

수소 저장 합금은 다양한 종류가 있고 각각의 장단점이 있으므로 사용 목적에 맞는 물성을 가진 합금을 설계해야 하고, 용도면에서 광범위하게 검토되고 있으나 그 중에서 가장 주력해야 할 부분은 저온의 폐열 회수, 로봇의 액추에이터, 난방 시스템 등이다.

2.4 초내열 합금

초내열 합금(superalloy)이란 일명 초합금이라고도 하며 비교적 강도가 높고 내식성을 가진 고온 재료로서 개발된 합금으로, 그 기본 조성은 주기율표의 Ⅷ족 원소인 Fe, Co, Ni 등으로 되어 있다고 ASM은 정의하고 있다. 보통 1,000℃ 이상의 고온과 고응력하에서 오랜 시간 동안 견디며 내식성을 겸비한 재료로 가스터빈과 제트엔진이 등장하면서 시작되었고, 최근 에너지의 효과적 이용과 절약, 고체 연료의 가스화 등에 의한 심한 고온부식 환경, 그리고 열효율 향상을 위한 유체의 고온화 및 부식 분위기 등의 특성과 고온에서 운전되는 기기와 장비의 종류가 차츰 많아지면서 이 재료에 대한 관심이 높아가고 있다.

Fe기 합금은 750℃ 이상에서는 강도가 낮아지고 Ni기나 Co기 합금보다 못하나 가격이 싸므로 비교적 저온에서 사용되는 디스크나 로터 등에는 현재도 널리 쓰이고 있다.

Ni기 합금은 니크롬 합금에 Ti, C 등을 첨가함으로써 개발되기 시작하여 Al, Ti 등의 첨가로 생기는 γ'상에 의한 석출 강화로 고온 강도를 증가시킨 것이다. 이 합금은 강제 공냉방식이 가능하므로 제트엔진의 운전 온도를 비약적으로 높이는 데 크게 공헌하고 있다.

Co기 합금은 초기에 항공용 가스터빈에 사용되었으나, Co 합금보다 강도가 큰 γ' 석출형 Ni기 합금으로 대체되었다.

1) 초내열 합금 제조

Ni기 초내열 합금의 경우, 고온 경도를 높이는 방법은 다음과 같다.

① 합금 모상 자체를 강화시키는 것으로 W, Mo, Ta, Nb 등의 고융점 금속을 첨가한다.

② γ'상이라고 불리는 미세한 석출물을 개재하여 외력에 대한 변형 저항을 높인다. Ti, Al 등의 첨가금속 원소의 양이 제어 인자이다.

③ 고온 파괴시 입계 지배적 요인을 개선하기 위해 C, B, Hf, Zr 등을 첨가하며 내산화성, 내식성 등을 위해 Cr을 첨가한다.

그러나 이와 같은 합금 방법은 거의 완성단계에 이르렀으므로 보다 나은 성능의 향상을 위해 새로운 제조법이 연구되고 있다.

2) 초내열 합금 용도

초내열 합금은 고온 강도와 내산화성의 양면에서 우수한 내열 재료로, 미국에서는 생산되는 초합금의 75~80%가 제트엔진용 부품으로 소비되고 있다. 또한 육상 가스터빈에서도 같은 부품에 쓰이고 있다. 더욱이 고온 강도와 내식성을 활용하여 기타 기계 부품에도 사용이 점차 확대되고 있다. 예를 들면 다음과 같다.

① 증기터빈 : 게이징 볼트, 블레이드
② 자동차 및 선박용 엔진 : 배기 밸브, 터보차지 핫 휠
③ 로봇, 우주선
④ 석유화학 플랜트, 공해처리 장치 : 압력 용기, 배관, 밸브
⑤ 금속 제품의 열처리로, 폐기물 소각로 : 머플, 지그
⑥ 원자력용 : 잠수함 동력로, 경수 발전로 부품

2.5 초소성 재료

금속 재료가 유리질처럼 늘어나는 특수한 현상을 초소성이라 하며, 그림 3-5와 같이 1.6% 탄소강이 650℃에서 인장시험 시 10배 이상 끊어지지 않고 늘어난 결과로 알 수 있다. Ti와 Al계 초소성 합금이 항공기의 구조재로 인정받아 SPF/DB와 같은 Ti계 초소성 성형기술이 개발되었고 그 활용 분야가 급속히 넓어지고 있다. 여기서 SPF(super plastic forming)는 초소성

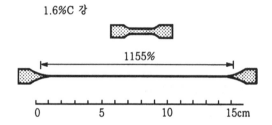

1.6%C 강

1155%

초소성 특성의 전형적인 예로서, 1.6% 탄소를 함유한 고탄소강이 650℃에서 원래의 길이보다 11배 늘어남을 보여줌(변형 속도는 분당 1%임).

그림 3-5 초소성 형상

성형을 뜻하는 것이며, DB(diffusion bonding)는 확산 접합을 뜻하는 것으로서 일정한 온도 영역과 변형 속도의 영역에서만 나타나며 300~500% 이상의 연성을 가지게 된다.

초소성 재료는 초소성 영역에서 강도가 낮고 연성은 매우 크므로 작은 힘으로도 복잡한 형상으로 성형 가공이 가능하며, 온도가 저하되면 강도 등의 기계적 성질이 우수해져 실용할 수 있다. 결정 입자는 $10\mu m$ 이하의 크기로서 등방성이며, 초소성 온도 영역에서 결정 입자의 크기를 미세하게 유지하기 위해서 2차상이 모상의 결정 입계에 미세하게 분포된 공정 또는 공석 조직을 나타낸다. 또한 소성 변형 중의 결정 입계에 응력 집중을 극소

화시키기 위해서 2차상의 강도와 차이가 적고 결정 입계의 유동성이 좋아야 하며, 결정 입계가 인장 응력에 의해 쉽게 분리되지 않아야 한다.

표 3-3은 대표적인 초소성 재료를 나타낸 것이다.

표 3-3 대표적인 초소성 재료

종류	초소성 합금
알루미늄계	supral 100, supral 220, 7475, PM64
티타늄계	Ti-6Al-4V, Ti-6Al-4V-X, Ti-5Al-2.5Sn
니 켈 계	IN-100, asteralloy, IN-744, INCO718
철 강 계	UHCS(Fe-1.2~2.1%C), Fe-2Mn-0.4C, Fe-4Ni
기 타	Zn-Al, Cu-Al, Sn-Pb, Bi-Sn, zircaloy 2

1) 초소성 성형법의 종류

초소성 성형 기술에는 블로 성형법, gatorizing 단조법, SPF/DB법 등이 개발되어 있다. 블로 성형법은 가스 성형이라고도 하며, 주로 판상의 알루미늄계 및 티타늄계 초소성 재료를 15~300psi의 가스 압력으로 어느 형상에 양각 또는 음각하거나 금형이 필요없이 자유 성형하는 방법이다. 이 방법은 성형 에너지 소모가 적고, 값싼 공구 사용과 복잡한 형태의 통이나 용기를 단순 공정으로 제조할 수 있는 장점이 있다.

한편 gatorizing 단조법은 껌을 오목한 형상의 틀에 밀어넣어 양각하는 것과 유사한 초소성 성형 기술로서 니켈계 초소성 합금으로 터빈디스크를 제조하기 위해 산업적으로 개발된 프래트-피트니 회사의 특허 기술이다. 이 방법으로 내크리프성이 우수한 고강도 초내열 합금인 IN-100과 aster 합금으로 된 터빈디스크를 기존 품질보다 훨씬 우수하게 제조할 수 있다.

SPF/DB 방법은 초소성 성형법과 고체 상태에서 용접하는 확산 접합(DB) 기술이 합쳐진 신기술로서 그림 3-6과 같이 가스 압력으로 성형한 후 선택에 따라 확산 접합으로 보강재를 붙이거나, 선택한 곳만을 용접한 후 가스압력에 의해서 설계된 구조 혹은 형상으로 성형하는 것이다. 이 방법은 초소성 재료를 사용할 경우에만 가능하며, 그것은 고체 상태의 확산에 의해 초소성 온도에서 용접이 용이하기 때문이다.

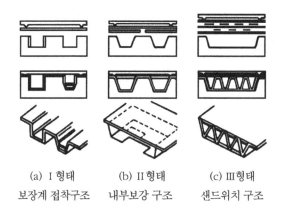

(a) Ⅰ형태	(b) Ⅱ형태	(c) Ⅲ형태
보장계 접착구조	내부보강 구조	샌드위치 구조

그림 3-6 SPF/DB 성형 방법

2) 초소성 재료의 제조

초소성 재료로서 알루미늄 합금 중 supral 100은 유명하며, Mg 0.35%, Si 0.14%를 첨가한 supral 210, 그리고 Ge을 첨가하여 강화시킨 supral 220이 개발되고 있다. ESD7075 외에 초소성 재료화도 진행되고 있으며, Mg 합금의 ZK60A 및 Ni 기초 합금의 IN-100은 분말 소결재이고, 1,000%를 넘는 최대 연신을 얻고 있다. 또한 Zn 합금에서 Zn-22%Al 합금은 가장 많이 연구되어 초소성 현상기구 해석에 많이 이용되고 있다.

소성 가공이 곤란했던 공구강이나 스테인리스강 등에 대하여 초소성화의 연구 개발이 진행되고 있는 실정이다. 초소성을 얻기 위한 조직의 조건은 다음과 같다.

① 약 $10^{-4}sec^{-1}$의 변형 속도로 초소성을 기대한다면 결정 입자의 크기는 수 μm이어야 한다. 즉, 미세립인 것이 필요하다.

② 초소성 온도에서 변형 중의 미세 조직을 유지하려면, 모상의 결정 성장을 억제하기 위해 제2상이 수 %~50% 존재하는 것이 좋다.

③ 제2상의 강도는 원칙적으로 모상과 같은 정도인 것이 좋으며, 만약 제2상이 단단하면 모상 입계에서 공공(cavitation)이 생기기 쉽고 입계 슬립이나 전위 밀도는 원자의 확산 이동이 저지된다. 이 때는 제2상을 미세하게 균일 분포시킴으로써 그 작용을 완화시킬 수 있다.

④ 모상의 입계는 고경각인 것이 좋다. 저경각은 입계 슬립을 방해한다.

⑤ 입계 슬립에서 응력 집중은 3중점과 입계의 장애물에서 일어난다. 입계가 움직이기

쉬우면 입계 이동을 일으켜 응력 집중을 완화시킬 수 있다.

⑥ 결정 입자의 모양은 등축이어야 한다. 왜냐하면 비록 횡단면에서는 미세 조직이라 해도 길이 방향으로 입자가 늘어나 있으면 길이 방향에는 큰 입계 슬립을 기대할 수 없기 때문이다.

⑦ 모상 입계가 인장 분리되기 쉬워서는 안 된다.

2.6 자성 유체

자성 유체란 외견상으로는 단지 먹물과 같은 액체인데, 자석을 가까이 하여 자계 구배를 만들면 그 액체는 자석의 방향으로 강하게 끌리고, 동시에 탄력성을 갖는 탄성체로 변화한다. 또한 액체의 점성이 작을 때는 액면에 기하학적인 스파이크 모양이 나타난다. 이밖에 놀랄만한 여러 가지 성질은 자성 유체이기 때문에 나타나는 필연적인 성질들이다.

자성 유체의 미시적 구조를 그림 3-7에 나타내었다. 자성 유체는 개개의 강자성 미립자가 정자기력에 의해 서로 붙어 있지 못한 것 같이 그 표면을 길이 수십 Å의 유기 분자인 표면 활성제 분자가 치밀하게 피복한 현상은 그림 (b)와 같고, 그림 (a)에 나타낸 것과 같이 물 및 탄화수소유 등의 액체 매질 중에 고농도로 분산시킨 것이다. 이 구조에 의해 미립자는 서로간에 일정한 간격을 유지하면서 입자끼리는 매우 심한 열운동 때문에 끊임없이 그 상대적 위치를 변하고 있는 상태로 된다. 그 결과 이와 같은 미립자는 액체 분자와

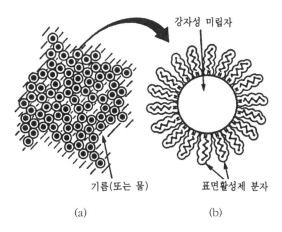

강자성 미립자

기름(또는 물)   표면활성제 분자

(a)   (b)

그림 3-7 자성 유체의 미시적 구조

유사한 성질을 가지며 미립자계 전체는 점성이 낮은 유동성을 나타낸다.

자성 유체의 역사는 오래 전부터 연구되어 왔으며, 1938년 마그네타이트(Fe_3O_4) 미립자를 비누로 안정화하여 물에 분산시킨 것을 합성시킨 것이 최초이다. 그 자성 유체는 아폴로 우주계획 중에 우주복 및 회전축의 진공 실(seal) 또는 무중력 환경에서 물체의 위치 결정 등에 끊임없이 사용되었다고 한다.

그 후 미국을 시작으로 자성 유체의 제작법 및 물성의 연구가 계속되어 요즈음에는 포화자화값이 $2 \sim 4 \times 10^{-2}$Wb/m(200~400G)에 달하고 있다. 또한 사용 기술의 분야에서 자성 유체는 고속회전축의 진공 실, 스피커 댐퍼, 비중선별법에 이미 이용되고 있으며, 그밖에 잉크제트 프린터, 자기광학 소자, 자성유체 엔진 등에 응용이 검토되고 있어 기대되는 신재료로 인식되고 있다.

2.7 제진 재료

제진 재료란 진동 에너지를 열에너지로 흩어 없어지게 하는 능력이 크기 때문에 고체음이나 고체 진동이 문제가 되는 경우 음원이나 진동원에 사용하여 공진, 진폭, 진동 속도를 감쇠시키는 재료이다.

각종 기계에서 발생하는 진동이나 소음은 환경 공해로서의 소음 문제를 일으킬 뿐만 아니라, 기기 자체의 수명도 단축시키고 공작 기계의 절삭가공 정도와 정밀측정기의 분해능 등을 저하시키기도 한다.

따라서 공장 및 산업기계의 저소음화는 작업 환경을 개선시키고 상품 가치를 높이게 된다. 이와 같이 진동과 소음에 대한 제어 기술의 확립은 파급 효과가 큰 중요 기술의 하나이다. 그림 3-8은 대표적인 재료의 제진 성능을 손실 계수(loss factor, η)를 사용하여 나타내었다.

제진 재료는 진동 에너지를 분자의 운동, 변형으로 흡수와 감쇠시키는 고무, 플라스틱 등과 자성 금속과 같이 자벽의 운동으로 감쇠시키든가, 경하고 연한 재료를 접합하여 연재료에서는 제진, 경재료에서는 강도, 강성을 가지게 한 복합체로 금속과 고무, 플라스틱, 경금속과 연금속의 샌드위치판이나 클래드판 등 여러 가지가 나왔다.

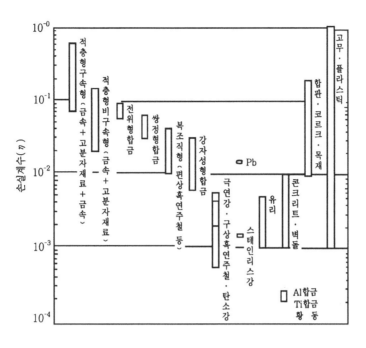

그림 3-8 실온에서 각종 재료의 제진 성능

  제진 재료의 제진 성능은 감쇠 특성으로 평가하는 방법이 여러 가지가 있으나, 1사이클당 진동 에너지의 손실률로 내부 마찰과 같은 의미인 손실 계수로 많이 나타낸다. 보통 $\eta > 0.05$인 것을 제진 재료라 한다. 제진 재료는 용도, 성능에 따라 지금까지 많은 제진 재료가 개발되었으나, 이들을 구조적으로 분류하면 강판과 점탄성 수지를 접착시킨 복합계(적층형)의 제진 강판과 금속 자체만으로 제진 성능을 발휘하는 합금계(비적층형)의 제진 합금이 있다.

1) 종류별 특성

(1) 제진 강판

  강판의 우수한 강도, 가공성과 고분자 재료(수지)의 큰 감쇠능을 이용한 복합체로 구속형과 비구속형의 두 종류가 있으며 각각의 구조는 그림 3-9와 같다.

  구속형(샌드위치판)은 2장의 강판 사이에 약 0.02~0.5mm 두께의 열가소성을 가진 점탄성 수지박막을 끼워 넣어 샌드위치 구조로 만든 것으로, 굽힘 진동에 대해 수지가 전단 변형을 일으켜 안정하고 우수한 제진 성능을 얻는다.

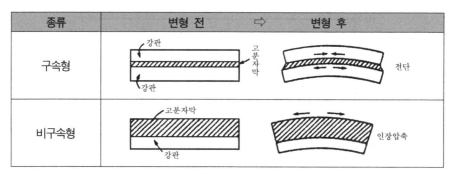

그림 3-9 제진 강판의 구조와 감쇠 기구

비구속형(라미네이트형)은 강판 표면에 강판 두께 3~5배의 점탄성 물질인 수지를 부착한 구조로, 수지의 신축 변형에 의한 감쇠 기구를 가진다. 효과적인 제진 성능을 얻기 위해서는 강판 두께보다 수배 이상이어야 하므로 중량 증가의 요인이 되며, 40℃ 이상에서 효과가 없어진다든가 열용융 접착형으로 인해 수평자세 이외의 시공이 곤란하고 번잡하다는 문제점이 있다.

(2) 제진 합금

제진 합금의 종류는 감쇠능의 원인 또는 기구에 따라 분류하여 복합형, 자성형, 전위형, 쌍정형 등이 있다.

복합형은 모상과 석출상과의 계면 또는 입계에서의 점성 유동으로 진동 에너지를 흡수하는 기구를 가지며, 편상 흑연 주철, Al-Zn 합금 등이 있다.

자성형은 강자성을 나타내는 금속에서 자구벽의 비가역 이동에 따른 자기와 기계적 이력 손실의 기구에 의한 것으로 합금의 종류로는 고순도 Ni, 고순도 Fe, 12Cr 페라이트계 스테인리스강, Gentalloy(Fe-Cr 합금에 Co, Mo, Ti 등을 첨가한 합금), Silentalloy(Fe-Cr에 Al을 첨가한 합금), NiVCo-10 등이 있다.

전위형은 전위가 결정 중의 불순물 원자에 고착되고 이탈하는 프로세스를 번복할 때 생기는 정이력 손실을 이용한 것으로 주로 Mg 또는 Mg 합금이 중심이다.

쌍정형은 열탄성 마르텐사이트의 변태시 쌍정 경계의 완화에 의한 효과와 마르텐사이트 변태와 역변태의 상변태시 에너지 손실을 이용한 것이다.

이 합금의 종류는 Sonostone, Incramutel, Nitinol 합금, Cu-Al-Ni 합금 등이 있다.

Chapter 04 | 금형 재료의 중요 성질

01 플라스틱 금형 재료

1.1 재료의 종류와 성질

플라스틱 재료가 성형품이 될 때까지의 과정은 수지를 가열해서 유동상태일 때 닫혀진 금형의 공동부에 가압주입하여 냉각시켜 금형 공동부에 상당하는 성형품을 만드는 방법이다.

열가소성 수지와 열경화성 수지를 각종 제품으로 성형하는 플라스틱 성형에는 플라스틱 사출, 플라스틱 압출, 진공 압공 성형, 블로 성형, 발포 성형 등이 있으며, 플라스틱 금형 재료로서 요구되는 성질은 다음과 같다.

① 내마모성이 크고 인성이 클 것 : 플라스틱 성형용 원재료에는 SiO_2 성분을 함유한 것들이 많으며, 고온과 고압에서 반복적으로 작업되기 때문에 스프루나 게이트 부위, 슬라이드면, 끼워맞춤면 등은 마모나 침식이 심하다. 따라서 정밀도와 금형 수명 향상을 위해서는 충분한 강도와 인성, 내마모성이 필요하다.

② 피가공성이 우수할 것 : 플라스틱 금형은 다른 금형에 비해 매우 복잡한 구조가 많다. 따라서 절삭 및 연삭시 가공성이 좋고 깨끗하게 다듬어질 수 있어야 한다. 일반적으로 강재는 경도가 높을수록 파삭성이 나빠지고 가공면이 깨끗하게 다듬어지지 않는다.

③ 열처리가 용이하고 변형이 적을 것 : 열처리시의 균열이나 변형은 담금질과 뜨임 과

정에서 유발되는 경우가 많으며, 금형의 수명은 열처리에 크게 좌우된다. 일반적으로 유냉 경화강은 수냉 경화강보다 변형이나 균열이 적고, 공냉 경화강은 변형이나 균열이 가장 적다.

④ 열전도성이 양호할 것 : 금형의 부위별 온도가 불균일하고 온도 편차가 심하면 제품 성형시 치수의 변화와 변형이 발생되어 정밀도를 유지할 수 없다. 따라서 금형의 온도 조절이 절대적으로 필요하다. 열전도성이 양호한 재료는 금형의 온도 조절이 용이하여 이와 같은 현상을 방지할 수 있다.

⑤ 내식성과 경면성이 양호할 것 : 염화비닐, ABS 수지, 발포 수지 및 기타 난연성 수지 등은 성형 과정에서 Cl이나 HCl 등 부식성 가스를 발생한다. 따라서 내식성이 나쁜 재질을 금형 재료로 사용하면 생산에 막대한 지장을 초래한다. 또한 콤팩트 디스크나 레이저 디스크를 성형하는 금형은 경면성이 대단히 요구된다. 이러한 경면성은 조그마한 부식에 의해서도 해함을 받을 수 있기 때문에 강재를 잘 선택해야 한다. PVD나 PCVD 등 코팅 기법들을 활용하여 강한 내식성 피막 물질을 코팅하는 경우가 일반화되어 있다.

표 4-1 플라스틱 금형 재료의 종류별 특성 비교

구 분		사용 경도 (HRC)	피삭성	내마모성	내식성	경면성	인성	비고
강종	규격							
압연 강재	S45C계	30(HS)	A	C	C	C	A	• A : 양호
	SCM4계	25~35	A	B	B	B	A	• B : 보통
프리하든강	S45C계	30(HS)	A	C	C	C	A	• C : 보통 이하
	SCM4계	25~35	A	B	B	B	A	
	STF계	36~45	B	B	B	B	A	
	STD61계	36~45	B	B	B	B	A	
	석출 경화계	36~45	B	B	B	B	C	
담금질 뜨임강	STD11	46~55	B	A	B	A	B	
	STD61	56~62	B	A	B	A	A	
석출 경화강	마레이징강	45~55	B	A	B	A	A	
내식강 (SUS 계)	프리하든강	30~45	C	B	A	A	A	
	담금질 뜨임강	46~60	C	A	A	A	A	
비자성강	–	40~45	C	B	B	B	B	

이상과 같은 요구 특성들에 따라 여러 가지 금형 강종이 있으며, 표 4-1은 이들 플라스틱 금형 재료의 종류별 특성 비교를 나타낸 것이다.

1) 일반 압연 강재

일반 압연 강재에는 SM45~55C와 SCM4 계열의 강종이 있다. 이 강종은 경도가 낮으며 가공성이 좋고 가공시 변형이 적으며, 인성이 좋으나 내마모성, 내식성, 경면성이 좋지 않은 특성이 있다. 재료의 주름 가공성은 플라스틱 성형에서 상당히 중요하며 주름 난조의 원인은 다음과 같다.

① 재료 자체의 원인 : 편석 및 경도의 편차
② 방전 및 연마 가공의 원인 : 방전 영향층, 연마 그을림층 등의 잔존
③ 용접 등의 원인 : 보수를 위해 용접시 조직, 성분, 경조의 편차 발생

2) 프리하든강

플라스틱 성형용 프리하든강에는 SM45~55C계, SCM4계, STD61계 및 석출 경화계가 있다.

SM45~55C계와 SCM4계는 피삭성 등 가공성이 양호한 편이고 용접성 및 인성도 좋으나 내식성과 내마모성이 좋지 않다. SM45~55C계의 공급 경도는 HS 30 정도이며 SCM4계는 HRC 25~35 수준이다.

STF계와 STD61계는 Cr, Mo 등의 합금 원소들이 첨가되어 인성과 내마모성이 좋으며 용접성도 양호한 편이다. 일반적으로 플라스틱 금형의 용접 보수는 균열, 기공, 조직 및 경도의 불균일, 광택 및 주름의 불균일 등이 없어야 하며, 이와 같은 현상들을 배제하기 위하여 금형의 표면을 깨끗이 한 후 200~400℃로 예열, 용접한다. 용접시 사용하는 용접봉은 합금계의 육성 용접봉이 사용된다. 또한 용접을 한 후에 반드시 350~550℃로 가열하여 응력을 풀어주는 것이 필요하다. STF계와 STD61계의 경도는 HRC 36~45 정도이다.

석출 경화계로는 일본 다이도 특수강의 NAK55, NAK80 특허강과 히다치 금속의 HPM1, HPM50 및 미쓰비시 제강의 MEX44 등이 있다. 이들의 사용 경도는 대략 HRC 36~45 수준이며, 일반적인 특성으로는 가공성과 용접성이 좋고 내마모성도 양호한 편이다. 그러나 인성은 별로 좋지 않으며 내식성은 중간 정도의 수준이다.

3) 담금질 뜨임강

담금질 뜨임강에는 STD11계와 STD61계가 있다.

STD11계는 고탄소 고크롬강으로 내마모성이 뛰어나고 인성, 경면성 등 가공성도 좋으나, 열처리시의 변형, 내식성, 용접성 등은 보통이다. 사용 경도는 HRC 46~55 수준이다.

STD61계는 열간 금형강으로 고온에서도 내마모성과 인성이 뛰어나며 사용 경도는 HRC 56~62 수준이다.

4) 석출 경화강

플라스틱 성형용 석출 경화강으로는 마레이징(maraging)강이 쓰인다. 마레이징강은 일반적인 탄소강이나 특수강과는 달리 탄소 성분을 거의 함유하지 않으며, 따라서 480℃ 정도의 온도로 가열하여 금속간 화합물들을 석출시켜서 강화하는 기구를 가지고 있다. 이 강종은 대개 Ni, Co, Mo 함유량이 많고 C는 극미량이며 이 강종에서는 불순물로 취급된다. 주요 생산국은 미국과 일본으로서 일본의 경우 다이도 특수강에서 특히 강종으로 MASIC, 히다치 금속에서는 YAG, 미쓰비시 제강에서는 MEX 등의 명칭으로 각각 생산하고 있다.

표 4-2는 마레이징강의 종류와 조성을 표시한 것이다.

표 4-2 마레이징강의 종류와 조성

종 류		Ni	Mo	Co	Ti	Al	Nb
표준형	18Ni (200)	18	3.3	8.5	0.2	0.1	−
	18Ni (250)	18	5.0	8.5	0.4	0.1	−
	18Ni (300)	18	5.0	9.0	0.7	0.1	−
	18Ni (350)	18	4.2	12.5	1.6	0.1	−
	18Ni (주조)	17	4.6	10.0	0.3	0.1	−
	12-5-3 (180)	12	3.0	−	0.2	0.3	−
무Co형	무Co 18Ni (200)	18.5	3.0	−	0.7	0.1	−
	무Co 18Ni (250)	18.5	3.0	−	1.4	0.1	−
	저Co 18Ni (250)	18.5	2.6	2.0	1.2	0.1	0.1
	무Co 18Ni (300)	18.5	4.0	−	1.85	0.1	−

마레이징강의 특성은 일반강에 비해 인성이 뛰어나다는 것으로, 특히 C와 S의 함유량이 적을수록 인성이 우수하다. 또한 무Co형은 표준형에 비해 인성이 약간 떨어지며 고온에서의 특성은 그림 4-1과 같다.

마레이징강은 400℃까지 실용 특성을 나타내며 내식성은 열처리강(일반 탄소강, 특수강)보다 우수한 편이다.

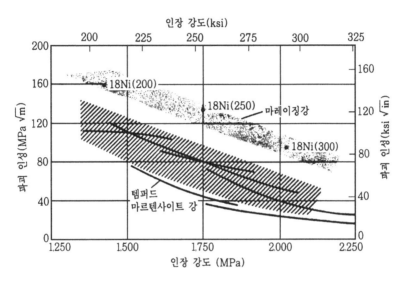

그림 4-1 마레이징강의 실용 범위

5) 내식강

플라스틱 원재료 중 염화비닐 수지 등은 성형중 염산이나 염화 가스를 다량 발생시킨다. 이와 같은 가스들은 부식성이 강하여 고온에서 반복 작업중 금형을 심하게 침식한다. 이러한 현상을 막기 위하여 내식성이 풍부한 스테인리스강을 금형 재료로 사용하며 프리하든 스테인리스강과 열처리용 스테인리스강으로 구분하여 활용한다. 프리하든 스테인리스강에는 SUS402J2, SUS420J2, SUS630 등이 있다. SUS402J2는 가공성이 양호하고 SUS420J2는 경면성이 탁월하며 내마모성도 좋고, SUS630은 내식성이 가장 탁월하다.

열처리용 스테인리스강에는 SUS420J2 개량형의 내식성 초경면 금형 재료가 있다. 이 강종은 담금질과 뜨임으로 HRC 55~58 정도의 경도값을 나타내며 내마모성과 내구성도 우수하다.

6) 비자성강

플라스틱 성형용 금형 재료로서 비자성강은 플라스틱 자석 생산용 금형에 쓰인다.

7) 플라스틱 성형용 비철금속 금형 재료

블로 성형은 사출 성형에 비해 성형시 수지의 온도와 성형 압력이 낮다. 블로 성형시 압력은 약 $49{\sim}98N/cm^2$이며, 사출 성형의 $1/100{\sim}1/200$ 정도 수준으로 금형에 걸리는 응력이 작아 시작용 금형에는 목재, 석고, 수지 등이 사용된다. 비철금속 재료인 알루미늄 합금, 아연 합금 및 주철 등은 블로 성형에서 양산용 금형 재료로 널리 쓰이고 있다.

표 4-3은 이들 재료의 특성을 표시한 것이며, 알루미늄 합금은 강재에 비해 열전도율이 2배 이상 양호하므로 금형의 열교환이 빨라 사이클 타임이 줄어든다.

표 4-3 블로 성형용 금형 재료

재료	기호	강도 / 경도	내구성	내식성	열전도율	경도	비고
알루미늄 합금주물	AC4C–T6	△ / ×	×	△	○	○	○ : 우수하다.
알루미늄 합금 (고장력)	A2014–T6	○ / △	×	△	○	○	× : 보통이다.
	A7075–T6 (A7079–T6)	○ / △	×	△	○	○	△ : 뒤떨어진다.
형용 아연 합금	아연 합금 제3종	△ / △	△	○	△	×	
스테인리스강	SUS303 SUS304 SUS420	○ / / ○	○	○	×	×	
탄소강	SM45C SM50C SM55C	○ / / ○	○	○	×	×	
주철	FC20 FC30	× / ○	△	△	×	×	

알루미늄 합금은 가볍고 수지의 분해 생성 가스, 이형재, 가황재 등에 대한 저항력이 크며, 강재에 비해 절삭성이 탁월하므로 금형의 생산비를 절감할 수 있는 좋은 재료이다. 그러나 가공시 변형과 용접에 의한 강도 저하 및 변형이 큰 단점도 있다.

이와 같은 특성들에 의해 알루미늄 합금은 블로 성형용 금형의 캐비티부에 사용하는 경우가 많고, 보통 100만 쇼트 정도의 내구 수명을 가진다.

1.2 재료의 선정 기준

플라스틱 제품의 수요 증가와 더불어 강도, 내마모성과 내약품성이 뛰어난 각종 엔지니어링 플라스틱의 사용 분야가 늘어 가고 있다. 따라서 플라스틱 금형용 재료에 대한 요구도 다양화되고 있으며 각종 고경면, 고내마모성, 고내식성 등의 재료들이 개발되고 있다.

플라스틱 금형 재료의 선택은 제품의 외관 품질, 치수 정밀도, 사용 수지의 종류와 화학적 특성, 생산 수량 등을 고려하여 금형 재료가 지닌 품질 특성에 맞는 적정한 재료를 선택해야 한다. 이들 품질 특성에는 절삭성, 내마모성, 내식성, 경면성, 인성, 가공성, 용접성, 열처리시의 변형 등이 있다.

1) 금형 수명을 고려한 재질 선정

금형의 수명에 영향을 주는 요소로는 금형 재료 자체의 경도와 마이크로 조직 및 사용수지의 종류와 수치 정밀도, 외관 품질 수준 등이 있다.

금형 재료의 내마모성은 경도가 높을수록 커지며, 동일 경도에서는 탄화물의 양이 많고입자가 미세하게 분산되어 있을수록 크다.

이와 같은 점들을 고려할 때 범용 양산용으로는 프리하든강이 좋고 FRB나 대량 생산용 및 초경면용으로는 담금질 뜨임강이 좋다.

그림 4-2는 금형 수명에 따른 재질 선정 기준 예이다.

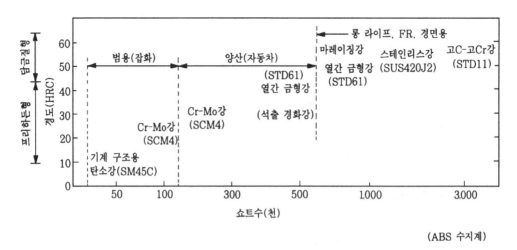

그림 4-2 금형 수명에 따른 재질 선정 기준 예

표 4-4 수지의 종류에 따른 재질 선정 예

용도				형 재료의 요구 특성	재질
수지 구분	대표적인 수지	수지특성	대표 제품		
열가소성수지	일반 수지	폴리프로필렌, ABS	내충격성	범퍼, 라디에이터, 그릴, 콘솔박스, OA 기기	주름 가공성	SM45C, SCM4(프리하든강) SNCM계(프리하든강)
		폴리스티렌, 아크릴, ABS	의장성	VTR, 테이프 리코더, 라디오, 카세트 케이스, 청소기, 조명 기구, 잡화, 화장품 용기	주름 다듬성, 경면 다듬성	석출 경화계 프리하든강
		나일론, 폴리아세탈	내마모성	엔지니어링 플라스틱(엔플라) 제품(기어, 기타)	내마모성	STF4, STD61, 석출 경화계 프리하든강, STD11
		폴리카보네이트, 아크릴	투명도가 높다.	안경, 렌즈, 스테레오, 더스트 커버	경면 다듬성	석출 경화계 마레이징강, SUS420 J2
		아크릴, 폴리카보네이트	광학적 특성	콤팩트 디스크, 광디스크	경면 다듬성	마레이징강 SUS420 J2
		염화비닐	경제성	전화기, 빗물 홈통, 파이프	경면 다듬성, 내식성	SUS402, 420, 630

용도				형 재료의 요구 특성	재질
수지 구분	대표적인 수지	수지특성	대표 제품		
열가소성수지 난연성 수지	폴리스티렌, ABS	난연성	텔레비전 캐비닛, 헤어 드라이어, 가전 부품	내식성	SUS402, 420, 630
열가소성수지 강화 수지 (유리섬유, 기타)	ABS, 나일론, 폴리카보네이트	강성	카메라 보디, 계산기 키보드, 엔지니어링 플라스틱 제품(기어, 기타)	내마모성 (내식성)	STD11, STD61, STF4 석출 경화강, 담금질강
열가소성수지 플라스틱 자석	나일론	성형성	프린터, 트리거, 플로피, 센서	비자성, 내마모성	비자성강
열경화성수지 일반 수지	페놀, 멜라민	내열성	재떨이, 식기, 잡화	내마모성	STF4, STD61 석출 경화계 프리하든강
열경화성수지 난연성 수지	페놀, 폴리에스테르	내열성, 난연성	마이크로 스위치, 커넥터	내마모성, 내식성	STD11, SUS402, 420, 630
열경화성수지 강화 수지 (유리섬유, 기타)	에폭시, 폴리에스테르	전기 절연성	IC, 트랜지스터, 엔지니어링 플라스틱 제품(기어, 기타)	내마모성 (내식성)	STD11, SUS420, 630

2) 수지의 종류에 따른 재질

수지의 종류와 특성, 제품의 품질을 고려한 적절한 재료 선정을 위하여 표 4-4에는 수지의 종류에 따른 선정 기준 예를 나타내었다. 대표적인 재질 선정의 기준은 다음과 같다.

① 가전 제품, TV 캐비닛 등 : SCM계

② 가전 제품, VTR, 테이프 리코더, 라디오 카세트 케이스 : 석출 경화계 프리하든강 (NAK55)

③ 자동차 범퍼, 콘솔 박스 : SM45C, SCM계

④ 콤팩트 디스크, 레이저 디스크, 렌즈 : SUS계 내식강

⑤ 염화비닐 등 난연성 제품 : SUS계 내식강

⑥ 강화 수지, 열경화성 수지 : STD11계 담금질 뜨임강, 석출 경화계 프리하든강, 표면 경화 처리강(강도가 요구됨)

⑦ 플라스틱 자석 : 비자성강

3) 경면성을 고려한 재질 선정

금형 재료의 경면 다듬성은 경도의 크기, 조직의 균일성, 탄화물의 크기와 분포, 비금속 개재물의 종류와 양 등의 영향을 받는다.

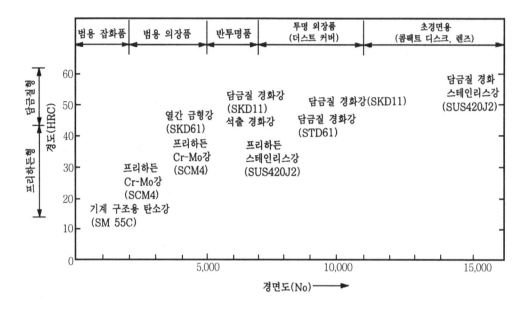

그림 4-3 경면성에 따른 재질 선정 기준 예

따라서 투명한 외관 제품, 콤팩트 디스크나 레이저 디스크 등 초고경면 제품을 성형하는 금형은 경면성이 탁월한 재질을 선정해야 한다. 일반적으로 경면 사상은 No. 1,000~5,000 정도이지만 콤팩트 디스크나 렌즈 등은 No. 12,000 이상을 요한다. 이와 같이 No. 12,000 이상의 경면 사상은 금형 재료의 용해 및 정련에는 일렉트로 슬래그 재용해(ESR) 강재를 사용해야 한다. 그림 4-3은 경면성을 고려한 재질 선정 기준 예를 표시한 것이다.

4) 플라스틱 금형 비철 재료의 선정 기준

플라스틱 성형용 금형 재료에서 비철 재료의 종류별 기계적 성질값은 표 4-5와 같다.

표 4-5 플라스틱 금형용 비철 재료의 종류와 기계적 성질

특성 / 재질	아연 합금		알루미늄 합금	구리 합금		니켈	비고
	3종 합금 (ZAS)	ZAPREC	A7075	베릴륨 동	석출 경화강	니켈 전주	
비중	6.7	6.5	2.8	8.09	8.7	–	*ZAS와 ZAPREC은 (日)삼정 금속 광업 특허 강임.
용점(℃)	392 → 377	380 → 377	–	930	–	–	
열팽창 계수 ($\times 10^{-6}/℃$)	29.2	28.7	23.6	17	17	–	
열전도율 (cal/cm · s · ℃)	0.2	0.2	0.31	0.20~0.30	0.31	–	
인장 강도 (MPa)	235	294	441~539	196~1,275	686~883	343~892	
충격값(J/cm²)	54(60℃)	59(60℃)	–	–	–	–	
경도(HRC)	62(HRB)	65(HRB)	82(HRB)	45~45	18~24	12~52	
용도	시작용	소량 생산용	블로 성형 캐비티	주조 합금	–	니켈 전주품	

(1) 아연 합금

아연 합금은 저용점 금속으로 주조성이 용이하며, 열전도성과 가공성, 용접성 등도 우수하고 주조성이 좋으므로 원형 모델에서 다수의 금형을 쉽게 생산할 수 있다. 아연 합금의 적용은 시작품용으로 3종 합금(ZAS)을 사용하고 소량 및 중량 생산용으로는 경도가 좀더 높은 합금을 사용한다.

(2) 알루미늄 합금

알루미늄 합금은 피삭성이 뛰어나고 방전 가공성도 우수하며, 제품 성형 사이클 타임을 줄일 수 있어 생산성을 높일 수 있으므로 블로 성형용 재료로 많이 사용된다.

알루미늄 합금은 주로 7075계를 T6 열처리하여 캐비티 재료로 사용한다.

(3) 구리 합금

주로 베릴륨 동을 많이 사용하며 매우 섬세한 표면 정밀도와 섬세한 성형성으로 나무결과 같은 무늬도 전사해 낼 수 있고, 열전도성이 탁월하며 생산성을 높일 수 있다.

고강도 내열 구리 합금에는 석출 경화계 합금이 있다. 기타 니켈 전주품이 있으며 이것은 모형을 전해 속에 넣어서 금속 석출층을 표면에 생성시킨 것으로 복잡한 요철 형상을 만들 수 있어 플라스틱 금형에 많이 사용한다.

5) 기타 플라스틱 금형 재료

기타 플라스틱 금형 재료로는 콜드 호빙용 재료가 있다. 콜드 호빙이란 금형을 냉간 가압 가공법으로 만드는 것으로, 캐비티에 해당되는 블록형을 만들고 이것으로 금형 재료를 냉간 가압하여 제작한다. 블록형은 호브 마스터라고 하며 STS2~STS3으로 만든다.

금형의 다이 블록은 냉간에서 성형이 잘 되어야 하는 특성 때문에 C 0.1% 전후의 저탄소강이나 저탄소 합금강을 사용하며, HB 160 이하의 경우에는 모두 콜드 호빙이 가능하다.

표 4-6에는 각국에서 실용화되어 있는 콜드 호빙강을 나타내었다. 플라스틱 금형의 경우 적절한 가공법이며, 동일한 치수의 금형을 계속 생산할 경우 가장 바람직한 가공법 중의 하나이다.

표 4-6 각국에서의 콜드 호빙강의 실용 예

각국의 실례	화학 성분(%)						열처리, 적정 사용 경도	비 고
	C	Si	Mn	Cr	Ni	Mo		
영국 B.S 6	0.08~0.12	0.1~0.3	0.2~0.4	0.5~0.75	1.4~1.8	–	C.Q.T 58~60	*C.Q.T는 침탄, 담금질, 뜨임 등의 머리글자임.
〃 7	〃	〃	0.15~0.3	–	–	–	C.Q.T HRC 60~62	
독일 D.E.W WE 5 〃 KW 〃 WE-Extra	0.06 0.15 0.10	0.2 0.3 0.3	0.3 0.5 0.4	5.0 0.6 –	–	0.9 – –	기타 C.Q.T V0.3 HRC 56~64 〃 〃	
오스트리아 BOHLER EBX	0.16	–	–	–	–	–	C.Q.T	

각국의 실례	화학 성분(%)						열처리, 적정 사용 경도	비 고
	C	Si	Mn	Cr	Ni	Mo		
캐나다 ATLAS	0.05	0.15	0.2	–	–	–	C.Q.T HRC 61~63	
미국 BETHLEHEM	0.07 0.1 0.1	0.12 – 0.15	0.35 0.2 0.80	4.5 – 2.0	– – 0.58	0.5 V 0.1 0.2	C.Q.T C.Q.T C.Q.T HRC 58~62	
AISI–MOLDSTEEL P5	0.1	–	–	–	–	–	C.Q.T HRC 50~54	
AISI–MOLDSTEEL P6	0.1	–	–	1.50	35	–	C.Q.T HRC 58~61	
AISI–MOLDSTEEL P20	0.3	–	–	0.75	–	0.25	C.Q.T HRC 58~64	

열처리, 적정 경도란에 표기된 C.Q.T는 침탄-담금질-뜨임의 머리글자이며, 저탄소강이므로 금형을 성형한 후 침탄 열처리하여 표면층에 탄소를 확산하여 침투시키고 담금질 뜨임으로 적정 경도를 유지하게 된다.

6) 플라스틱용 금형강의 열처리

플라스틱 금형강의 종류별 열처리는 표 4-7과 같으며 필요에 따라 표면 경화 처리를 실시한다.

(1) 프리하든강

프리하든강은 강재 제작사에서 불림, 담금질 뜨임, 석출 경화 열처리, 풀림 등의 열처리를 실시하여 조직이 균일화된 상태로 공급된다. 따라서 금형 제작 후 열처리를 실시하지 않으나 내마모성 등을 개선하기 위해 표면 경화 처리를 실시하는 경우가 있다.

(2) 석출 경화강

석출 경화강으로 가장 많이 사용되는 마레이징강은 고용화 처리 상태로 공급되며, HRC 28~32 정도이다. 이 강종은 금형 가공 후 약 480℃에서 3~4시간 시효 처리하면 경도가

HRC 45~55로 상승된다. 열처리 온도가 낮기 때문에 담금질 뜨임강보다 변형이 현저히 적다.

표 4-7 플라스틱 금형강의 열처리

분류	사용시 경도(HRC)	KS	주성분	열처리
프리하든강	13	SM45C계	C 0.55%–Mn	불필요
	28	SCM4계	C 0.45%–Mn–Cr 1.1%–Mo 0.25%	
	33		AISI P20 개선	
	33	STS계	고내식용 스테인리스계	
			Cr 13%계 스테인리스강	
			Cr 13%계 스테인리스강	
	40	STD61계	C 0.37%–Cr 5.3%–Mo 1.3%–V–S	
	40	석출 경화제	C0.15%–Ni 3%–Mo–Cu–Al	
석출 경화강	52	마레이징강	Ni 18%–Mo 5%–Co–Ti–Al	시효 경화 처리
담금질 뜨임강	46~55	STD61계	C 0.39%–Cr 5%–Mo 1.2%–V	담금질 뜨임
	57~62	STD11계	SKD11의 경면, 인성 개선	담금질 뜨임
			SKD11 고온 뜨임 경도 개선	
	52~60	STS계	Cr 13%계 스테인리스강	담금질 뜨임

(3) 담금질 뜨임강

담금질 뜨임강 열처리 표준은 그림 4-4의 열처리 곡선과 같이 실시한다. 금형은 가열시 변형과 균열을 방지하기 위하여 2단계 예열을 거쳐 오스테나이트 온도로 승온시킨다. 승

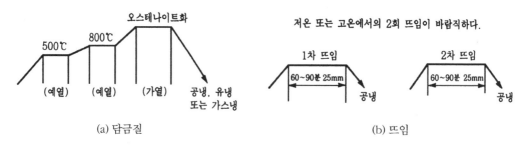

그림 4-4 담금질 뜨임강의 열처리 곡선

온이 완료된 후 유지 시간은 금형의 두께 25mm당 20~30분을 유지한다. 오스테나이트 온도가 너무 높으면 담금질 후 잔류 오스테나이트 양이 많아지고 결정 입자가 조대화하여 인성이 저하한다. 또한 냉각시 부위별 온도 편차에 따라 변형되며 수냉이나 유냉 담금질 강보다 공냉 담금질강이 변형이 적다.

뜨임은 저온 뜨임과 고온 뜨임으로 구분하여 실시한다. 내마모성을 중요시할 경우에는 저온 뜨임을 실시하고, 금형을 고온에서 사용하므로 조직 중 잔류 오스테나이트가 분해하여 조직이 경년 변화되는 현상을 방지하고자 하는 경우와 잔류 응력 제거를 목적으로 하는 경우에는 450℃ 이상에서 고온 뜨임을 실시한다. 뜨임은 응력 제거 및 인성의 부여를 충분하게 하기 위해 2회 이상 실시한다. 표 4-8은 대표적인 담금질 뜨임강의 열처리 조건을 나타낸 것이다.

표 4-8 담금질 뜨임강의 열처리 조건

재질	요구 특성	열처리 조건		경도 (HRC)
		담금질	뜨임	
STD11계	내마모성 중요	1,020~1,030	180~200	60~61
	경년 변화 중요		500~550	55~57
STS420J2계	내식성 중요	1,025~1,070	200~450	52~56
	내마모성 중요	1,050~1,070	490~510	56~58
STD11계	일반	1,000~1,050	520~540	61~63
STD61계	일반	1,000~1,050	520~650	55~58

플라스틱 금형에서는 제품의 정밀도가 중요하므로 열처리시 변형이나 치수 변화에 특히 주의해야 하며, 치수 변화가 가장 적은 조건으로 관리하는 것이 바람직하다. 또한 강종에 따라 열처리 후 치수 변화 정도를 보면 열처리 조건도 역추적이 가능하다. 열처리시 변형을 적게 하려면 우선 치수 변화가 적은 강재를 선택하고, 열처리 전에 가공 응력과 내부 응력을 충분히 제거해 줄 필요가 있다. 이는 냉각시 균일 냉각, 담금질 프레스의 사용, 마르템퍼링 기법 등의 활용으로 가능하다.

그림 4-5에 대표적인 담금질 뜨임강의 뜨임 온도에 따른 치수 변화를 나타내었다. 그림을 보면 재료의 방향에 따라 치수 변화가 다른 점을 볼 수 있는데, 이는 재질 내부의 탄화물 분포, 단조비, 메탈 폴로 등의 차이에 의해 발생한다.

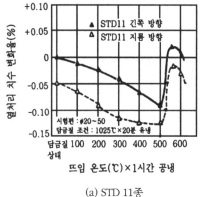

(a) STD 11종

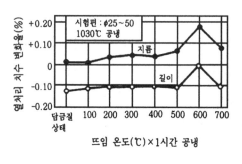

(b) STD 61종

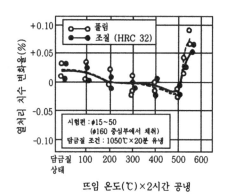

(c) STS 420J2계

그림 4-5 뜨임 온도에 따른 치수 변화

---

02 프레스 금형 재료

2.1 재료의 종류와 성질

프레스 금형에 의하여 제품을 가공하는 것은 대표적인 소성가공이라 할 수 있으며, 프레스 가공에 사용되는 금형의 종류에는 블랭킹 및 피어싱 펀치와 다이, 포밍 다이, 드로잉 다이, 코이닝 다이, 냉간 압출 다이 등이 있다.

표 4-9 프레스 금형에 사용하는 금형 재료의 종류

강 종	규격 기호			주요 합금 원소(%)								비 고
	KS	JIS	AISI	C	Mn	Cr	Mo	W	V	Co	Ni	
기계 구조용 탄소강	SM45C	S45C		0.48	0.9							
탄소 공구강	STC3	SK3	W1	1.10	0.5							
합금 공구강	STS3	SKS3	O1	1.00	1.2	1.0		1.0				
	STS31	SKS31		1.05	1.2	1.2		1.5				
	STS93	SKS93		1.10	1.1	0.6						
	STF4	SKF4	A2	0.60	0.9	1.2	0.55					
	STD11	SKD11	D2	1.60	0.6	13.0	1.2		0.5		2.0	
	STD12	SKD12		1.50	0.8	5.5	1.2		0.5			
고속도 공구강	SKH51	SKH51	M2	0.88	0.4	4.5	5.2	6.7	2.1			
	SKH55	SKH55		0.95	0.4	4.5	5.2	6.7	2.1	5.5		
	SKH57	SKH57		1.35	0.4	4.5	3.9	10.0	3.5	10.5		
분말 야금 합금강		(HAP10)										
		(HAP40)										
		(HAP50)										
		(HAP72)										
초내마모강		(MZ100)										
(프리하든강)		(HPM2)										
초 경	V1	V1	WC									
	V2	V2										
	V3	V3										
	V4	V4										
	V5	V5										
	V6	V6										

주) 합금 성분은 최대값을 표기하였음.

이들 각각의 금형은 사용 메커니즘의 특성과 생산 수량, 가공품의 재질 등에 따라 경제성을 고려하여 기계 구조용 탄소강, 탄소 공구강, 합금 공구강, 고속도 공구강, 초경 합금 및 특수 합금들을 금형 재료로 적절하게 사용하여야 한다. 표 4-9는 프레스 금형에 사용하는 금형 재료의 종류를 나타낸 것이다.

1) 기계 구조용 탄소강 및 탄소 공구강

프레스 금형 재료로 사용하는 기계 구조용 탄소강 및 탄소 공구강에는 SM45C와 STC3 등이 있다. STC3은 탄소 함유량 1.00∼1.10%의 고탄소 공구강으로 가공성이 양호하고 쉽게 구할 수 있으며, 가격이 저렴하여 소량 생산의 가벼운 가공 조건 부위에 활용하고 있다. 그러나 이 강종은 열처리시 경화능이 좋지 않기 때문에 수냉 담금질하며 변형이나 균열을 유발할 수 있으므로 충분한 주의가 필요하고, 사용상 인성과 내마모성이 합금강이나 기타 특수강에 비해 떨어진다는 단점이 있다. 그러므로 가공품의 품질 특성이 까다롭지 않은 금형에 제한적으로 사용하는 것이 바람직하다.

2) 프레스 금형용 합금 공구강

프레스 금형용 합금 공구강에는 STS3, STS93, STF4, STD11 등이 있다. STS3은 STC3에 비해 변형이 적고 쉽게 경화되므로 열처리시 유냉 경화한다. 이와 유사한 강종으로는 AISI에서 O1∼O6이 있다. O6의 경우, 용접성이 좋고 블랭킹이나 피어싱시 O1보다 수명이 긴 것으로 평가되어 있다.

STS93은 합금 공구강 중 가장 저렴한 강종이며, 경제적이나 STS3에 비해 성능이 떨어진다. STF4는 Mo을 약 0.5% 함유하여 STS3에 비해 내마모성이 우수하며, STD11은 고탄소-고크롬계에 Mo과 V을 소량 함유하여 경화능과 내마모성이 뛰어나기 때문에 양산용 금형 재료로 가장 널리 사용하고 있다.

STD11은 열처리 과정에서 STC3 및 STS3보다 치수 변화가 적고 공냉으로 경화가 가능하며 경화층 깊이도 깊다. 프레스용 펀치와 다이의 적절한 경도는 파손이 우려되지 않을 때 HRC 62∼63으로 관리하며, 파손이 우려되는 곳은 HRC 58∼60 정도가 좋다. 박판용 다이의 경우, 경도값은 최소한 HRC 61∼62 이상으로 관리해야 한다.

3) 고속도 공구강 및 분말 야금 공구강

고속도 공구강에는 주로 Mo계의 SKH51∼57까지가 주로 활용되며 고속도 공구강은 내마모성, 인성이 탁월하여 대량 생산용 금형이나 난삭용 금형 재료로 적합하다. 일반적으로 내마모성에는 강재의 경도 외에 탄화물의 종류, 양, 입도 및 분포 등이 관여되며 동일 경도에서는 탄화물 양이 많을수록 내마모성이 크고 탄화물 입자가 미세할수록 좋다. 또한 가공 재료의 재질, 윤활 방법 등에 의해서도 영향을 받으며 저속에서는 경도, 고속에서는 탄화물 양의 영향을 크게 받는다.

일반적으로 분말 야금 고속도 공구강에는 탄화물 입자가 미세하게 골고루 분산 분포되어 있어 분말 고속도강>SKH57>SKH51>STD11>STS3>STC3 순으로 내마모성이 크다. 그림 4-6에는 각종 공구강의 마모 실험 결과를 나타내었다.

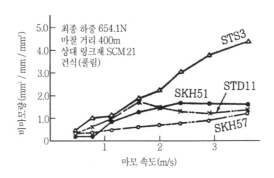

그림 4-6 각종 공구강의 마모 실험 결과

4) 프리하든강과 초경 합금

프리하든강은 열처리가 불필요한 강종으로 일본의 히다치 금속, 다이도 특수강 등에서 생산되고 있다. STD11, STD61강에 비해 고가이나 열처리가 불필요하므로 다품종 소량 생산용 금형에는 경제적이다.

초경 합금은 제품의 공차 범위가 좁고 프레스 가공시 발생하는 버(burr)를 최소한으로 관리해야 하며 가공시 조건이 열악하다. 그러므로 금형에 큰 하중이 걸릴 때 또는 대량 생산시나 고속의 블랭킹 및 피어싱 가공시에 사용하면 경제적이다. 대개 초경 합금은 가격이 고가이기 때문에 인서트 팁으로 공구나 금형의 선단부에 브레이징하여 사용한다.

초경 합금을 사용하는 데는 세심한 주의가 필요하다. 정상적인 사용하에서 치핑 현상은 없으나 끝이 미세하게 떨어지는 현상이 있다.

초경 합금의 활용에 있어서 프레스기의 요구 조건으로는 충분한 프레스기 능력(하중), 균일한 다이 슬라이딩, 다이와 램의 평행도와 수직도, 정확한 재료 장입 장치, 정확한 스토퍼, 안전 장치(재료 장입 불량시 디텍터 등) 등을 들 수 있다. 일반 공구강에서 치핑이나 마모가 적으며 초경 합금 사용시에도 초경 합금 고유의 성능을 양호한 상태로 발휘할 수 있다. WC-Co 초경 합금의 일반적인 특성은 다음과 같다.

① 일반적으로 경도는 Co 함유량이 적을수록 높으며 Co 함유량이 동일할 때에는 WC의 입도가 미세할수록 높아진다.

② 경도는 초경 합금의 가장 중요한 기계적 특성이며 초경 합금 종류 중 재종 선정의 기준이 된다. 초경 합금의 경도는 하중 588N 다이아몬드 콘의 HRA로 측정한다.

③ 초경 합금의 내마모성은 경도에 비례해서 높아진다.

④ 내충격성은 Co 함유량이 많을수록 크고 동일 Co 함유량시는 WC 입도가 거칠수록 크다. WC의 입자 평균 지름은 일반적으로 $0.5\sim6\mu m$ 정도의 것이 사용된다.

⑤ 항절력은 경도와 함께 초경 합금 재종 선정시 중요한 특성으로, Co 함유량이 많을수록 커지고 경도와 반대되는 경향이 있다.

⑥ 인장 강도는 대략 항절력의 1/2 정도이다.

⑦ 파괴 인성값도 내충격성과 유사하여 Co 함유량이 많을수록, WC의 입도가 거칠수록 양호한 특성을 나타낸다.

표 4-10은 내마모 내충격용 초경 합금의 종류와 기계적 특성을 나타낸 것이다.

표 4-10 내마모 내충격용 초경 합금의 사용 분류 (초경공구협의회 규격)

사용 분류 기호	경도 (HRA)	항절력 (MPa)	합금 원소(%)			비 고
			W	C	Co	
V1	89 이상	1,177 이상	88~91	5~6	3~6	V1~V3까지의 사용 분
V2	88 이상	1,275 이상	85~90	5~6	5~9	류 기호 각 수치는 JIS
V3	87 이상	1,471 이상	78~87	5~6	6~16	B 4104와 같다.
V4	85 이상	1,863 이상	73~85	4~6	11~20	
V5	83 이상	2,059 이상	70~82	4~6	14~25	
V6	78 이상	2,256 이상	65~78	4~6	17~30	

그림 4-7에는 STD11과 비교하여 9가지 경우의 블랭킹 작업에서 10,000회 작업 후 마모 특성값을 비교하였다. 초경 합금은 STD11에 비해 7~12배의 마모 특성을 나타낸다.

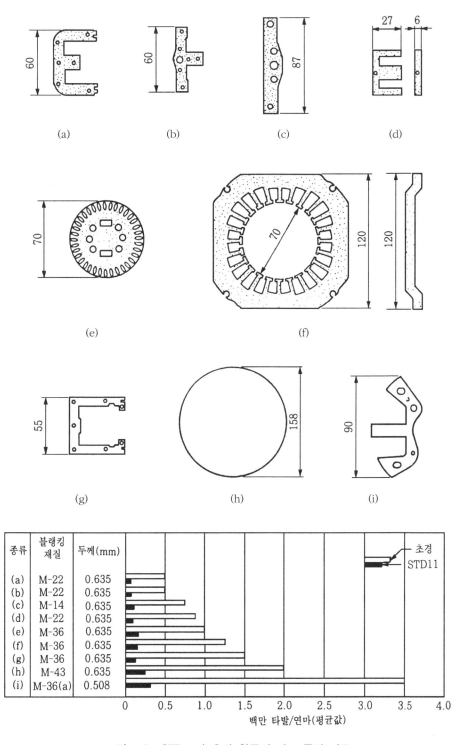

그림 4-7 STD11과 초경 합금의 마모 특성 비교

5) 프레스 금형용 세라믹

프레스 금형 등 금형용 세라믹으로는 산화물계의 지르코니아(ZrO_2), 알루미나-지르코니아($ZrO_2-Al_2O_3$), 질화규소(Si_3N_4), 시알론(SIALON) 및 탄화규소(SiC) 등을 들 수 있다. 또한 세라믹을 금형 재료 부품으로 사용할 때 다음과 같은 특성이 있다.

① 고경도에 의한 내마모성

② 고온에서의 기계적 강도 유지

③ 화학적 안정성에 의한 내식성 및 피가공물과의 비친화성

④ 경량화에 의한 취급의 용이성

그림 4-8은 Al_2O_3-TiC 세라믹의 조직과 절삭 속도-경도의 관계를 표시한 것이다.

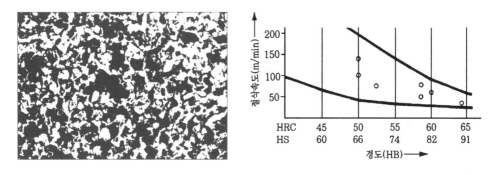

그림 4-8 Al_2O_3-TiC 세라믹의 조직과 절삭 속도-경도의 관계

2.2 재료의 선정 기준

1) 블랭킹 및 피어싱 금형 재료

프레스기를 사용하여 판재 형상의 금속 및 비금속 가공물을 블랭킹, 피어싱, 세이빙하는 펀치와 다이 재료로는 STC3, STS3, STD11 및 초경 합금이 가장 많이 사용된다. 또한 피가공 재료별, 두께와 크기에 따른 블랭킹 및 피어싱의 금형 재료 적용 예는 다음과 같다.

① 표 4-11은 크기가 20~30mm 이내인 작은 제품들을 블랭킹 및 피어싱하는 금형 재료를 생산 수량과 피가공 재질에 대비하여 나타낸 것이다. 이 표는 생산과 금형 수

명 등을 고려하여 값싸게 금형 재료를 활용하는 데 도움이 되며, 피가공물이 소형이기 때문에 탄소 공구강을 비교적 많이 활용할 수 있는 분야이다. 만약 침탄 처리를 할 경우 침탄 깊이는 0.5mm 이내로 관리하는 것이 바람직하다.

표 4-11 두께 1.3mm, 크기 20mm 미만의 소형 단품 블랭킹 및 피어싱 금형 재료

피가공 재질	총 생 산 수 량				
	1,000	10,000	100,000	1,000,000	10,000,000
Al, Cu, Mg 합금	STC3	STC3 STS3	STS3 STF4	STD11	초경 합금
탄소강(C 0.7%까지) 스테인리스강(페라이트계)	STC3	STC3 STS3	STS3 STF4	STD11	초경 합금
스테인리스강(오스테나이트계)	STC3	STC3 STF4	STF4 STD11	STD11	초경 합금
열처리된 스프링강(HRC 52 이하)	STF4	STD11	STD11	SKH51	초경 합금
전기 강판(t0.5 이하)	STF3 STF4	STS3 STF4	STF4	STD11	초경 합금
종이, 개스킷, 연질 재료	STC3	STC3	STF4	STF4	STD11
플라스틱 시트(연질)	STC3	STC3 STS3	STS3 STF4	STD11 질화STD11	초경 합금
플라스틱 시트(경질)	STS3 STF4 (질화)	STF4 (질화)	STF4 (질화)	STD11 (질화)	초경 합금

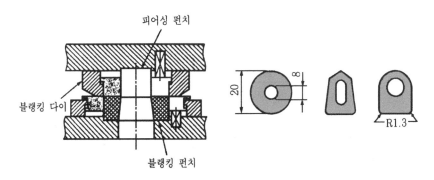

② 표 4-12는 크기 50mm 이내의 블랭킹 및 피어싱 제품 또는 크기 25mm 정도인 제품을 한꺼번에 2개 작업할 때의 적절한 금형 재료를 총 생산 수량과 피가공 재질에 대비하여 나타낸 것이다. 표의 그림에서 보듯이 와셔 형태의 단순 형상 제품 2개를 한꺼번에 작업하려면 금형의 크기가 커지며, 수냉 경화강인 STC3의 경우는 열처리 중 변형이 우려되어 바람직하지 않다. 따라서 경화하지 않은 STC3은 종이나 개스킷 등 연질 재료에 한하여 사용하는 것이 바람직하다(공차 0.25mm 정도 확보시).

표 4-12 두께 1.3mm, 크기 75mm 미만의 블랭킹 및 피어싱 금형 재료

피가공 재질	총 생 산 수 량				
	1,000	10,000	100,000	1,000,000	10,000,000
Al, Cu, Mg 합금	STC3 STF4	STS3 STF4	STS3 STF4	STD11	초경 합금
탄소강(C 0.7%까지) 스테인리스강(페라이트계)	↑	↑	↑	↑	↑
스테인리스강(오스테나이트계)	↑	↑	STF4 STD11	STD11 SKH51	초경 합금
열처리된 스프링강(HRC 52 이하)	STF4	STF4 STD11	STF4 STD11	↑	초경 합금
전기 강판(t0.5 이하)	↑	↑	↑	↑	↑
종이, 개스킷, 연질 재료	STC3	STC3 STS3	STC3 STS3	STC3 STS3	STD11
플라스틱 시트(연질)	STS3	STS3	STF4 STS3	STD11	초경 합금
플라스틱 시트(경질)	STS3 (침탄)	STF4 (질화)	STF4 (질화)	STD11 (질화)	초경 합금

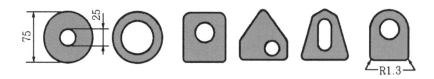

③ 표 4-13은 약 35mm 크기의 형상이 복잡한 제품을 블랭킹 및 피어싱하는 금형 재료를 총 생산 수량과 피가공 재질에 대비하여 나타낸 것이다. 표의 그림과 같이 복잡하고 각진 형상이 있기 때문에 열처리시의 균열 방지와 사용 중의 치핑 예방에 세심한 주의가 요구된다. 이와 같은 형상의 경우 다이 코너부에 마모가 심하게 나타난다.

표 4-13 두께 1.3mm, 크기 38mm 미만의 블랭킹 및 피어싱 금형 재료

피가공 재질	총 생 산 수 량				
	1,000	10,000	100,000	1,000,000	10,000,000
Al, Cu, Mg 합금	STF4 STS3	STF4 STS3	STS3 STF4	STD11	초경 합금
탄소강(C 0.7%까지) 스테인리스강(페라이트계)	STF4 STS3	STF4 STS3	STF4 STS3	STD11	초경 합금
탄소강(C 0.3~0.7%)	STF4	STF4	STF4 STD11	STD11	초경 합금
스테인리스강(오스테나이트계, 중경)	STF4 STS3	STC3 STF4	STF4 STD11	STD11	초경 합금
스테인리스강(오스테나이트계, 경)	STF4	STF4 STD11	STD11	SKH51	초경 합금
열처리된 스프링강(HRC 52 이하)	STF4	STF4 STD11	STD11 SKH51	SKH51	초경 합금
전기 강판(t0.5 이하)	STF4	STF4 STD11	STF4 STD11	SKH51	초경 합금
종이, 개스킷, 연질 재료	STC3	STC3	STC3 STF4	STC3 STF4	STD11
플라스틱 시트(연질)	STS3 STF4	STS3 STF4	STS3	STS3 STD11	초경합금
플라스틱 시트(경질)	STF4 SKH51	STF4	STD11	SKH51	초경합금

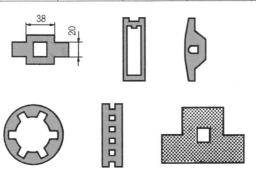

④ 표 4-14의 그림과 같은 형상의 제품을 블랭킹할 때는 금형의 형상이 복잡하고 천공 부위가 많아 금형 열처리 과정에서 균열이 유발될 수 있으므로 유냉이나 공냉 경화 공구강을 우선적으로 사용한다.

표 4-14 두께 1.3mm, 크기 76mm 미만의 블랭킹 및 피어싱 금형 재료

피가공 재질	총 생 산 수 량				
	1,000	10,000	100,000	1,000,000	10,000,000
Al, Cu, Mg 합금	STS3 STF4	STF4 STS3	STS3 STF4	STF4 STD11	초경 합금
탄소강(C 0.7%까지) 스테인리스강(페라이트계)	STS3 STF4	STF4 STS3	STF4 STS3	STF4 STD11	초경 합금
스테인리스강(오스테나이트계, 뜨임)	STF4	STF4 STD11	STF4 STD11	STD11 SKH51	초경 합금
스프링강(HRC 52 이하)	STF4	STF4 STD11	STD11 SKH51	STD11 SKH51	초경 합금
전기 강판(t0.5 이하)	STF4	STF4 STD11	STD11 SKH51	STD11 SKH51	초경 합금
종이, 개스킷, 연질 재료	STC3	STC3	STC3 STF4	STC3 STF4	STD11
플라스틱 시트(연질)	STS3	STS3	STF4	STF4 STD11	초경합금
플라스틱 시트(경질)	STS3 (침탄)	STF4 (질화)	STF4 (질화)	STD11 (질화)	초경합금

또한 이와 같은 형상의 제품들은 블랭킹 작업시 재료와 금형에 열이 가해지고 단단한 플라스틱 가공물에는 균열이 발생되는 경우가 있으므로, 금형 재료는 열처리 과정에서 변형이나 치수 변화가 적어야 하며 내마모성도 커야 한다. 이와 같은 특성을 만족시킬 수 있는 금형 재료로는 STF4와 STD11이 적합하다. STS3은 STF4에 비해 약간 저렴하나 가공면에서 떨어진다.

침탄강의 경우, 침탄 처리시 변형의 우려가 있고 사용 중에도 변형 및 치핑 현상이 나타나므로 부적합하다. 화염 경화강도 균일한 경화가 문제되기 때문에 피하는 것이 좋다. 피어싱 가공에서 펀치의 재질은 판재의 두께에 따라 적절하게 사용해야 한다. 일반적으로 피가공재의 두께가 커질수록 마모가 증가하는데, 6~25mm 두께의 흑판을 10,000개 미만으로 피어싱 가공할 때에는 내충격 공구강인 STS41이 적합하고, 그 이상일 때에는 고속도 공구강인 SKH51~SKH57을 사용하는 것이 바람직하다. 후판의 피어싱 가공시 펀치의 수명은 마모에 의한 것보다 파손에 의하여 단축되는 경우가 많다.

표 4-15 피가공재의 두께에 따른 피어싱 펀치 재료 적용 예

판재의 두께 (mm)	피어싱 가공 총 수량			
	1,000	10,000	100,000	1,000,000
0.25	STC3	STC3	STC3	STC3, STF4
0.80	STC3	STC3	STC3	STD11
1.60	STC3	STC3	STC3	STD11
3.20	STF4	STF4	STF4	STD11
6.35	STS41	STF41	STF4	STD11, SKH51
12.70	STS41	STF41, SKH51	SKH51	SKH51
25.40	STS41	SKH51	SKH51	–

SKH51의 경우, 두께 약 25mm인 후판 피어싱 가공시 약 100,000개 이상 생산이 가능하다. 표 4-15는 일반 강판에 75mm 크기의 피어싱 가공시 피가공재의 두께에 따른 금형 재료의 적용 예를 나타내었다.

피어싱 가공에서 공구의 마모 현상을 분석해 보면 펀치 또는 다이와 피가공 재료 간

의 마찰량에 의해 크게 좌우됨을 알 수 있다. 이와 같은 마찰량은 판재의 인장 강도와 조도, 공구(금형) 표면 조도, 윤활 유무에 따라 크게 영향을 받으므로 공구의 표면 조도가 좋을수록 마모 현상은 적고 금형의 수명은 연장된다.

펀치와 다이에 의한 마모는 에지면뿐만 아니라 전면과 측면에도 작용한다. 재질에 따른 내마모 특성은 SKH57 > STD11 > STS3 순으로 고속도 공구강이 가장 우수하다. 펀치와 다이가 마모되면 제품에 버가 형성되어 금형의 마모를 더 촉진시킨다. 따라서 버가 없는 제품 형성은 곧 금형 수명의 연장 효과를 가져온다.

2) 프레스 포밍 금형 재료

프레스 포밍은 판재를 굽히고 펴는 공정을 말한다. 이 과정에서 금형은 마모를 일으켜 파손되는 메커니즘으로 되어 있으므로 금형 재료의 내마모성은 프레스 포밍에서 가장 중요한 특성이라 할 수 있다. 제품이 성형되는 동안 금형의 마모량은 주어진 압력에서 피가공 재료와 금형의 접촉 면적에 비례한다. 얇고 연한 재료를 포밍할 때에는 마모량이 적고 두꺼우며 강한 재료를 포밍할 때에는 마모량이 많다. 그러나 개개의 마모량비는 금형의 표면과 포밍 속도, 윤활 특성에 의해 크게 좌우된다. 특히 포밍 작업에 주름을 잡는 부분이 있으면 국부적으로 마모가 집중된다.

그림 4-9에는 프레스 포밍 금형 세트와 난이도에 따른 제품 예를 나타내었다. 그림 (a)의 ①은 간단한 성형 제품으로 금형 마모가 크게 문제되지 않는다. 그러나 ②의 경우, 금형은 한 개의 펀치와 상측, 하측 다이로 이루어져 있고 굴곡면에서 큰 하중을 받는다. 따라서 이들 금형 재료로 하측 다이는 주철로 인서트를 끼워맞춤하고 펀치는 STD11을 사용하며, 인서트는 10,000개에서 100,000개 사이는 STF4, 100,000개 이상시는 STD11을 사용하는 것이 좋다. 또한 ③의 경우 스트레칭(stretching)에 의한 포밍 공정으로 상측 다이가 불필요하며, 피성형재가 펀치를 감싸 미끄럼량이 적다. 이 경우는 펀치에 비해 다이가 10배 정도 마모량이 크다. 사용 금형 재료는 인서트 재료로 STF4와 STD11이 적당하다.

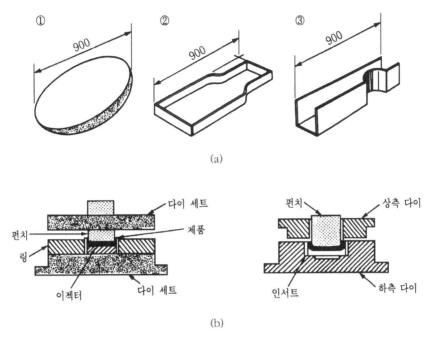

그림 4-9 프레스 포밍 제품의 성형 예

3) 디프 드로잉 금형 재료

디프 드로잉이란 금속판 또는 소성이 큰 판재를 사용하여 컵 모양 또는 바닥이 있는 중공용기를 만드는 가공으로, 드로잉 펀치 전면에 피가공 재료를 넣고 다이 사이로 밀어 넣는 기구로 되어 있다. 이러한 과정을 통하여 단면 축소율은 최대 35% 정도이다.

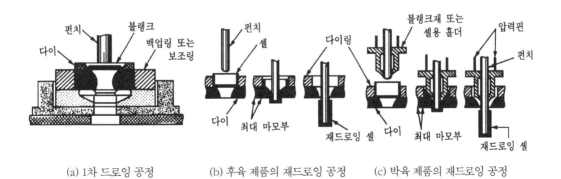

(a) 1차 드로잉 공정   (b) 후육 제품의 재드로잉 공정   (c) 박육 제품의 재드로잉 공정

그림 4-10 대표적인 드로잉 가공의 금형 구조와 성형 원리

또한 드로잉 다이는 마모와 겔링에 견디어야 하며 피가공재의 두께, 다이의 표면 거칠기와 라운딩, 윤활 유무 등에 따라 수명이 좌우된다.

그림 4-10은 디프 드로잉 금형의 성형 원리를 나타낸 것이다. 드로잉 금형 재료는 다이링, 백업량, 펀치, 다이 재료로 구분하여 피가공재, 생산 수량에 따라 적절하게 선택한다.

표 4-16은 금형 재료의 선정 기준 예이다.

표 4-16 디프 드로잉 금형 재료의 적용 예

재료	a (mm)	b (mm)	c (mm)	총 생산 수량		
				10,000	100,000	1,000,000
Al, Cu 합금	75<	75<	1.6<	STC3, STS3 합금 주철 (화염 경화)	STS3, STF4 STF4 (화염 경화)	STF4, STD11 STD11 STD11, STF4(질화)
	300<	450<	1.6<			
	450<	300<	1.6<	STC3	STS3, STF4	
인발강	75<	75<	1.6<	STC3, STS3 합금 주철 (화염 경화)	STS3, STF4 STF4 (화염 경화)	STF4, STD11 STF4, STD11 STD11, STF4(질화)
	300<	450<	1.6<			
	450<	300<	1.6<	STC3	STS3, STF4	
스테인리스강 (300계열)	75<	75<	1.6<	STC3 (경질 크롬 도금) 합금주철 (화염 경화)	STF4(질화) STF4	STD11, 초경 합금(질화) STD11(질화), STD4
	300<	450<	1.6<			
	450<	300<	1.6<	STC3 알루미늄 청동	STF4(질화)	STD11(질화), STF4(질화)

4) 냉간 압출 금형 재료

냉간 압출은 균일한 속도로 서서히 포밍 펀치가 전진하여 피가공재의 모양을 변형시키는 프레스 공정으로, 그림 4-11과 같이 냉간 압출시 피가공재의 변위 모양에 따라 세 가지로 분류된다.

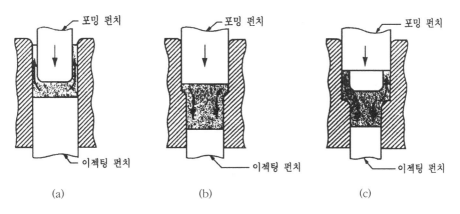

(a)   (b)   (c)

그림 4-11 냉간 압출시 재료의 변위 모양

역방향 성형은 펀치의 이동 방향과 반대로 피가공재가 이동하여 성형되는 것으로 컵 모양이 많고, 펀치나 다이의 클리어런스와 제품 두께가 일치한다. 그림 (c)는 정방향과 역방향으로 피가공재가 이동하는 경우이며, 그림 (b)는 전방 이동 성형의 예이다. 냉간 압출에 금형 재료로 요구되는 특성은 펀치의 압축 강도와 다이의 인장 강도를 들 수 있다.

표 4-17은 냉간 압출용 펀치와 다이, 녹아웃 핀의 재질별 선정 기준의 예를 나타낸 것이다. 합금 공구강을 사용할 때에는 STD11 > STF4 > STS3 순으로 금형 수명이 길다.

표 4-17 냉간 압출용 금형 재료의 적용 예

구분	압출 재료	총 생산 수량		
		5,000	50,000	
펀치 재료	알루미늄 합금	STF4	STF4, STD11	
	탄소강(C 0.4% 이하)	STF4	STD11, SKH51(질화)	
	침탄용 합금강	STF4	SKH51(질화)	
다이 재료	알루미늄 합금	STC3(C 1.0% 이상)	STC3(C 1.0% 이상)	
	탄소강(C 0.4% 이하)	STS3, STF4	STF4(질화)	
	침탄용 합금강	STS3, STF4	STF4(질화)	
녹아웃 핀	알루미늄 합금	STF4	STD11	
	탄소강, 침탄용 합금강	STF4	STF4, STD11	

3.1 다이캐스팅 금형 재료의 개요

다이캐스팅이란 Al, Zn, Cu 등의 합금을 녹여 용융 상태로 만든 다음 금형에 고압으로 순식간에 쏘아 넣어 제품을 성형하는 기법으로, 치수 정밀도가 좋은 제품을 저렴하고 대량으로 생산할 수 있어 자동차 부품, 전기 부품 등을 선두로 전 산업에 널리 응용되고 있다.

다이캐스팅의 특징은 대량 생산에 있으므로 금형의 내구 수명이 가장 절실하게 요구된다. 더욱이 얇은 제품의 성형을 위해서 더욱 큰 압력으로 용탕을 쏘아 넣어야 하기 때문에 금형이 받는 열적 쇼크는 심해질 수밖에 없으며, 스퀴즈 다이캐스팅과 같이 용탕의 온도를 높게 관리하는 부문에는 더욱 큰 열응력을 받는다.

표 4-18은 주조용 합금별 주입 온도를 나타낸 것이다.

표 4-18 주조용 합금별 주입 온도

주조용 합금	주입 온도(℃)
Pb, Sn계	200~300
Zn계	400~450
Mg계	600~650
Al계(스퀴즈)	650~700
	(700~730)
Cu계	850~950

1) 다이캐스팅 금형의 파쇄 구조

다이캐스팅 금형의 파쇄는 열균열(열피로 : thermal fatigue), 침식(corrosion), 균열(cracking), 눌림(indentation) 등을 들 수 있다.

(1) 열균열(thermal fatigue)

다이캐스팅 금형은 작업 중에 용탕에 의하여 가열과 냉각이 반복되며, 이 과정에서 금형 표면에는 극심한 변형 응력을 받게 되어 있다. 따라서 작업 수량이 늘어감에 따라 미세한 균열이 발생하고 이것이 진전하여 열균열을 일으킨다. 이와 같이 미세한 균열을 히트 체크(heatcheck)라 하며, 처음 작업 시작으로부터 발생하기까지의 발생기(starting period) 와 가속 진전하는 진전기(growing period)로 구분할 수 있다.

히트 체크를 유발하는 원인은 다음과 같다.

① 금형 표면의 온도 불균일과 과열 : 금형 표면은 보편적으로 약 600℃까지의 열응력을 받지만, 600℃ 이상 열응력을 받게 되면 히트 체크의 유발이 가속화된다.

따라서 예열 과정, 주조 합금의 온도 관리 등에 주의해야 한다.

② 냉각 비율 : 급속한 냉각은 응력을 크게 도모하며 결과적으로 조기에 히트 체크를 유발시킨다. 따라서 냉각제의 선택과 생산 사이클 타임의 결정을 신중하게 해야 한다.

그림 4-12는 수냉과 공냉 방식에 따른 히트 체크의 발생비를 나타낸 것이다.

③ 금형 재료 내부 조직의 균질성 : 고온 강도가 높고 인성이 클수록 히트 체크는 줄어든다.

고온 강도를 높이기 위하여 여러 가지 합금 원소들을 첨가하면 보통 인성은 줄어들지만, 오히려 합금 원소보다는 슬래그 개재물이나 편석 또는 강재 자체

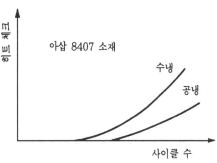

그림 4-12 냉각 방식에 다른 히트 체크

의 균질성 결여가 피로 특성에 더 큰 영향을 준다. 그림 4-13은 일반 강재의 내부 조직과 미세화된 조직 간의 충격 강도의 비교를 나타내었다.

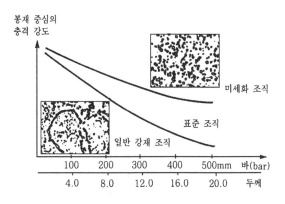

그림 4-13 충격 강도에 미치는 조직의 영향

④ 열처리 관리 : 고온 경도가 높을수록 히트 체크의 발생은 적다. 따라서 금형용 강재의 오스테나이트화 온도 구역이 높을수록 고온 경도가 높고 뜨임에 의한 연화 저항이 크다. 그러나 경도가 높을수록 균열에 의한 파쇄 가능성이 커지며 작은 제품에 한하여 경도를 높게 관리할 수 있다. 알루미늄 다이캐스팅에서는 HRC 48~50 이하가 적당하고, 황동은 HRC 44 미만으로 하는 것이 바람직하다. 또한 동일 금형 내에서도 캐비티, 코어, 냉각수 부위 및 금형 부품의 크기 등에 따라 적절한 경도값을 설정하는 것이 바람직하다.

⑤ 표면 조도 : 연마 스크래치나 미세한 슬래그 개재물들은 균열 발생에 영향을 미친다. 따라서 히트 체크를 예방하기 위해서는 열처리 전과 후에 금형 표면 조도를 세심하게 해야 한다.

히트 체크의 원인에 대한 마이크로적 분석 결과, 결정 경계 편석과 미용해 탄화물이 히트 체크의 기점이 된다는 사실이 밝혀졌으며, 또한 결정 경계 중의 P, S의 편석도 히트 체크의 발생에 영향을 미치는 것으로 알려져 초고청정강을 만들기 위한 공정들이 개발되어 유해 원소인 P, S 등을 극미하게 관리하고 있다. 일본이나 스웨덴에서 특허 강종들을 생산 시판하고 있다.

초고청정강을 만들기 위한 공정은 주로 ESR(electro slag remelting) 공정으로 S을 0.005% 이하로 하여 기존 강종보다 경도를 2만큼 높게 하고 히트 체크를 줄일 수 있게 되었다. 그림 4-14에 히트 체크의 모습을 나타내었다.

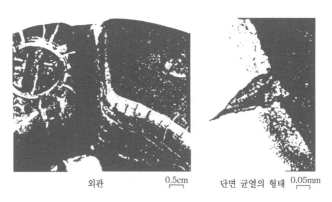

외관　　0.5cm　　단면 균열의 형태　0.05mm

(a) 알루미늄 다이캐스팅 금형 균열의 형태(Ⅰ)

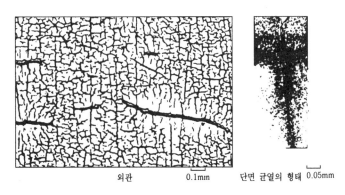

외관 0.1mm 단면 균열의 형태 0.05mm

(b) 알루미늄 다이캐스팅 금형 균열의 형태(Ⅱ)

그림 4-14 다이캐스팅 금형의 히트 체크 예

(2) 침식(corrosion)

다이캐스팅 작업시 고온의 용탕이 금형 내부로 압입되면 용탕과 금형은 접촉하게 되고 강재의 표면에 침식이 발생된다. 침식과 부식은 상호 연관이 있으며 용손이라고도 한다.

그림 4-15는 침식된 금형 부품과 현미경 조직 사진을 표시한 것이다. 침식에 영향을 미치는 원인들은 다음과 같다.

① 금형의 재질
② 용탕의 조성
③ 용탕의 온도
④ 금형의 탕구 방안
⑤ 금형의 표면 처리

침식의 진행 과정을 살펴보면 그림의 (b)에서 JS자 현미경(SEM) 관찰 결과 침식부가 모재층(금형 내부)과 확산층 2개의 계층으로 나뉘어 있음을 확인할 수 있다. 이들을 층별로 조성을 확인한 결과, 표 4-19와 같이 확산층에서 Fe가 21.49% 검출되어 금형 모재 중의 Fe가 Al의 침식 작용으로 녹아서 용손되고 있음을 알 수 있다.

침식을 유발시키는 원인 중에서 특히 금형의 탕구 방안이 부적합할 때에는 침식이 빠르게 진행되어 금형을 조기에 파손시키는 원인이 된다. 즉, 게이트가 너무 얇을 때에는 용탕이 게이트를 통과할 때 제트 분사되어 열점(hot spots)을 유발시켜 침식이 조장된다.

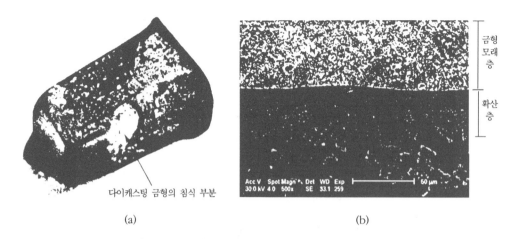

그림 4-15 침식된 금형 부품과 침식 부위 조직 관찰

표 4-19 Al 다이캐스팅 금형 침식 부위 조성 분석 결과

성분(%) 부위	Al	Fe	Si	Mn	Cr	Cu	V
금형 모재층	–	93.60	–	–	5.35	–	0.97
확산층	59.33	21.49	9.26	3.08	1.25	5.35	–

(3) 균열(cracking)과 눌림(indentation)

금형의 인성은 금형 재료의 품질과 열처리에 의존한다. 금형 재료의 품질은 제조하는 제작사별로 또는 강재의 종류별로 차이가 있으며 동일 재료에서도 표면과 중심부의 인성이 차이가 난다. 우수한 강재는 표면과 중심부의 인성에 차이가 거의 없거나 있다고 하더라도 미소하다.

눌림 현상은 금형의 분할면에서 발생되는 현상으로 재료의 고온 강도가 낮기 때문에 발생하며, 금형의 승온과 더불어 경도가 떨어지므로 Al, Mg, Cu 합금의 다이캐스팅에서는 충분한 고온 강도와 경도가 필요하다.

2) 재료의 종류와 특징

표 4-20에 다이캐스팅용 금형 재료의 종류와 열처리 조건을 나타내었다. DAC는 일본히다치 금속강의 특허강으로 STD61에 해당되며, 8407과 QRO90은 스웨덴 아삽 철강 제품

을 나타낸다.

(1) Cr-Mo계 합금

다이캐스팅 금형용 Cr-Mo계 합금에는 STF2, STF3 및 SCM3, SCM4 등이 있다. 이들은 모두 소량 생산 및 저온 합금용 금형 재료로 STF3를 제외하고는 경화능이 별로 좋지 않다. SCM계는 STF2와 거의 비슷한 열처리 특성을 나타내며, STF2는 뜨임시 연화 저항이 STD6, STD61계 열간 금형강에 비해 현저히 떨어진다. 고온 강도도 400℃ 이상이 되면 급격히 저하하지만 400℃ 이하에서는 양호하고 내히트 체크성도 우수하다.

표 4-20 다이캐스팅용 금형 재료의 종류

강종	화학 성분(%)								열처리 온도(℃)		
	C	Si	Mn	Cr	Mo	V	P	S	풀림	담금질	뜨임
SCM3	0.35	0.25	0.75	1.05	0.25	–	–	–	830 서냉	830~880 유냉	580~680
SCM4	0.40	0.25	0.75	1.05	0.25	–	–	–	830 서냉	830~880 유냉	580~680
STF2	0.55	0.25	1.00	1.00	–	–	0.03	0.03	760~810 서냉	830~880 유냉	400~650
STF3	0.55	0.25	0.80	1.05	0.40	–	0.03	0.03	760~810 서냉	830~900 유냉	400~650
STD6	0.37	1.00	0.40	5.00	1.25	0.40	0.03	0.03	820~870 서냉	1,000~1,050 공냉, 유냉	530~650
STD61	0.37	1.00	0.40	5.00	1.25	1.00	0.03	0.03	820~870 서냉	1,000~1,050 공냉, 유냉	530~650
DAC	0.38	0.97	0.36	5.07	1.23	0.55	0.008	0.002	680~730 노냉	1,000~1,050 고속가스, 순환공기	550~650
8407	0.39	1.00	0.40	5.30	1.30	0.90	–	0.005	850 노냉	1,000~1,050 고속가스, 순환공기	475 미만에서
QRO90	0.40	0.30	0.75	2.60	2.25	0.90	–	0.005	850 노냉	1,020 고속가스, 순환공기	450 미만에서

(2) 5Cr계 열간 금형강

5Cr계 열간 금형강에는 STD6, STD61 및 기타 특허 강종들이 있으며 대량 생산용 금형 재료로 가장 많이 사용되고 있다. 이들은 항온 변태 곡선의 코 부분이 시간축으로 멀리 떨어져 있어서 경화능이 매우 좋으므로 유냉 및 공냉으로도 경화가 가능하다.

오스테나이트화 온도에서 유지 시간은 탄화물의 고용을 위하여 15분 정도, 60분 이상되면 결정 입자가 성장하여 조대화되고 잔류 오스테나이트 양의 증가에 의해 경도가 저하한다. 특히 STD61은 고온 강도가 뛰어나다.

(3) 고청정 고인성강

다이캐스팅 제품의 정밀화 및 대형화와 더불어 원가 경쟁력의 확보를 위한 생산성 향상에 부응하여 각종 신형 강재들이 개발되어 있으며 이들은 앞서 언급한 히트 체크, 침식, 균열과 눌림 등에 대한 저항력이 기존의 강재에 비해 훨씬 뛰어나다.

① DAC : 강재 내부 조직에 방향성이 없는 등방성(isotropy) 소재로 고온에서 강도가 크고 인성이 뛰어나다는 특징이 있다. 따라서 히트 체크나 침식, 균열에 대한 저항력이 크다. DAC의 종류에는 여러 가지가 있으며 그림 4-16, 17에는 인성의 정도를 나타내는 충격값과 고온에서의 인장 강도를 각각 나타내었다. 금형의 인성은 담금질시 냉각 속도에 크게 좌우된다. 그림 4-18은 각종 DAC 소재의 뜨임 온도와 충격값의 비교를 나타낸 것이며, 사용 경도에 대하여 인성을 고려하는 경우 담금질시 냉각 속도를 결정할 수 있다.

예를 들어 HRC 48에서 샤르피 충격값 $29.4\,\text{J/cm}^2$ 이상을 목표로 할 경우, DAC에서는 반냉 시간을 30분 정도, DAC10에서는 15분 정도, DAC4에서는 60분 정도로 유지하면 된다. 고온 강도는 DAC4 > DAC > DAC10 > DAC45 순으로 좋다. 동일한 강종에서는 경도가 높을수록 고온 강도가 높다.

DAC 소재의 종류별 물리적 특성은 표 4-21과 같다.

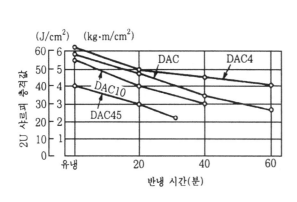

그림 4-16 담금질 시간에 따른 충격값

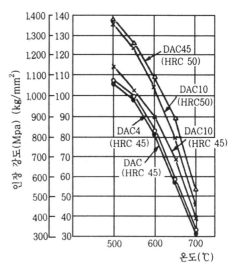

그림 4-17 각종 DAC의 고온 인장 강도

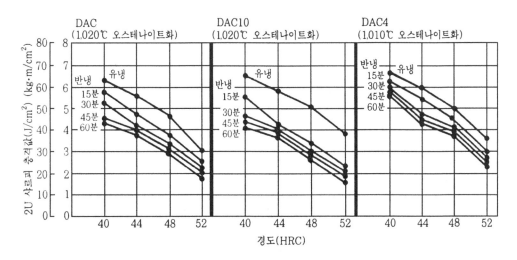

그림 4-18 각종 DAC 소재의 뜨임 온도에 따른 충격값 변화

표 4-21 각종 DAC 소재의 물리적 특성

구분	온도(℃)	DAC	DAC4	DAC10	YHD45
열팽창 계수	20	10.8	10.1	10.7	10.5
($\times 10^{-6}$/℃)	700	13.4	13.3	13.2	13.6
열전도율	20	30.5 (0.073)	32.7 (0.078)	32.2 (0.077)	26.4 (0.063)
W/m·k (cal/cm·s·℃)	700	28.0 (0.067)	28.9 (0.069)	28.5 (0.068)	27.6 (0.066)

② 8407과 QRO90 : 초고청정강이며 입자(조직)가 미세화되어 인성과 열충격 저항이 대단히 크고 가공성도 양호한 편이다. 그림 4-19에는 기존의 STD61과 8407의 조직을 나타내었으며, ESR 정련을 통해 S, P를 극미량으로 제거한 것이다. 일반강은 대개 VD(진공 탈가스) 공정으로 탈가스하며 ESR 제품에 비해 S, P 성분이 상당히 잔존해 있다. 따라서 내히트 체크성이 떨어진다.

8407과 QRO90의 고온 강도와 담금질시 오스테나이트화 온도 차이에 따른 경도와 입도 크기, 잔류 오스테나이트 양의 관계를 그림 4-20, 21에 각각 나타내었다. 그림에서 보듯이 QRO90이 8407에 비해 고온 강도가 크며 DAC 계열과 유사한 특성을 나타낸다. QRO90은 담금질시 1,060℃ 이상으로 가열하면 결정 입자의 성장이 급격히 커지고 잔류 오스테나이트의 양이 증가한다.

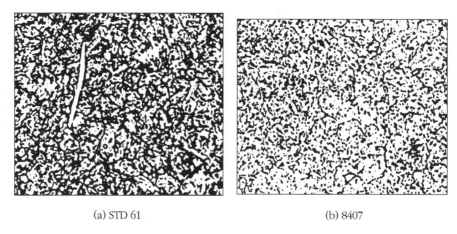

(a) STD 61   (b) 8407

그림 4-19 기존강(STD61)과 초고청정강(8407)의 조직 비교

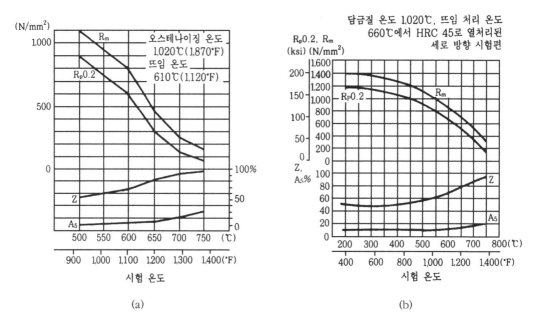

(a)   (b)

그림 4-20 온도 상승에 따른 고온 강도

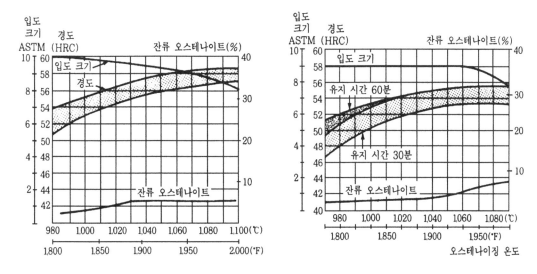

그림 4-21 담금질 온도 작용에 따른 경도, 입도 크기, 잔류 오스테나이트 양의 관계

3.2 재료의 선정기준

다이캐스팅 금형 재료에서는 일반적으로 대량 생산용으로는 STD61이 가장 많이 사용되고 있다.

표 4-22에 다이캐스팅 금형 재료의 선정 기준을 나타내었다.

표 4-22 다이캐스팅 금형 재료의 선정 기준(캐비티, 코어)

주조 합금	소량 생산용	일반용	대량 생산용	대량 생산용(우량)
Pb, Sn, Zn	SM50C SCM3, 4	SCM4, 8 STF2, 3	STD6 STD61	–
Al, Mg	SCM3, 4	STD6 STD61	STD6 STD61	DAC DAC4(대형품) DAC10(정밀품) 8407
Cu	STD4, 5	STD4, 5	STD4, 5	DAC45 QRO90

강의 제조 과정 중 정련 공정에서의 청정도의 단조, 압연 공정에서의 방향성, 그리고 조직 내 입자의 미세화 유무에 따라 기존의 STD61과 우량강을 비교할 수 있다. 우량강의 경우, 재료비는 고가(기존 STD61의 약 2~3배)이나 금형의 내구 수명 연장으로 말미암아 제품의 제조 원가를 낮출 수 있어 비용이 적게 소비되므로 양산용 금형으로 생산량이 극히 많을 때에는 유리하다.

기타 캐비티나 코어를 제외한 부품들은 그림 4-22에 나타낸 다이캐스팅 금형 구조에서 다이 베이스(홀딩 블록), 가이드 핀 등 부품별로 다음과 같은 재질을 사용한다.

① 주형(홀딩 블록) : SM50C, SM55C, SCM4, SCM3

② 가이드 핀 : STC3, STC4, STC5, SUJ2

③ 가이드 부시 : STC3, STC4, STC5, SUJ2

④ 이젝터 핀 : STD61

⑤ 리턴 핀 : STC3, STC4, STC5, STS3, SUJ2

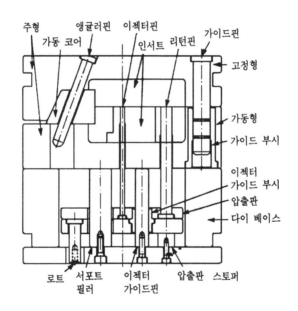

그림 4-22 다이캐스팅 금형 구성과 부품

04 단조 금형 재료

4.1 냉간 단조 금형 재료

1) 냉간 단조의 성형 구조

단조란 금속의 소성 변형이 용이한 성질을 이용하여 소재에 외력을 작용시켜 소재를 요구하는 형상, 치수로 가공하고 동시에 그 재료를 단련하는 작업이다. 특히 냉간 단조는 복잡한 단면 형상에 대한 성형 정밀도가 높고 연삭과 같은 표면 거칠기를 얻을 수 있으며, 가공 속도가 빨라 낮은 비용으로 제품을 생산할 수 있는 기법으로 해머 단조와 프레스 단조로 구분할 수 있다.

냉간 단조에 사용되는 프레스기에는 크랭크 프레스, 유압 프레스, 너클 프레스, 링크 모션 프레스 등이 있다.

2) 금형 재료의 종류와 성질

냉간 단조용 금형 부품에는 펀치, 다이, 녹아웃 핀, 맨드렐, 보강링, 압력판, 이젝터 핀 등이 있다. 그림 4-23은 냉간 단조용 금형의 구조를 나타낸 것이다.

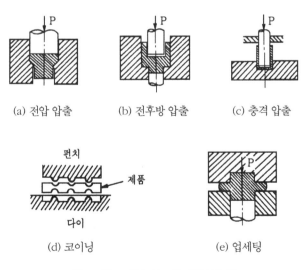

(a) 전압 압출   (b) 전후방 압출   (c) 충격 압출

(d) 코이닝   (e) 업세팅

그림 4-23 냉간 단조용 금형의 구조

금형의 수명을 좌우하는 가장 중요한 특성은 금형 재료의 내마모성과 강인성이다. 따라서 부적절한 열처리나 금형 설계 또는 다이와 펀치 사이의 틈새 등에 의하여 초기에 파손을 일으키지 않는 한 마모나 인성의 크기에 따라 금형의 수명이 결정되는 것이다. 그러므로 냉간 단조의 장점은 다음과 같다.

① 생산 능률이 높다.
② 제품정도가 향상된다.
③ 품질이 향상된다.
④ 재료의 이용률이 높다.

제품을 성형하는 과정에서 마모를 일으키는 과정을 살펴보면 펀치와 다이 사이에서 제품이 소성 변형될 때 소재는 금형의 표면을 따라 미끄러지면서 유동하므로 이들 사이에 큰 마찰력이 작용한다. 또한 내면적으로 펀치는 큰 압축 응력을 받고 다이는 인장 응력을 받으며 업셋 단조 같은 경우 제품이 측면으로 밀리면서 전단 응력을 복합적으로 받게 되어 있다.

금형의 표면에는 표면 마무리 가공에 따라 요철이 남아 있고 이 요철에 의하여 마모가 생기기 시작한다. 이 때 금형과 재료 사이에는 강한 윤활 피막이 필요하며 이 윤활 피막은 재료와 금속 간의 접촉을 경감시킨다.

금형 표면과 재료가 마찰할 때 금형의 표면 온도는 상승되고 이에 따라 금형 표면에 산화 현상이 발생되며, 윤활제의 성분에 의해서도 산화되어 금형의 표면에는 얇은 산화 피막이 생긴다. 이 피막은 치밀하고 밀착성이 큰 특성을 가지고 있어 잘 떨어지지 않고 재료의 산화 진행을 억제하므로 금형의 마모를 경감시킨다.

산화물은 경도가 높기 때문에 산화물 가루의 개재시 국부적으로 온도가 급상승하여 금형과 재료를 긁게 되고 금형 표면은 급속히 파괴된다. 마찰 속도가 빠른 경우에는 금형의 표면 온도가 더욱 급격하게 상승될 수 있고 표면의 얇은 층은 용융점을 넘는 온도에 달해 국부적으로 용융하는 것도 있다. 이와 같은 현상을 용융 마모라고 한다.

이러한 현상들을 고려할 때 금형 재료는 가능한 한 상온 및 고온 경도가 높아야 하고, 강인성이 필요하다. 이것의 표면에는 얇고 치밀하며 밀착성이 우수한 산화 피막이 생겨서 윤활 피막을 잘 유지하므로 긁힘과 열적 용착을 방지할 수 있다.

일반적으로 가장 마모가 심한 부품은 펀치의 측면이며 이에 비하여 펀치의 단면은 마모가 적다. 또한 다이의 단면 마모도 펀치의 측면 마모에 비하면 상당히 적다.

동일한 금형을 사용할 경우라도 피가공재의 재질에 따라 펀치와 다이의 마모량에는 현저한 차이가 있다. 일반적으로 인장 강도가 낮고 부드러운 소재를 단조할 때 비교적 마모 현상이 적게 발생한다.

(1) 탄소 공구강

냉간 단조 금형용 탄소 공구강에는 STC3, STC4, STC5 등이 있다. 이들의 탄소 함유량은 0.8~1.1% 정도이며 경화능이 좋지 않고 내마모성도 합금강이나 고속도 공구강에 비해 상당히 떨어진다. 또한 열처리시 변형이 많고 열간 강도는 최저 수준이다. 그러나 가공성이 우수하여 시작용 금형이나 저부하 및 소량 생산용 금형 재료로 사용된다.

(2) 합금 공구강

STS43, STS44는 V을 0.1~0.25% 첨가한 수냉 공구강으로 가공시 우수한 반면 열간 강도, 경화능은 최저 수준이다. 이 강종은 내충격용 강으로 냉간 압조에 사용한다. STD2, STD3 등은 STS43, STS44에 비해 경화능과 마모성이 좋으나 인성은 부족한 편이다.

STD1은 고탄소 고크롬강으로 Cr을 12~15% 함유하고 있으며 내마모성이 뛰어나다. 이에 비하여 STD11은 탄소가 높은 STD1의 인성을 개선하기 위하여 탄소 함유량을 낮게 하고 V을 첨가하여 결정 입자의 미세화를 도모하며, Mo을 첨가하여 온도 상승에 따른 뜨임 연화에 견디어서 고경도를 유지하게 하고 경화능을 향상시켜 열처리를 용이하게 한 것이다.

일반적으로 경화능을 향상시키는 원소로는 Si, Mn, Mo 등이 가장 우수하고 Cr도 경화능을 좋게 하는 원소이다. 그러나 V, W은 복합 탄화물을 만들어 담금질시 오스테나이트에 고용되는 탄소와 합금 원소를 감소시키고, 오스테나이트 결정 입자를 미세화시키기 때문에 경화능을 개선하는 효과는 거의 없다.

프레스 가공 중에서 펀칭 가공 및 디프 드로잉 가공의 경우, 펀치와 다이에 가해지는 응력은 펀치의 단면 및 주변과 다이의 구멍 주변에서만 높을 뿐 금형의 전단면에 큰 응력이 집중될 염려가 없어 금형 재료를 담금질할 때 중심부까지 완전 담금질 조직으로 하는 것이 바람직하다. 냉간 단조에서 펀치의 작용이 부하 방향과 일치하지 않으면 펀치에는 굽힘 응력이 가해지고 다이에는 전단 응력이 작용하며 금형의 충분한 인성이 필요하다.

STD1, STD2, STD11, STD12는 내마모성과 경화능이 우수하나 인성은 부족하다. 표 4-23에는 대표적인 내마모 불변형강의 열처리시 변형률을 나타내었으며, $\alpha(\ell)$은 길이의 변형률, $\alpha(d)$는 지름의 변형률을 나타낸 것이다.

STF4는 내충격용 강으로 가공성과 인성이 뛰어나다.

표 4-23 내마모 불변형강의 열처리 변형

강종	담금질		뜨임		담금질 변형률(%)		뜨임 변형률	
	온도(℃)	경도(HV)	온도(℃)	경도(HV)	$\alpha(\ell)$	$\alpha(d)$	$\alpha(\ell)$	$\alpha(d)$
STS 3	830 기름	807	200	743	0.137	0.286	0.072	0.087
(SBD)	800 기름	–	200	–	0.06	0.310	−0.010	0.240
STD 1	950 기름	818	200	728	0.105	0.070	0.050	0.000
STD 1	1,000 기름	828	200	740	0.195	0.124	0.137	−0.050
STD11	1,025 기름	HRC 62.8	200	HRC 61.2	0.005	0.011	0.004	−0.036
STD12	950 기름	HRC 67	200	HRC 65	0.11	0.160	0.080	0.110
STD 2	950 기름	HRC 63.5	200	HRC 60.9	0.082	–	0.157	–

(3) 고속도 공구강

냉간 단조 금형용 고속도 공구강은 SKH51과 초내마모강인 마레이징강이 주류를 이루고 있다. 일반적으로 고속도강에 함유된 합금 원소로는 Cr, W, Mo, V 및 Co 등이지만 강종별로 구분할 때에는 W계, Mo계 및 고C 고V계로 구분한다.

W계는 인성이 좋고 변형이 작으며 내마모성도 좋은 편이나 탈탄 및 결정 입자의 조대화가 용이하므로 열처리시 주의해야 한다.

고C 고V계는 경도와 내마모성이 뛰어나나 인성이 부족하다는 단점이 있다.

주로 냉간 단조 금형강으로 쓰이는 SKH51은 Mo계 고속도 공구강이며, STD11에 비해 인성이 좋고 뜨임시 잔류 오스테나이트의 마르텐사이트로 변태가 용이하여 조직이 안정되므로 냉간 압조 등 고속 펀칭용에 적합하다. 즉, SKH51은 2차 경화를 나타내는 온도보다 약간 높은 뜨임 온도를 선택해서 뜨임을 3회 반복한 후 2차 경화 온도보다 낮은 뜨임 온도에서 뜨임을 하면 마르텐사이트에서 탄화물이 용이하게 잘 석출되고, 잔류 오스테나이트의 마르텐사이트화가 잘된다.

이와 같이 냉간 단조 금형 재료로서 고속도강을 사용하는 경우에는 뜨임을 3회 이상 반복하여 잔류 오스테나이트를 변태시켜 주는 것이 필요하다. 그 이유는 금형을 장시간 방치할 때 시효 변형을 막기 위해서이다. 표 4-24에 STD11과 SKH51의 시효 변형 특성을 나타내었다.

표 4-24 Mo계 고속도강과 Cr 12% 다이스강의 시효 변형 비교

강 종	열처리	경도 (HRC)	20℃ 시효에 의한 길이의 변화 (microinches/in)			
			1일	1주간	1개월	3개월
고속도강 (SKH51 상당)	담금질 상태	65	0	−36	−70	−100
	566℃×2.5시간 공냉 566℃×2.5시간 공냉 566℃×1시간 공냉	64.5	0	+18	+33	+46
	566℃×2.5시간 공냉 566℃×2.5시간 공냉 566℃×2.5시간 공냉 482℃×1시간 공냉	65	0	0	0	0
Cr 12% 다이스강 (STD11 상당)	담금질 상태	64.5	0	+12	+14	+7
	510℃×1시간 유냉 510℃×1시간 유냉 232℃×1시간 공냉	63	0	+210	+310	+370
	−196℃ 서브제로 처리 510℃×1시간 유냉 서브제로, 뜨임 3회 반복 232℃×1시간 공냉	59.5	0	−1	−2	−2

3) 재료의 선정 기준

금형 재료의 선정은 성형품의 재질, 강도, 형상 및 수량을 고려하여 결정해야 한다. 압출 가공시 펀치는 압축 하중을 받고 다이는 인장 하중을 받으므로 다이의 경우 인장 응력에 견디는 강인성을 갖춘 재료가 필요하나, 일반적으로는 인서트 형식으로 보강 링에 끼워지므로 인장 응력은 그만큼 경감된다. 그러므로 금형 재료의 중요한 성질은 내마모성이라 할 수 있다.

펀치는 선단각으로부터 외주에 걸쳐 마모가 현저하고 경우에 따라서는 용융 마모를 일

으키는 것도 있다. 펀치에 가해지는 압축 하중은 매우 크므로 편심 하중이 가해지면 파손되기 쉽고 압축 강도가 떨어지면 지름이 늘어난다.

탄소 공구강은 다이의 치수가 작아서 열처리시 중심부까지 충분히 경화가 가능한 경우나 또는 부하 하중이 작고 사용 중에 변형될 우려가 없는 경우에 한해서 사용하는 것이 바람직하다.

STS2, STS3도 생산 수량이 적은 경우에 사용하며, STD12는 경화능과 내마모성이 좋고 열처리시 변형이 적으므로 대량 생산시 사용한다.

가장 널리 사용하는 금형강은 고탄소 고크롬계의 STD11이다. 표 4-25는 재료의 종류에 따른 냉간 압출용 금형 재료의 선정 예를 나타낸 것이다.

표 4-25 냉간 압출용 금형 재료의 선정 예

금형 압출총계수 압출소재	펀치용 금형 재료			다이용 금형 재료		
	5,000개	50,000개	500,000개	5,000개	50,000개	500,000개
AI 합금	STD12 STD 1 STD11	STD12 STD 1 STD11	SKH51	STC3 STC4	STC3 STC4	STD12 STD 1 STD11 SKH51
C 0.40% 이하의 탄소강	STD12 STD 1 STD11 SKH51	STD 1 STD11 STD51 (연질화)	SKH51 (연질화) 초고속도강 초경 합금	STS2, STS3 STD12 STD 1 STD11	STD12 (가스 질화) STD 1 STD11	SKH51 (연질화) 초고속도강 초경 합금
표면 처리강 (합금강)	STD12 STD 1 STD11 SKH51	STD 1(연질화) STD11(연질화) SKH51(연질화) 초고속도강	SKH51 (연질화) 초고속도강 초경 합금	SKS2, SKS3 STD12 STD1 STD11	STD12(가스질화) STD 1(연질화) STD11(연질화) SKH51(연질화) 초고속도강 초경 합금	SKH51 (연질화) 초고속도강 초경 합금
오스테나이트계 스테인리스강	STD12 STD 1 STD11 SKH51	STD51 (연질화) 초고속도강 (연질화)	SKH51 (연질화) 초고속도강 (연질화) 초경 합금	AISI H12 STD 5 STF 4	AISI H12 STD 5 STF 4	AISI H12 STD 5 STF 4

일반적으로 HRC 58~60이 적당하나 인성이 충분히 요구될 때에는 HRC 55 정도가 좋다. STD11은 뜨임 온도를 300~400℃로 해야 한다. 또한 STD1은 인성이 문제되지 않는 곳에 사용하면 내마모성과 압축 강도가 크므로 좋다.

SKH51은 고탄소 고크롬강보다도 내마모성이 뛰어나므로 STD1, STD11 등이 항복 하중을 초과하는 경우에 사용하고, 경도는 HRC 64~66이 바람직하다.

STF4, STD5는 내충격강으로 형상이 얇고 복잡하여 모서리부 등 파손이 우려될 때 고탄소 고크롬강 대용으로 사용하면 좋다. 사용 경도는 HRC 45~48이 적당하며 이것에 질화 처리를 하면 표면은 내마모성, 내부는 인성이 확보되어 좋으나 모서리 등의 파손이 우려되므로 신중하게 선택하는 것이 바람직하다.

표 4-26은 냉간 압조, 코이닝, 사이징 등 냉간 압축 작업에 사용하는 금형 재료의 선정 기준을 나타낸 것이다. 삽입형의 경우 다이 홀더 또는 보강 링에 STD6나 STF4를 사용하는 것이 바람직하다. 또한 사용시 경도는 HRC 48 이하로 하므로 인장 응력에 대한 내력이 필요하다.

표 4-26 냉간 압축 작업용 금형 재료의 선정기준

구분	압축 작업 총 개수							
	10,000개		50,000개		250,000개		1,000,000개	
	일체형	삽입형	일체형	삽입형	일체형	삽입형	일체형	삽입형
냉간 압조	STC 3	–	STC 3	–	STC 3	–	STC 3	–
	STC 4	–	STC 4	–	STC 4	–	STC 4	–
	STC 5	STD 1	STC 5	STD 1	STC 5	STD 1	STC 5	–
	STS43	STD11	STS43	STD11	STS43	STS11	STS43	초경 합금
	STS44	SKH51	STS44	SKH51	STS44	SKH51	STS44	–
	STS 2	–	STS 2	–	STS 2	–	STS 2	–
	STS 3	–	STS 3	–	STS 3	–	STS 3	–

구분	성형되는 소재	성형 총 개수		
		1,000개	10,000개	100,000개
코이닝, 사이징	Al 합금, 구리 합금 저탄소강 스테인리스강, 내열강 등	STC3, STC4, STC5 STC3, STC4, STC5 STS2, STS3	STC3, STC4, STC5 STC2, STS3 STD12	STD1, STD11 STD1, STD11 STD1, STD11

냉간 압조(콜드 헤딩)에 사용되는 다이는 표면에 큰 인장 응력을 받으므로 내마모성이 필요하며 따라서 표면의 경도는 높게, 내부는 인성을 갖도록 열처리하는 것이 바람직하다.

탄소 공구강은 표면만 물분사에 의해 급냉하는 표면 경화법을 적용하는 경우가 많다. 이때 내부의 경도는 HRC 40~50으로 하나 금형이 클 경우에는 경도가 낮아져 압축 응력에 견딜 수 없고 균열이 발생되는 등 파손이 우려된다. 따라서 다이의 치수나 형상을 고려할 때 경화능이 너무 낮다고 판단될 때에는 STS2 또는 STS3을 사용한다.

STD11이나 SKH51은 경화능이 좋으므로 중심부까지 경화되며, 중심부의 잔류 오스테나이트가 마르텐사이트로 변태될 때 금형 모면부에 유발시키는 압축 응력을 기대하기는 어렵다. 따라서 다이에 작용된 인장 하중을 상쇄시키기 위해서는 다이 홀더나 보강 링의 뒷받침이 필요하다.

4.2 열간 단조 금형 재료

1) 재료의 종류와 성질

열간 단조용 금형은 상용 중 고도의 기계적 응력과 열적 응력을 받는다. 단조 금형은 작업 중 항상 고온의 재료와 서로 접촉하며, 경우에 따라 금형 표면이 약 600℃ 이상 상승하는 경우도 있다. 반복적인 가열과 냉각의 열 사이클은 금형 표면에 큰 열응력을 발생시켜 이 온도 변화에 견딜 수 없으며 히트 체크가 발생하게 된다. 또한 변형하는 피가공재와의 사이에서 심한 마찰이 생기기 때문에 마모도 발생한다. 따라서 열간 단조용 금형 재료에 요구되는 일반적인 조건들은 다음과 같다.

① 가공성이 좋을 것

② 열전도도가 클 것

③ 인성 및 피로 강도가 클 것

④ 금형의 표면은 고온 재료와 접촉하므로 내열성이 클 것

⑤ 재료의 유동에 대한 내마모성이 좋을 것

⑥ 온도 상승 및 냉각에 의한 히트 체크에 대해 내력이 클 것

⑦ 금형의 내부까지 경화될 수 있도록 경화능이 좋을 것

⑧ 방향성이 적고 조직이 균질일 것

(1) STF계 열간 금형강

STF계 열간 금형강은 해머 단조용 금형 재료로 많이 사용되며, 특히 STF4는 경화능이 좋고 온도 상승에 따른 연화 저항이 커서 고온 강도가 뛰어나다.

표 4-27에 STF4의 뜨임 온도에 따른 기계적 성질값을 나타내었다. STF5도 STF4와 유사하나 고온 강도는 STF4가 우수하여 400℃까지 인장 강도의 감소가 적으나 그 이상에서는 급격히 감소한다. 또한 300℃ 부근은 청열 취성 구역이며 단면 수축률이 가장 적다.

표 4-27 STF4의 뜨임 온도와 기계적 성질

뜨임 온도 (℃)	기계적 성질						비고
	인장 강도 (MPa)	항복점 (MPa)	연신율 (%)	단면 수축률 (%)	충격값 (J/mm²)	경도 (HB)	
500	1,464	1,324	9.6	26.7	19.12	444	
550	1,324	1,178	12.0	32.7	21.57	415	담금질 온도 :
600	1,171	1,006	15.9	39.4	45.7	363	830℃, 유냉
650	1,038	866	19.0	47.0	83.36	321	

(2) STD계 열간 금형강

열간 단조용 금형 재료로서 STD4, STD5, STD61 및 STD62 등이 있다. 이 강종은 프레스 단조용 금형 재료로 쓰이며, 특히 온도 상승에 따른 연화 저항이 커서 고온에서의 인장 강도와 항복점이 STF계보다 높고 단면 수축률이나 연신율이 낮다.

그림 4-24는 STF4와 STD61의 열간 단조용 금형 재료의 기계적 성질을 나타낸 것이다.

내히트 체크성은 표 4-28과 같이 STF4에 비해 떨어진다. 충격 저항의 경우, STD계 600℃ 정도에서 단면 수축률이 최소가 되어 충격값은 최소값을 나타내며, 그 이상의 온도에서는 고온 강도가 급격히 떨어진다.

피로 강도의 경우, STD61은 100,000회 이상에서 최저값은 변곡점이 존재하므로 사전에 응력 제거 뜨임을 하는 것도 피로 파쇄를 지연시키는 좋은 방법이다.

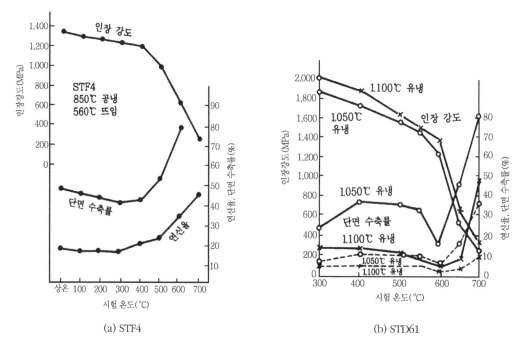

(a) STF4　　　　　　　　　　　　　(b) STD61

그림 4-24 STF4와 STD61의 기계적 성질 비교

표 4-28 내히트 체크성

강종	열처리	경도 (HRC)	N (개)	L (mm)	l (mm)	비고
STD61	1,030℃×30분 공냉 620℃×1시간 공냉(2회)	45.2	145	12.82	0.102	• N(개) : 체크 총 개수
STF4 상당	850℃×20분 유냉 600℃×1시간 공냉	39.3	72	15.40	0.214	• L(mm) : 체크 총 길이 • l(mm) : 체크 평균 길이=L/N

2) 재료의 선정 기준

열간 단조를 위해 금형 재료를 선정할 경우 단조 재료의 재질, 단조품의 크기, 단조품의 형상과 난이성, 사이클 타임과 총 생산 수량 등을 감안해야 하며 단조 기계(설비) 및 가열 기구 등도 충분히 고려해야 한다.

단조품의 크기는 조그마한 볼트로부터 약 300mm 크기의 플랜지 파이프에 이르기까지 다양하며, 자동으로 생산하는 볼트의 경우에는 시간당 7,000개 이상까지도 생산이 가능하다. 이 때에는 금형이 계속적인 열적 부하를 받게 되어 있으므로 열적 부하를 견딜 수 있는 금형 재료를 사용해야 한다. 반면 중간 정도 크기의 자동차용 단조품의 경우 시간당 120~150개를 생산하고, 이 때에는 냉각 시간이 비교적 충분하여 열적 부하가 적으므로 좀더 낮은 열간 강도로도 생산이 가능하다.

자동차용 단조품 볼트의 경우, 단조품의 크기가 중간 정도인 고경도 고합금 단조 공구의 사용은 적합하지 않다. 왜냐하면 고경도 고합금 공구강은 파쇄에 민감하기 때문에 대형 부품의 단조시에는 공구와 제품 간의 마찰면이 많이 발생하므로 강도가 높은 고합금 공구강이 적당하다.

단조품의 형상과 관련하여 날카로운 코너나 에지 등이 있는 제품의 경우에는 그 곳에 응력을 집중시켜 조기에 파손을 유발하며, 금형의 덧살이 얇은 부위에도 과부하를 받게 하고 열적 응력이 집중되게 한다.

단조 금형 부품 중 내부의 펀치나 맨드렐은 고충격 하중을 받고 미끄럼 마모로 조기에 교환해야 할 경우에 발생한다. 인서트로 된 금형들은 정밀도가 높지 않으면 조기에 파손된다.

단조 재료의 재질과 관련하여 저탄소강이나 저합금강은 스테인리스강이나 내열강에 비해서 강도가 작으므로 비교적 저렴한 금형 재료를 사용하여 생산할 수 있다. 이에 비해 티타늄 합금은 최고급의 금형 재료를 사용해도 비교적 금형 수명이 짧다.

(1) 단조용 금형 재료

① 해머 단조형 금형 재료

해머 단조는 단조 가공 중 충격 하중에 의해서 제품을 성형하며, 해머 단조용 형강은 특별히 깊이가 깊은 조각 부품이 아닌 이상 재가공을 수회에서 10회 가까이 한다. 그러므로 다음과 같은 조건을 구비한 금형 재료가 좋다.

㉠ 대충격성이 좋을 것 : 어느 방향에서도 $29.4\,J/cm^2$ 이상이 바람직하다.

㉡ 질량 효과가 좋고 재가공해도 경도가 저하되지 않을 것 : 재료의 성분 중 Mn은 담금질성을 향상시키며 Ni은 담금질성과 인성을 개선한다. Mo은 내열성의 향상과 뜨임 취성을 방지하고 Cr은 담금질성 내산화성에 기여한다.

일반적으로 해머 단조용 금형 재료로는 내충격성이 뛰어난 STF4, STF5가 가장 많이 사용되고 있다.

② 프레스 단조용 금형 재료

프레스 단조는 일반적으로 고속의 기계식 프레스를 사용하며, 다음과 같은 특성이 있다.

㉮ 가압력은 액압 프레스보다 고속이고 충격적이지만 해머와 비교하면 정압 부하이다.

㉯ 1공정당 소성 변형량이 해머 단조에 비해 대부분 크다.

㉰ 가압 속도는 해머 단조의 1/10 정도로 금형 표면과 고온 재료의 접촉 시간이 길다.

이로 인해 금형 표면의 온도가 상승되므로 고온 경도를 장기간 유지해야 한다. 일반적으로 고W계의 STD4, STF5는 열간 강도와 열간 내마모성이 우수하지만 히트 체크에 약하고, STD61, STD62에 비해 인성이 떨어진다. STD61, STD62는 열간 강도가 STD4, STD5보다 떨어지나 인성이 크고 히트 체크에 강하여 가장 널리 사용되고 있으며 STD62는 내열성이 보다 우수하다. 기타 석출 경화형 3Ni-3Mo 합금이 있으며, 이것은 가공성이 용이하고 사용 중 열의 영향으로 경화되는 특성이 있다.

③ 해머 단조형과 프레스 단조형의 금형 재료

표 4-29는 해머 단조형과 프레스 단조형의 금형 재료 선정 기준을 나타낸 것이다.

표 4-29 해머 단조형 및 프레스 단조형의 선정 기준

종 류		피단조재	해머 단조형		프레스 단조형	
			총 생산 개수		총 생산 개수	
			100~10,000	10,000 이상	100~10,000	10,000 이상
얇은형	소형	C강 합금강	STF 5, STF 4 HB 341~375	STF 5, STF 4 HB 388~429	STF 5, STF 4 HB 388~429	STF 4 HB 369~388
		스테인리스강 내열강	STF 5, STF 4 HB 388~429	STF 5, STF 4 HB 388~429	STF 5, STF 4 HB 388~429	H 12 HB 477~543 H 26 HB 514~577
	중형	C강 합금강	STF 5, STF 4 HB 341~375	STF 5, STF 4 HB 341~375	STF 5, STF 4 HB 388~429	STF 5, STF 4 HB 369~388
		스테인리스강 내열강	STF 5, STF 4 HB 341~375	STF 5, STF 4 HB 405~448	STD 6, STD 62	STD 61, STD 62
	대형	저합금강 스테인리스강 내열강	STF 5, STF 4 HB 302~331	STF 5, STF 4 HB 302~331	STD 6, STD 62	STD 61, STD 62

종 류		피단조재	해머 단조형		프레스 단조형	
			총 생산 개수		총 생산 개수	
			100~10,000	10,000 이상	100~10,000	10,000 이상
깊은 형	소형	C강 합금강	STF 5, STF 4 HB 341~375	STF 5, STF 4 HB 341~375	STF 5, STF 4 HB 388~429	STF 5, STF 4 HB 388~429
		스테인리스강 내열강	STF 5, STF 4 HB 341~375	STF 5, STF 4 HB 341~375	STF 5, STF 4 HB 388~429	STF 5, STF 4 HB 341~375
	중형	C강 합금강	STF 5, STF 4 HB 302~331	STF 5, STF 4 HB 302~331 STF 4, HB369~388	STF 5, STF 4 HB 341~375	STD 62, STD 61 HB 369~388
		스테인리스강 내열강	STF 5, STF 4 HB 302~331	STF 5, STF 4 HB 302~331	STD 4, STD 5	STD 62, STD 61 기타
	대형	저합금강 스테인리스강 내열강	STF 5, STF 4 HB 269~293	STF 5, STF 4 HB 269~293	STD 62 STD 4, STD 5	STD 62, STD 61 기타

(2) 플래시 제거 및 펀칭용 재료

플래시 제거 펀치에는 합금강을 사용하고 플래시 트리밍용 다이에는 탄소강과 합금강을 사용한다. 트리밍 다이의 커터부에는 온도 상승에 따른 마모를 예방하기 위하여 Cr-W-Co계의 스텔라이트를 용접하여 사용한다. 표 4-30에 이들 재료의 화학 성분과 용도를 나타내었다.

표 4-30 플래시 제거 및 펀치용 재료의 화학 성분과 용도

기호	표준 성분(%)							용도	비고
	C	Si	Mn	Mo	Ni	Cr	V		
SCM4	0.38~0.43	0.15~0.35	0.60~0.85	0.15~0.35	–	0.90~0.20	–	플래시 제거용 다이, 플래시 제거용 펀치, 구멍뚫기용 펀치	모재 뜨임 HRC 30~36 날부 패딩 용접
SM45C	0.42~0.48	0.15~0.35	0.60~0.90	–	–	–	–	플래시 제거용 다이	모재 뜨임 HRC 30~36 날부 패딩 용접

기호	표준 성분(%)							용도	비고
	C	Si	Mn	Mo	Ni	Cr	V		
STD5	0.25~ 0.35	0.15~ 0.35	0.30~ 0.60	9.00~ 10.00	–	2.00~ 3.00	0.30~ 0.50	플래시 제거용 다이, 플래시 제거용 펀치, 구멍뚫기용 펀치	뜨임 HRC 50 이하
STF4	0.50~ 0.60	0.15~ 0.35	0.6~ 0.8	0.20~ 0.50	1.30~ 2.00	0.80~ 1.20	0.08~ 0.15	플래시 제거용 다이	뜨임 HRC 40~44
STD61	0.35~ 0.40	0.80~ 1.10	0.25~ 0.50	1.20~ 1.50	–	5.00~ 5.50	0.90~ 1.10	Ø25 이하의 구멍 뚫기용 펀치	뜨임 HRC 47~50 날부 패딩 용접 (재사용시)

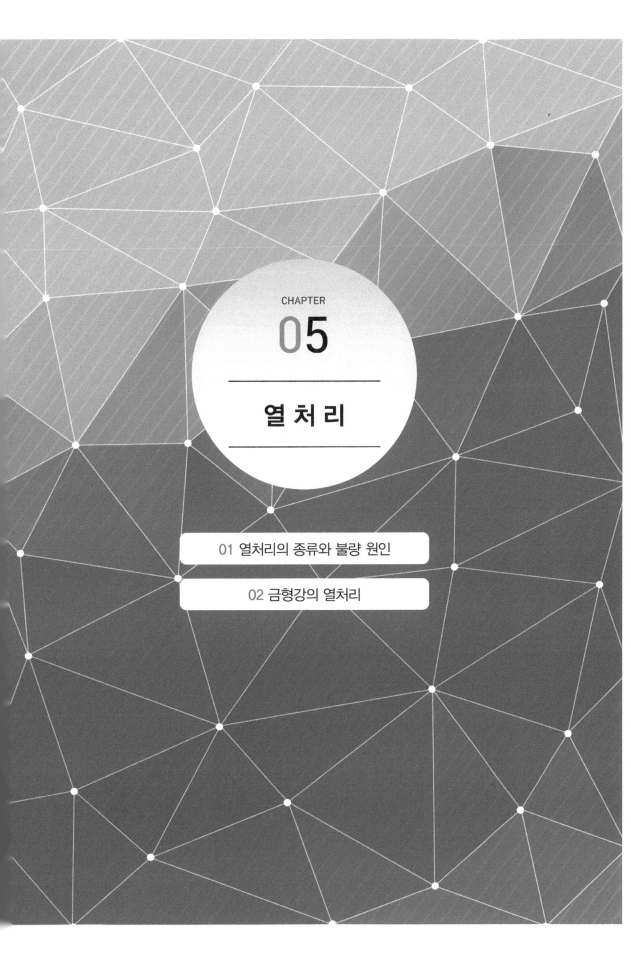

CHAPTER

05

열 처 리

Chapter 05 | 열처리

01 열처리의 종류와 불량 원인

1.1 일반 열처리

금속을 적당한 온도에서 가열과 냉각 등의 각종 조작을 하여 특별한 성질을 부여하는 것을 열처리(heat treatment)라고 하며, 탄소강에는 A_1 변태가 있다. A_1 변태는 강의 특수한 변태로서 그림 5-1의 HOT 선으로 표시한 것과 같이 일정한 온도 723℃에서 일어나며 탄소량과는 무관하다. 탄소량이 0.86%인 공석강을 γ 오스테나이트 상태로부터 서냉하면 723℃에서 페라이트와 시멘타이트의 공석강인 펄라이트를 석출한다. 이 펄라이트 변태를 A_1 변태라고 하며 냉각시에는 Ar_1으로 표기하고 공석 변태라 한다.

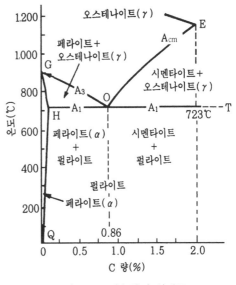

그림 5-1 탄소강의 상태도

A_1 변태점 이상의 온도에서 Fe는 γ철로서 탄소를 고용하고 있으나 A_1 변태점 이하의 온도에서 Fe는 α철로 되며, α철은 거의 탄소를 고용할 수 없으므로 유리 상태의 시멘타

이트로 존재한다.

열처리 방식에 따른 열처리 종류에는 다음과 같은 열처리 방법이 있다.

① 계단 열처리(interrupted heat treatment)

② 항온 열처리(isothermal heat treatment)

③ 연속 냉각 열처리(continuous cooling heat treatment)

④ 표면 경화 열처리(surface hardening heat treatment)

이밖에 특수 열처리로써 재료의 기계적 성질을 변화시킬 수 있으며, 경합금(light alloy)에는 시효 경화(age hardening) 열처리법이 사용되고 있다.

1) 철강의 서냉 조직

철강은 탄소를 함유하므로 순철과는 다른 A_3, A_2, A_1, A_{cm} 등의 변태를 일으키는데 그 중에서 철강과 가장 중요한 관계가 있는 것이 A_1 변태점(A_1 transformation point)이며 이 변태점을 경계로 하여 오스테나이트 ⇄ 펄라이트의 변태를 한다. 또 펄라이트는 페라이트와 시멘타이트의 혼합물로 구성되어 있으며, 다음과 같은 변화를 이용하여 철강의 기계적인 성질을 조성하는 것이 강의 열처리로서 가장 널리 이용되고 있다.

① γ 고용체 ⇄ α 고용체

② 면심 입방 격자 배열 ⇄ 체심 입방 격자 배열

③ 고용 탄소 ⇄ 유리 탄소

그림 5-2는 열처리된 탄소강의 현미경 조직의 특징을 나타낸 것이며, 강을 변태점 이상으로 가열하여 서냉시킨 조직을 탄소강의 표준 조직이라 하고, 강의 서냉 조직은 다음과 같다.

① 펄라이트 : 페라이트와 탄화물이 서로 층상으로 배치된 조직으로, 현미경 조직은 흑백으로 된 파상선을 형성하고 있으며 경도 HB180~200, 강도 588~784MPa 정도로 탄소강의 기본 조직이다.

② 페라이트 또는 지철 : 탄소를 함유하지 않은 것으로 현미경 조직은 백색으로 보이며, 철강 조직에 비하여 연하고 경도와 강도가 작다. 경도는 HB80, 인장 강도는 294MPa

이며 강자성체로 순철의 바탕 조직이다.

③ 시멘타이트 : 철과 탄소의 화합물로서 침상이고 회백색이며 조직이 취약하다. 경도 HB800 정도이며 이 조직으로는 실용화할 수 없다.

일반적으로 상온의 철강을 가열하면 A_1 변태점 이상에서는 펄라이트가 전부 오스테나이트 조직으로 변하고, 이것을 냉각하면 냉각 속도에 따라 그림에 표시된 각종의 열처리 조직이 생기게 된다.

| HB 200 | 180 | 300 | 450 | 700 | 400~250 |
| 오스테나이트 | 펄라이트 | 미세펄라이트 | 구상트르스타이트 | 마르텐사이트 | 솔바이트 |

그림 5-2 열처리된 탄소강의 현미경 조직의 특징

2) 강의 경화능과 질량 효과

강재를 담금질했을 때 경도는 그림 5-3과 같이 그 강재의 탄소 함유량으로 결정되며, 합금 원소는 이 담금질 경도와 무관함을 알 수 있다. 그러나 합금 원소는 경화층의 깊이를 깊게 하는 데 기여한다. 같은 크기의 물체라도 강종에 따라 경화되는 방법이 다르다. 이 때 경화되는 깊이를 지배하는 강재 자체의 성능을 경화능이라 한다.

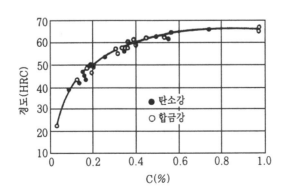

그림 5-3 강의 C(%)와 담금질 최고 경도의 관계

합금강은 탄소강에 비해 경화능이 좋다. 경화능은 담금질된 강재의 단면에 대한 경도를 측정함으로써 알 수 있다. 크기가 큰 강재를 담금질하면 표면과 내부의 냉각 속도가 다르므로 표면만 경화되고, 중심부는 냉각 속도가 늦어 경화되지 않는다. 따라서 경도 분포를 표시하면 U자형으로 된다. 이와 같은 경우 담금질 경화층의 깊이를 결정하기 위해 보통 50% 마르텐사이트 조직의 경도 HRC 50(HV 513)을 임계 경도로 하여 표면으로부터 50% 마르텐사이트 부분까지의 깊이를 담금질 경화층 깊이라고 한다. 그 이유는 시험편 단면을 연마하여 질산알코올 용액으로 부식시켰을 때 짙은색과 연한색의 변화점이 이 깊이와 일치하고 있으며, 시험편 표면으로부터의 경도 곡선의 변곡점도 50% 마르텐사이트에 해당하기 때문이다.

강재의 크기에 따라 냉각시 냉각 속도가 다르고, 이에 따라 표면과 중심부는 조직이 달라지며 경도값에도 차이가 발생한다. 이와 같은 현상을 질량 효과라도 한다. 일반적으로 탄소량이 많고 결정 입자가 미세하며 합금 원소를 많이 함유할수록 경화능이 좋고 경화층 깊이도 깊어진다.

1.2 계단 열처리

계단 열처리의 기본 열처리 방법은 담금질(quenching), 뜨임(tempering), 풀림(annealing), 불림(normalizing) 등이 있으며, 이와 같은 열처리 과정은 가공하려는 재료 및 온도에 따라 다르다. 그림 5-4는 계단 열처리의 공정도를 표시한 것이다. 여기서 AB : 가열, BC : 정온 유지, CD : 급냉, EF : 재가열, FG : 정온 유지, GH : 냉각 등의 일련의 과정을

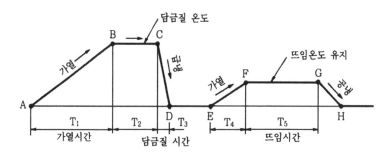

그림 5-4 계단 열처리의 공정도

거쳐 작업이 진행된다.

　온도 가열에서 AB → BC → CD의 과정을 담금질이라 하며, 실온에서 A_1 변태점 이상의 적당한 온도까지 AB와 같이 서서히 가열하고, 일정한 온도 BC에서 유지 시간 T_2가 되면 C에서 적당한 냉각제 중에 급냉하여 강을 경화시킨다. 담금질된 강은 경도가 크나 인성이 작아 이것을 EF → FG → GH 과정을 거쳐 뜨임하여 필요한 경도와 인성을 갖게 한다.

1) 담금질(quenching)

　담금질은 경화시킬 목적으로 A_1 변태점 이상으로 가열하여 균일한 오스테나이트 조직으로 만들어 매우 서서히 냉각하면 펄라이트가 된다. 그러나 급냉하여 냉각 속도가 빠르면 A_1 변태가 완전히 끝나지 못하고 중간 조직이 된다. 이것들은 천천히 냉각하여 얻은 펄라이트보다도 경도가 크고 강하며 그 질은 여리다. 이와 같이 급냉으로 기계적 성질을 조정하는 작업을 담금질이라 한다.

　담금질 냉각에서 중요한 것은 그림 5-5와 같은 요령으로 임계 구역은 급냉, 위험 구역은 서냉하여야 한다는 것이다. 정체된 물 속에서의 냉각은 그림 5-6과 같이 비등 단계에서 냉각 속도가 최대가 되며 이때 담금질 효과도 크게 나타난다. 따라서 일반적인 담금질 방법은 다음과 같다.

　① 시간 담금질(time quenching) : 담금질 온도에서 냉각액 속에 담금하여 일정 시간 유지시킨 후 인상하여 서냉시키는 조작으로 인상 담금질 또는 2단 담금질이라 한다.

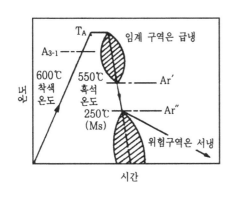

그림 5-5 담금질 냉각의 요령

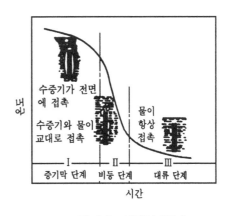

그림 5-6 냉각의 3단계

인상 담금질할 때는 두께 3mm당 1초간 담금 및 진동이나 물울음이 정지할 때까지 담금하고, 유중 담금질할 때는 두께 1mm당 1초간 유침시킨다.

② 분사 담금질(jet quenching) : 담금질 경화 부분에 냉각액을 분사시켜 급냉시키는 방법으로 죠미니식 일단 담금질과 같은 것이 있으며 균열을 일으키는 일은 없다.

③ 프레스 담금질(press quenching : HQO) : 기어나 스프링 등의 담금질 변형이 우려되는 경우, 금형으로 프레스하여 유중 담금질하는 조작을 말하며 톱날, 면도날 같은 얇은 물건에 적용한다.

④ 슬랙 담금질(slack quenching) : 오스테나이트 온도로 가열 유지시킨 후 절삭유 또는 연삭유의 수용액 등에 담금질하여 미세 펄라이트 조직을 얻는 방법으로 200℃ 이하의 저온 구역에서 꺼내어 공냉하면 좋다.

강의 임계 구역을 급냉시키기 위해서는 30℃ 이하의 수냉, 60~80℃의 기름 냉각, 때로는 통풍 냉각 등을 한다. 또한 임계 구역에서 급냉된 강은 Ms점에서 Ar″ 변태를 하여 마르텐사이트 조직으로 되어 경화되고, 이 때 급냉에 의한 수축과 Ar″ 변태에 의한 팽창이 동시에 일어나 담금질 균열이 발생될 우려가 있다.

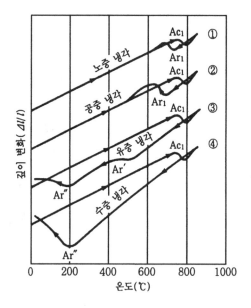

그림 5-7 탄소강의 냉각 속도에 따른 변태점

그러므로 Ar″ 변태가 시작되는 Ms점과 Ar″가 끝나는 Mf점 구역을 서냉시킬 필요가 있다.

그림 5-7의 냉각 속도에 따르는 변태점과 그림 5-8의 열처리 조직 변화에 대하여 설명하기로 한다. 그림 5-7은 탄소 0.86%의 탄소강 시편을 상온에서 Ac_1 이상까지 천천히 가열한 후, 냉각 방법과 각종 냉각 속도에서의 변태점 차이를 열팽창으로 표시한 것이다. ①, ②에서 Ac_1 변태 이상의 온도에서는 오스테나이트이고 Ar_1 변태 온도 이하에서는 펄라이트가 되어 본래 상태까지 회복되었으나 ③에서는 Ar_1 변태가 완료되기 전에 상온이 되어 Ar′와 Ar″와의 2개의 과도적인 변태가 생긴다.

그러므로 ③의 Ar′ 변태에서는 오스테나이트에서 과포화 상태의 시멘타이트가 입상으로 석출된 조직이 생긴다. 이것을 트루스타이트라고 한다. 또 ③과 ④의 Ar″ 변태에서는 오스테나이트 입자 사이에 시멘타이트가 침상으로 석출된 조직으로서 마르텐사이트가 나타난다. 마르텐사이트는 강에서 가장 경도가 큰 열처리 조직이다. 따라서 Ar_1 변태를 조직 변화로 표시하면 냉각 속도 차이에 의해 조직은 다음과 같이 된다.

오스테나이트(A) → 마르텐사이트(M) → 트루스타이트(T) → 솔바이트(S) → 펄라이트(P)

그리고 담금질 조직의 경도는 상호간 다음과 같은 관계가 있다.

오스테나이트<마르텐사이트>트루스타이트>솔바이트>펄라이트>페라이트

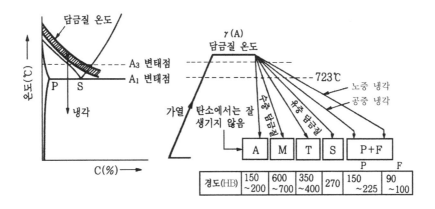

그림 5-8 열처리 조직 변화

2) 뜨임(tempering)

담금질한 강철은 경도가 크지만 그 반면에 취성이 있으므로 다소 경도가 떨어지더라도 인성이 필요한 기계 부품에는 담금질한 강을 다시 가열하여 인성을 증가시킨다. 이와 같이 담금질한 철강을 A₁ 변태점 이하의 일정 온도로 가열하여 인성을 증가시킬 목적으로 하는 조작을 뜨임(tempering)이라 한다.

뜨임을 하면 담금질할 때 생긴 내부 응력이 제거되고, 불안정한 조직이 재질에 따라 다소의 차이가 있으나 대략 표 5-1과 같다.

표 5-1 뜨임 조직의 변태

조직명	온도 범위(℃)
오스테나이트 → 마르텐사이트	150~300
마르텐사이트 → 트루스타이트	350~500
트루스타이트 → 솔바이트	350~650
솔바이트 → 펄라이트	700

뜨임 온도는 강재의 표면에 생기는 산화막이 온도의 차이에 따라 변화하므로 표면 피막의 정도를 나타내는 뜨임색으로 판단하는 때도 있다. 그러나 뜨임색은 가열 시간 및 재질 조직 등에 따라 다르며 뜨임할 때에는 담금질 표면을 깨끗이 닦고 강철판 위에 얹어 가열하면 뜨임색이 나타난다. 표 5-2는 탄소강의 뜨임색과 뜨임 온도의 관계를 표시한다.

표 5-2 뜨임 온도와 뜨임색

뜨임 온도(℃)	뜨임색	뜨임 온도(℃)	뜨임색
200	담 황 색	290	농청색
220	볏짚황색	300	중청색
240	갈 색	320	담청색
260	자 색	350	청회색
280	적 자 색	400	회 색

뜨임 방법은 경도를 목적으로 하는 저온 뜨임과 조직을 목적으로 하는 고온 뜨임이 있다.

(1) 저온 뜨임

저온 뜨임은 100~200℃에서 뜨임 마르텐사이트 조직을 얻는 조작으로 공냉이며 다음 목적으로 실시한다.

① 담금질 응력 제거

② 치수의 경년 변화 방지

③ 연마 균열 방지

④ 내마모성의 향상

(2) 고온 뜨임

고온 뜨임은 조직을 목적으로 400~650℃에서 가열하여 트루스타이트 또는 뜨임 솔바이트 조직을 얻기 위한 조작이며, 구조용강에서와 같이 강인성이 요구되는 부분에 적용된다. 일반적으로 뜨임 온도가 높을수록 강도, 경도는 감소되나 연신율, 단면 수축률 등은 증가되며, 뜨임 온도에 따라 뜨임 취성이 있고 이 뜨임 취성에는 다음의 3종류가 있다.

① 저온 뜨임 취성 : 270~350℃

② 1차 뜨임 취성 : 450~550℃

③ 2차 뜨임 취성 : 550~650℃

고온 뜨임시 냉각 방법은 급냉이 좋으나 고속도강이나 냉간 금형강의 경우는 서냉시켜 뜨임 경화, 즉 2차 경화를 하여 사용한다. 2차 경화의 원인은 잔류 오스테나이트의 마르텐사이트화 및 담금질에 의하여 고용된 탄화물이 석출되어 이루어진다. 그리고 마르텐사이트 중의 과포화된 탄소 원자는 뜨임하는 사이에 탄화물을 형성하나 탄소 이외의 원소라고 할지라도 적당한 조성인 경우에는 고온에서 급냉하고, 과포화된 상태로 존재하는 것은 적당한 온도에 가열하면 화합물로 석출할 가능성이 있다. 고온에서의 급냉을 고용화 처리(solution treatment)라 하고, 석출을 위한 가열을 시효(ageing)라고 하며 시효로서 경화시키는 것을 시효 경화(age hardening)라고 한다.

그림 5-9는 Ni-Al-Cu를 함유하는 강을 고용화하고 이것을 각종 온도로서 시효시킨

것이다. 시효 시간이 너무 길면 경도가 다시 떨어진다. 이것을 과시효(over ageing)라고 한다.

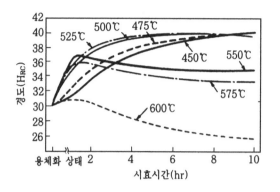

그림 5-9 Ni-Al-Cu 함유강의 시효 경화

3) 풀림(annealing)

단조 작업을 한 강철 재료는 고온으로 가열하여 작업하게 되므로 조직이 불균일하고, 거칠다. 이와 같은 조직을 균일하게 하고, 상온 가공에 의한 내부 응력을 제거하기 위한 열처리를 풀림이라고 한다.

풀림 열처리의 목적은 대략 다음과 같다.

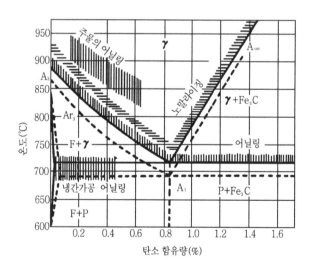

그림 5-10 풀림 온도

① 가공 또는 공작에서 경화된 재료의 연화

② 단조, 주조, 기계 가공에서 생긴 내부 응력 제거

③ 금속 결정 입자의 조성

④ 열처리로 인하여 경화된 재료의 연화

그림 5-10은 풀림 온도를 나타낸 것이다. 강재의 풀림에는 완전 풀림, 항온 풀림, 구상화 풀림, 응력 제거 풀림, 연화 풀림, 확산 풀림, 중간 풀림 등 목적에 따라 적절한 온도에서 처리되고 있다.

(1) 완전 풀림(full annealing)

① 목적 : 강재의 조직을 개선시키고 연화시키기 위하여 행하는 것이며 단순히 풀림이라고 하면 완전 풀림을 말한다. 풀림시 냉각 속도는 피절삭성과 깊은 관계를 가지고 있다. 즉, 서냉할수록 연하고 절삭성이 좋아진다. 이는 서냉할수록 고온에서 변태하여 조대한 펄라이트가 생성되기 때문이다. 따라서 피절삭성을 좋게 하기 위하여 완전 풀림을 행한다. 또한 풀림을 위해 강재를 오스테나이트 구역으로 가열할 때 온도와 유지 시간이 불충분하면 불균일한 탄소 농도 분포로 인하여 구상의 펄라이트가 생성된다. 즉, 강종과 사용 목적에 따라 가열 유지에 따른 탄소 농도의 변화로 층상 또는 구상의 펄라이트를 생성할 수 있다.

② 방법 : 강재를 Ac₃ 또는 Ac₃선 이상의 온도로 적정 시간 가열한 후 일정 시간 유지하고 서냉한다. 가열 시간은 강편의 크기와 형상 등에 따라 결정되며, 서냉하는 방법은 보통 실온까지 노중에서 냉각하나 550℃ 정도가 되면 노에서 집어 내어 공냉 또는 수냉하여도 무방하다. 이와 같이 처음에는 천천히, 다음에는 빨리 냉각시

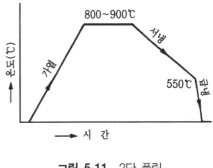

그림 5-11 2단 풀림

켜 2단계의 방법으로 냉각시켜 주는 방법을 2단 풀림이라 한다. 이 방법은 냉각 시간을 단축시키는 장점이 있다. 그림 5-11은 2단 풀림을 나타낸 것이다.

(2) 항온 풀림(isothermal annealing)

항온 풀림은 완전 풀림의 일종이며 풀림 온도로 가열 오스테나이트화한 후 $600 \sim 650°C$ 의 노에 장입하여 $30 \sim 50$분간 등온으로 유지한 후 공냉한다. 이 방법은 사이클 풀림(cycle annealing)이라고도 한다.

① 목적 : 항온 풀림의 목적은 풀림 시간을 단축시키고 펄라이트의 층간 거리를 균일하게 하여 절삭 가공면을 개선하는 데 목적이 있으며, 등온 처리 온도는 일반적으로 S 곡선의 코의 온도와 일치한다.

② 방법 : 합금 공구강 및 열간 금형강의 완전 풀림 방법은 그림 5-12, 13과 같다. 고속도 공구강은 $30°C/h$ 이하의 냉각 속도로 장시간 요하는 데 비해 항온 풀림에서는 수시간 정온에서 유지한 후 공냉이 가능하므로 현장에서 자주 사용한다.

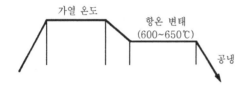

강 종	가열 온도×시간		항온 변태 온도×시간	
	(°C)	(h)	(°C)	(h)
STS 2	780×2		680×6	
STS 3	780×2		680×6	
STD 1	900×2		720×6	
STD 11	900×2		750×8	
STD 12	900×2		760×6	

그림 5-12 합금 공구강 항온 풀림

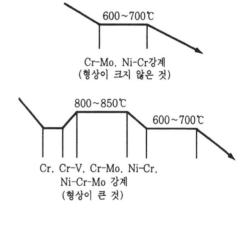

그림 5-13 열간 금형강의 항온 풀림

(3) 구상화 풀림(spheroidize annealing)

① 목적 : 공구강에 있어서 대단히 중요한 열처리로 강재 생산자가 구상화 풀림하여 공급한다. 공구강은 구상화 풀림을 통해 경화가 균일하게 되고 담금질 균열의 방지가 가능하다. 또한 담금질, 뜨임 후의 탄화물 분포를 균일하게 할 수 있으므로 내마모성의 향상, 피절삭성의 개선 및 아공석강의 냉간 단조성을 좋게 하는 효과도 있다.

② 방법 : 구상화 풀림의 작업에는 다음과 같은 네 가지 방법이 있으며, 이것을 그림 5-14에 나타내었다.

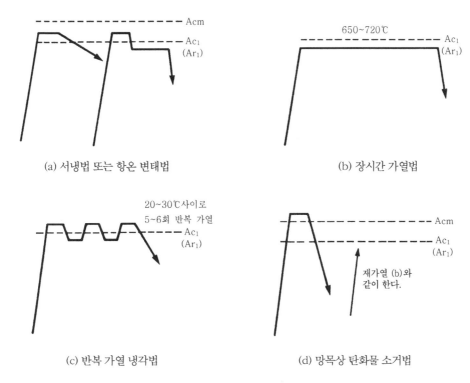

(a) 서냉법 또는 항온 변태법   (b) 장시간 가열법

(c) 반복 가열 냉각법   (d) 망목상 탄화물 소거법

그림 5-14 탄화물의 구상화 처리 방법

㉮ Ac_1점 직상으로 가열한 후 Ar_1점 이하까지 아주 서서히 냉각하든가 또는 Ar_1점 이상의 일정 온도로 유지한 후 냉각시키는 방법이다. 탄소 공구강은 처리가 간단하고 구상화도 비교적 빠르므로 이 방법으로 구상화하며, 그림 5-15에 탄소 공구강의 풀림 선도를 나타내었다. 서냉법에 의한 냉각 속도는 보통 30℃/h 이하로 되나, 강종에 따라 임계 냉각 속도가 있고 이보다 빠르면 구상과 층상 또는 층상 조직만 나타나므로 주의해야 한다.

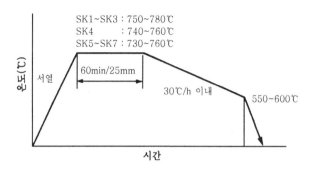

그림 5-15 탄소 공구강의 구상화 풀림

㉯ Ac_1점 직하 650~720℃로 장시간 가열 유지하는 방법으로서 주로 담금질 또는 냉간 가공된 강재에 적용된다. 또한 아공석강의 경우 30% 이상 냉간 가공한 후에는 이 방법으로 구상화 처리한다. 조대한 망상 시멘타이트는 구상화되지 않는다.

㉰ Ac_1점 상하 20~30℃의 사이에서 5~6회 반복 가열하는 방법으로서 아공석강에 가장 적합하고 가장 빨리 구상화된다. 냉각 속도는 느린 것이 좋고 탄소량이 많아지면 다소 빠른 냉각으로도 구상화가 가능하다. 반복 처리 횟수는 아공석강 및 공석강에서 3회, 과공석강에서 2회의 처리로 균일한 탄화물을 얻을 수 있다.

㉱ Acm선 이상으로 가열하여 시멘타이트를 완전히 고용한 후 급냉하여 망상 시멘타이트의 석출을 방해하고 다시 가열, ㉯ 방법과 같이 장시간 가열 유지 또는 ㉰ 방법과 같이 반복 가열로 구상화하는 방법이다. 망상 탄화물을 갖는 과공석강재의 구상화 풀림시 이 방법을 활용한다. 이 방법의 특징은 미세하고 분포도가 좋은 구상화 조직을 얻는 데 적합하나 구상화 속도가 느리고 냉각은 보통 공냉을 실시한다.

금형 재료로서 탄소 공구강 및 합금 공구강의 구상화 풀림은 거의 유사하다.
또한 합금 공구강은 탄소 공구강에 비해 가열 유지 시간을 길게 하고 냉각시 주의가 필요하다.
그림 5-16은 합금 공구강의 구상화 풀림을 나타낸 것이다.

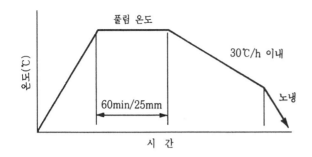

강종	풀림 온도 (℃)	풀림 경도 (HB)
STS 2	750~800	217 이하
STS 21	750~800	217 이하
STD 3	750~800	217 이하
STD 31	750~800	217 이하
STD 7	750~800	217 이하

그림 5-16 합금 공구강의 구상화 풀림

(4) 응력 제거 풀림(stress relieve annealing)

① 목적 : 단조, 냉간 가공, 용접, 주조 혹은 고온으로부터 급냉시에 발생하는 잔류 응력을 제거하기 위한 목적으로 행하며, 이를 통해 담금질 균열을 예방하고 담금질 변형을 감소할 수 있다. 정밀한 담금질을 요할 때에는 반드시 응력 제거 풀림을 실시한다.

② 방법 : 보통 재결정 온도 450℃ 이상, A_1 변태점 이하에서 행하며 두께 25mm당 1시간씩 유지하고 200℃/h 속도로 서냉한다. 담금질시 잔류 응력 제거는 뜨임으로도 대체할 수 있으나 용접한 강재는 반드시 응력 제거 풀림을 해주어야 한다. 이것은 SR (stress relieving) 처리라고도 한다.

(5) 연화 풀림

아공석강은 완전 풀림을 하면 연화되지만 저탄소일 때는 오히려 기계 가공면이 거칠어지므로 불림(normalizing)하여 경도를 약간 증가시켜 준다. 저탄소강은 풀림 후에도 Fe_3C 가 오스테나이트 중에 고용하지 않으므로 가공성이 낮아진다. 탄소 공구강 및 2종 이하의 합금 원소를 함유한 저합금 공구강의 연화에는 700~750℃ 부근의 온도로 일정 시간 유지한 후 판상 Fe_3C를 구상화한다. 보통 Ac_1보다 약간 높은 온도에서 650℃까지의 구역에서 서냉한다. 이 때 냉각 개시 온도는 탄소 함유량에 따라 달라지며 보통 0.8% 이하의 탄소강에서는 730℃ 이하, 탄소 함유량이 증가하면 냉각 개시 온도는 높아져서 1.2% 탄소강일 때 750℃에서 한다.

Ac_1 구역의 냉각 속도는 탄소강을 30℃/h 이하로 하고, 과공석강 또는 합금 공구강은 오스테나이트화 온도에서 약 10~15시간 가열하여 변태시키면 좋다. W, Mo, V 등을 함유한

것은 고온으로 가열할수록 합금 원소가 오스테나이트 중에 고용하고 안정된 경향이 있다.

4) 불림(normalizing)

불림은 강재를 표준 상태로 만드는 열처리로, 이를 통해 가공의 영향을 제거하고 결정 입자를 미세화시키며 기계적 성질 및 피절삭성이 향상된다. 즉, 강재를 본래의 성질로 만드는 방법으로 주조품의 과열 조직을 미세화하고, 냉간 가공, 주조시의 내부 응력을 제거하여 성질을 표준화하는 것이 이 열처리의 목적이다.

Ac_3 또는 Acm선 이상 30~50℃ 온도로 가열하여 조직을 오스테나이트화한 후 조용한 대기 중에서 공냉한다. 그림 5-17에 불림 방법을 나타내었다.

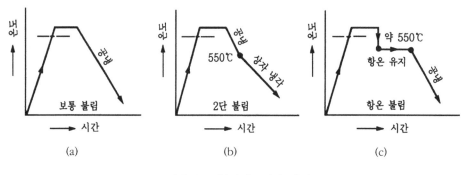

그림 5-17 불림의 3가지 방법

2단 불림은 두께 75mm 이상의 대형 부품 또는 C 0.6~1.0%의 고탄소강에 실시하는 것이며, 백점 또는 내부 균열 방지에 효과가 있으므로 공업적으로 대단히 유효하다. 이에 비해 등온 불림은 기계 구조용 탄소강 또는 저탄소 합금강의 피절삭성 향상에 이용된다.

1.3 항온 열처리

강을 오스테나이트 상태에서 A_1 변태점 이하의 일정한 온도로 유지되는 항온(등온)에서 변태를 완료시키는 열처리를 말하며, 그림 5-18은 항온 열처리의 설명도이다. AB 구간에서 오스테나이트까지 서서히 가열하고 BC 구간에서 전체 가열이 균일하게 되도록 일정한 시간을 유지한 후, D에서 염욕(salt bath)에 급냉하고 DE 구간에서 일정 시간 동안 일정한 온도에서 항온 뜨임한 후에 EF 구간에서는 공기 중에서 냉각한다.

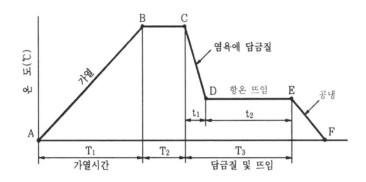

그림 5-18 항온 열처리의 가열 및 냉각

그러므로 항온 열처리의 특징은 다음과 같다.

① 계단 열처리보다 균열 및 변형 감소와 인성이 좋아진다.

② Ni, Cr 등의 특수강 및 공구강에 좋다.

항온 열처리는 온도, 시간, 변태 등 3종의 변화를 선도로써 표시하며 강을 오스테나이트 상태에서 A_1 변태점 이하의 일정한 온도로 열염욕 중에 냉각한 후 그 온도로 유지하면, 시간의 경과에 따라 오스테나이트 조직은 임의 시간 후부터 변태를 시작하여 일정 시간 경과 후 변태를 완료시키는 열처리 방법이다. 이와 같은 변태를 연속 냉각 변태(continuous cooling transformation : CCT)와 구별하여 항온 변태(isothermal transformation)라 한다.

항온 변태에서 각 온도의 변태 개시 시간과 완료 시간을 측정한 다음 이 점들을 연결하여 변태 개시선과 변태 완료선을 만들면 그림 5-19의 항온 변태 곡선(time temperature transformation curve : TTT 곡선)을 얻을 수 있으며, 이 곡선 모양이 S자, C자임으로 S 곡선 또는 C 곡선이라 한다.

그림은 공석강의 S 곡선을 나타내며 550℃ 부근의 돌출부는 코(nose)라 하는데, 이 곳은 가장 변태가 일어나기 쉬운 온도 범위로서 그 개시선은 실측이 곤란하므로 점선으로 표시하였다. 이 코 부위는 Ar′ 변태가 나타나는 온도와 대략 같다. 이보다 고온인 A_1점까지의 항온 유지 온도 범위는 페라이트의 생성 범위로서 시간 유지에 따라 변태가 시작되

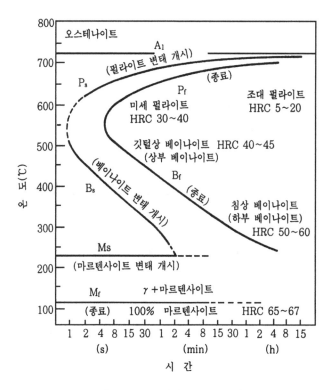

그림 5-19 공석강의 TTT 곡선

어 펄라이트 내지 미세 펄라이트가 생긴다.

또한 이 코끝부터 Ms점(약 200℃)까지의 항온 유지 온도 범위는 베이나이트의 생성 범위로서 깃털상의 베이나이트 또는 침상의 베이나이트가 생성되며, 그 이하는 마르텐사이트의 생성 범위이다. 베이나이트는 탄소강에서 항온 변태에 의해서만 얻어지는 조직으로 항온 변태 온도에 의해 상부 베이나이트와 하부 베이나이트로 구분된다.

상부 베이나이트는 고온측에서 생성되며 깃털상의 조직이 되고 하부 베이나이트는 저온측에서 생성되어 침상의 조직이 된다. 이 베이나이트는 마르텐사이트보다는 연하나 상당한 경도를 가지고 있고 연성과 인성도 풍부하여 가공성도 좋다.

항온 변태 곡선에 대하여 연속 냉각 변태 개시선과 완료선을 도시한 것을 연속 냉각 곡선이라 하며, 공석강에서 이들의 상관 관계를 나타내면 그림 5-20과 같이 된다.

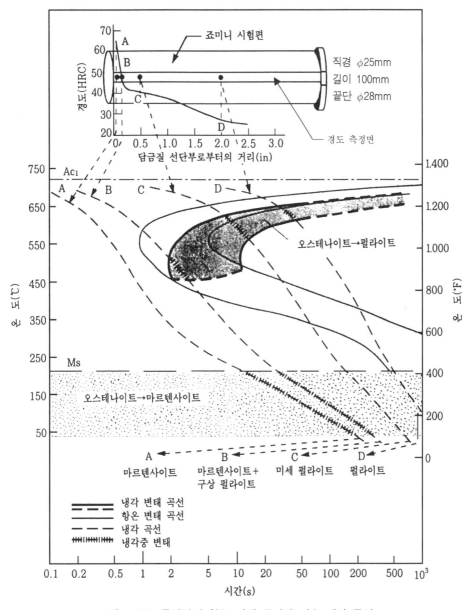

그림 5-20 공석강의 항온 변태 곡선과 연속 냉각 곡선

이 그림에서 해칭면은 연속 냉각시 변태 범위(개시 → 완료)를 표시하며 항온 유지시보다 저온에서 장시간 쪽으로 이동하고 있다. 죠미니 시험편의 A, B, C, D 부위에 대한 연속 냉각 곡선을 그려보면 각각의 냉각 속도 차이에 의해서 점선과 같은 곡선이 얻어지고, 마르텐사이트, 마르텐사이트+미세 펄라이트, 미세 펄라이트, 펄라이트 조직을 나타낸다.

또한 점선에서 해칭선으로 표시된 구간은 냉각시 이들 조직으로의 변태 구간을 나타내며, 마르텐사이트 조직이 나타내는 냉각 속도는 임계 냉각 속도라고 한다. 이와 같이 항온 변태 곡선(TTT 곡선)과 연속 냉각 곡선(CCT 곡선)으로부터 냉각 속도를 조절하여 구하고자 하는 조직을 얻을 수 있으며, 합금의 종류에 따라 고유의 항온 변태 곡선을 가지고 있으므로 이것을 활용하면 된다.

1) 항온 변태 열처리의 응용

항온 열처리의 응용으로 다음과 같은 것이 있다.

① 오스템퍼(austemper)

② 마템퍼(martemper)

③ 타임퀜칭(time quenching)

④ 마퀜칭(marquenching)

⑤ 항온 뜨임(isothermal tempering)

⑥ 항온 풀림(isothermal annealing)

(1) 오스포밍(ausforming)

오스포밍이란 강을 재결정 온도 이하, Ms점 이상의 온도 범위에서 소성 가공한 후 담금질하는 조작이다. 그림 5-21은 오스포밍의 일례를 나타내고 있으며 강재를 오스테나이트화한 후 코 부분을 통과할 수 있도록 급냉하고 내외가 동일 온도에 도달되도록 한 뒤 적당한 방법으로 소성 가공하여 공냉, 유냉, 수냉 등으로 마르텐사이트 변태를 일으키게 한다. 오스포밍은 마르텐사이트 핵 생성수가 많아지고 결정 성장이 지연되어 미세한 조직을 얻을 수 있어 강도 등 기계적 성질이 향상되는 장점이 있다.

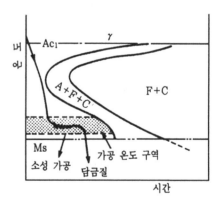

그림 5-21 TTT 곡선과 오스포밍의 온도 범위

또한 담금질에 따른 경화와 가공을 조합한 일종의 가공 열처리가 최근에 발달하여 초고장력강이라고 하는 인장 강도 1,961~2,942MPa에 달하는 강철의 제조에 응용되고 있다. 특히 자동차 스프링 합금강 및 고속도강 등에 쓰이고 있다.

(2) 오스템퍼링(austempering)

오스템퍼링이란 그림 5-22와 같이 강재를 마르텐사이트 변태 온도보다 높고 펄라이트 생성 온도보다는 낮은 온도에서 항온 유지하여 항온 변태를 조장하는 열처리이다. 오스템퍼링한 것은 일반적으로 템퍼링할 필요가 없으며 그대로 사용할 수 있다. 이 처리 방법으로 얻어진 재료의 특성은 인성이 크고 담금질 균열 및 변형이 작으며 일반 열처리의 경우보다 연신율, 단면 수축률, 충격값이 크다. 주로 탄소강에 사용하여 100% 오스테나이트로 항온 변태 곡선의 코 부위를 통과하는 것이

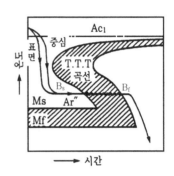

그림 5-22 TTT 곡선과 오스템퍼링의 온도 범위

중요하다. 이로써 조직의 전부를 베이나이트화할 수 있다.

오스템퍼링 후 300~400℃에서 장시간 가열하면 인성이 더욱 증가하는데 이것을 템퍼드 베이나이트라도 한다. 오스템퍼링은 HRC 35~55 경도값을 목표로 할 때 담금질, 뜨임하지 않고 목표 경도와 기계적 성질값을 저렴한 비용으로 얻을 수 있는 열처리로서 특히 크기가 작은 부품의 열처리에 적합하다.

(3) 마템퍼링(martempering)

마템퍼링이란 합금강, 공구강 및 주강재를 마르텐사이트 변태점 직상에 일정 시간 유지하여 강재의 표면과 내부의 온도를 일치시킨 다음, 마르텐사이트 변태 구간에서 냉각 속도를 늦추어 담금질(quenching) 균열이나 열변형 없이 마르텐사이트화한 후 뜨임하는 방법이다. 그림 5-23에 일반적인 담금질과 뜨임(tempering), 마템퍼링, 개량된 마템퍼링을 나타내었다. 개량된 마템퍼링은 마르텐사이트 변태 구역에서 일정 시간 유지시키는 것으로 경화능이 작은 강재의 열처리에 적합하다.

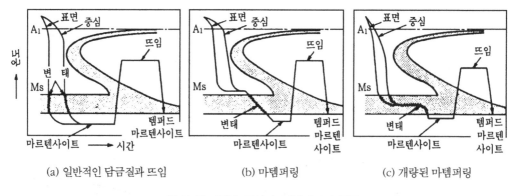

| (a) 일반적인 담금질과 뜨임 | (b) 마템퍼링 | (c) 개량된 마템퍼링 |

그림 5-23 TTT 곡선과 마템퍼링의 종류

마퀜칭이라고도 일컬어지는 마템퍼링은 강재의 중심부와 표면의 온도 편차가 없고 잔류응력을 최소화하여 변형이나 균열을 방지할 수 있는 장점을 가지고 있다.

(4) 항온 풀림(isothermal annealing)

S 곡선의 코 혹은 그 이상의 온도 600~700℃에서 짧은 시간에 연화를 목적으로 실시하는 항온 처리이다. 그림 5-24와 같이 보통 풀림은 노냉이나 서냉을 하기 때문에 작업시간이 약간 오래 걸리며, 항온 풀림은 풀림 온도까지 가열하여 항온 변태시킨 후 공냉 또는 수냉하므로 30분에서 1시간 정도에서 충분하다.

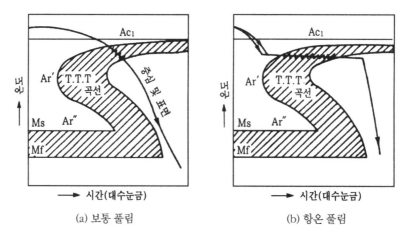

| (a) 보통 풀림 | (b) 항온 풀림 |

그림 5-24 보통 풀림과 항온 풀림의 비교

이 방법은 공구강, 특수강, 기타 자경성이 강한 재료에 적용되며 단조품은 단조시의 여열을 이용하면 경제적이다. 고속도강의 경우는 900℃로 가열하여 700~750℃로 항온 풀림하면 항온 변태가 완료된 후 공냉하여 연화시킬 수 있다.

2) 열처리에서 나타나는 조직

(1) 오스테나이트(austenite)

γ철에 탄소를 최대 2.11%까지 고용한 고용체로서 결정 구조는 면심 입방 격자이며 강을 A_1 변태점 이상으로 가열할 때 얻어지는 조직이다. 이 조직은 비자성으로 전기 저항이 크고 질기며 경도는 HV 100~200 정도이다. 스테인리스강과 같이 Ni, Cr이 많은 합금강에서는 상온에서도 오스테나이트 조직을 볼 수 있으며 다격형 형상으로 되어 있다. 강재를 담금질하는 데는 A_1 변태점 이상으로 가열하여 오스테나이트 조직으로 만드는 것이 중요하며, 너무 높은 온도로 가열하면 결정 입자가 조대해져서 기계적 성질이 떨어지므로 주의해야 한다. 이와 같이 오스테나이트 상태로 가열하는 것을 오스테나이징(austenizing)이라고 한다.

(2) 시멘타이트(cementite)

시멘타이트는 Fe_3C로 표시되며 6.68%의 C와 Fe의 탄화물이다. 이 시멘타이트는 경도가 HV 1,050~1,200으로 아주 높고 비중은 7.74이다. 상온에서 강자성체이나 213℃ 이상에서는 자성이 없어진다. 이 자기 변태를 A_0 변태라고 한다.

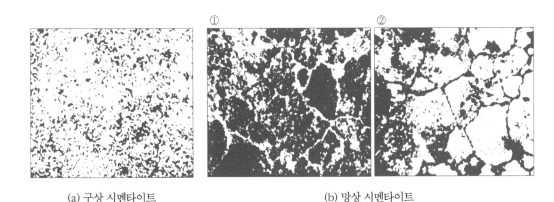

| ① | ② |

(a) 구상 시멘타이트   (b) 망상 시멘타이트

그림 5-25 시멘타이트의 종류와 조직

이 조직은 피크린산 알코올로 부식되기 어려워 현미경으로 관찰할 때 백색으로 보이며 페라이트와 유사하나, 피크린산 소다 용액으로 끓이면 흑색으로 부식되어 구별이 가능하게 된다. 형상으로는 보통 층상, 입상, 구상으로 되어 있으나 오스테나이트 결정 경계에서는 망상 또는 침상으로 나타난다.

Fe_3C는 불완전한 탄화물로서 900℃ 이상에서 장시간 가열하면 분해하여 흑연이 된다. 그림 5-25는 시멘타이트의 종류를 나타낸 것이다.

(3) 페라이트(ferrite)

페라이트는 상온에서 α철에 C 0.0218%를 함유한 고용체로서 순철에 가깝다. 페라이트의 결정 구조는 체심 입방 격자이며 현미경 관찰시 부식이 잘 되지 않아 백색으로 보인다. 이것은 강자성체이고 HV 70~100 정도의 극히 연한 조직이다. 페라이트 조직으로 그림 5-26의 (a)와 같다.

 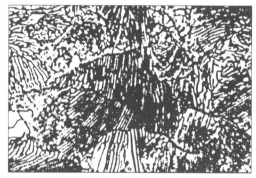

(a) 페라이트   (b) 펄라이트

그림 5-26 페라이트와 펄라이트 조직

(4) 펄라이트(pearlite)

탄소강을 오스테나이트 구역으로 가열 후 서냉시 나타나는 조직으로 페라이트와 시멘타이트가 층상으로 배열되어 있다. 경도는 HV 240 정도로 그다지 높지 않고 강자성을 지니고 있다. 페라이트와 시멘타이트의 층간 거리 장단에 따라 다음 세 가지로 분류한다. 이 조직은 그림 5-26의 (b)와 같다.

① 보통 펄라이트 : 배율 100배로 관찰되는 조대 펄라이트이다.

② 중간 펄라이트 : 배율 2,000배로 관찰시 층상 조직이 확인되며 층간 거리는 약 0.0003mm로 솔바이트라고도 한다.

③ 미세 펄라이트 : 배율 200배로 관찰이 안 되며 층간 거리 0.00025mm 이하의 미세한 조직이다. 트루스타이트라고도 한다.

(5) 마르텐사이트(martensite)

이 조직은 탄소강을 오스테나이트 구역에서 급냉시 나타나는 조직으로, 아주 단단하지만 취약하며 뜨임으로 인성을 부여한다.

1.4 기타 열처리

1) 서브제로 처리(subzero treatment)

담금질한 강을 실온 이하의 온도까지 냉각하여 잔류 오스테나이트를 마르텐사이트로 변화시키기 위한 처리는 다음과 같다.

① 드라이아이스(*고체상태로 얼려놓은 이산화탄소의 상품명, 공기중에서 승화하여 기체가 된다*) −78.5℃, 액체 질소(*영하 196℃에서 액체의 형태로 존재하며 저렴한 냉각제로 널리 사용된다*) −196℃ 등이 사용된다.

② 오스테나이트는 실온에서 불안정한 상이므로 장시간 사용하는 사이에 치수 변화를 일으킨다.

③ 잔류 오스테나이트량은 탄소량이 많을수록 담금질 온도 1,000℃에서 가장 많다.

④ 수중 담금질보다 유중 담금질한 것이 잔류 오스테나이트량이 많다.

강재를 0℃ 이하의 온도에서 냉각시키는 조작을 서브제로(심랭) 처리라고 한다. 이 처리의 목적은 담금질, 경화된 강 중의 잔류 오스테나이트가 마르텐사이트화하고 공구강의 경도 증가 및 성능 향상을 도모하며, 게이지 또는 베어링 등의 조직을 안정화하여 시효에 의한 치수 변화를 방지하는 데 있다.

강을 상온까지 급냉시키는 경우, 저탄소강에서는 오스테나이트가 잔류하는 일이 거의 없으나 고탄소강 및 합금강에서는 상당량의 잔류 오스테나이트가 남는다. 그림 5-27은 몇 종류의 탄소강의 유중 및 수중 담금질에 의한 잔류 오스테나이트의 양과 담금질 온도의 관계를 나타내고 있다.

유중 담금질한 것이 수중 담금질한 것보다 많으며 탄소량 및 담금질 온도가 증가함에 따라 현저하게 많아진다. 이와 같은 강재를 0℃ 이하의 온도로 냉각시키면 잔류 오스테나이트는 마르텐사이트로 변태되고 경도는 상승한다.

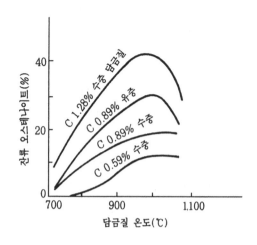

그림 5-27 담금질 온도와 잔류 오스테나이트

서브제로 처리에 의하여 계속적으로 전부가 변태해 버린다고 말할 수는 없으나 일반적으로 실용 공구강 등에서는 −100℃ 이하로 냉각할 경우 약간의 오스테나이트가 잔류할 뿐 마르텐사이트로 변태가 거의 완료된다.

그림 5-28은 서브제로 처리의 일례이며 서브제로 처리시 특히 주의해야 할 점은 잔류 오스테나이트의 안정화라는 현상이다. 이 현상에서는 강재를 수중 또는 유중에 담금질한 후 오랫동안 방치하거나 뜨임한 후 서브제로 처리하면 효과가 감소하거나 전적으로 효과가 없어지는 일이 있다.

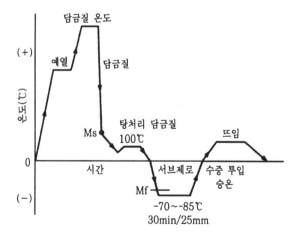

그림 5-28 서브제로 처리 곡선

2) 염욕 열처리

열처리해야 할 제품을 전기로, 가스로, 중유로 등으로 대기 중에서 가열하는 경우 강재의 표면에는 산화나 탈환 현상이 발생한다. 이와 같은 표면층의 산화, 탈환 및 침식을 방지하기 위해 염욕(salt bath) 중에서 공구강이나 고속도강을 가열한다. 특히 강재를 염욕에서 끄집어 내어도 염의 얇은 피막이 덮여져 있어 산화를 방지할 수 있으므로 마템퍼링과 같은 항온 열처리에서는 필수적으로 사용되고 있다.

염욕제의 요구 특성은 다음과 같다.

① 불순물이 적을 것

② 용해가 용이할 것

③ 흡습성이 적을 것

④ 유동성이 좋고 열처리 후 용이하게 떨어질 것

⑤ 산화나 부식이 없고 유해 가스의 발생이 없을 것

(1) 저온용 염욕제(150~550℃)

강의 뜨임 또는 경합금의 담금질 등에 사용되는 것으로 저온에서 용해하고 상당한 유동성을 가져야 한다. 이러한 목적을 위해서는 질산염 또는 아질산염이 단독 또는 혼합물로 사용된다. 이들의 융점은 다음과 같다.

① 아질산나트륨($NaNO_2$) : 280℃

② 아질산칼륨(KNO_2) : 297℃

③ 질산나트륨($NaNO_3$) : 311℃

④ 질산칼륨(KNO_3) : 336℃

이들을 혼합하면 용용점이 저하된다.

그림 5-29에 $NaNO_3$-KNO_3계, $NaNO_2$계 및 $NaNO_3$계의 평형 상태도를 나타내었다. 적당한 조성을 선택하면 240℃의 염을 얻을 수 있으며 염류를 3종 또는 4종을 혼합할 경우 150℃ 정도에서 사용할 수 있는 염욕제를 얻을 수 있다. 여기서 주의해야 할 사항은 질산염 및 아질염은 450℃ 이상이 되면 금속의 표면을 부식한다는 점이다. 이 때는 LiCl 25%, $ZnCl_2$ 25%, $BaCl_2$ 16%, $CaCl_2$ 24%, NaCl 10%와 같은 조성의 염을 사용하면 좋다. 이

염의 융점은 268℃이며 사용 온도는 400℃ 이상이다.

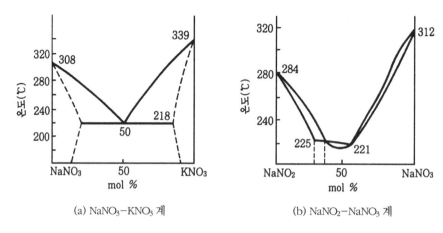

(a) NaNO₃-KNO₃ 계   (b) NaNO₂-NaNO₃ 계

그림 5-29 저온용 염욕의 2원계 상태도

(2) 중온용 염욕제(550~1,000℃)

강의 담금질을 위한 가열 및 고온 뜨임에 적용되며 주로 염화물 염욕제가 사용된다. 이들의 종류와 융점은 다음과 같다.

① 염화바륨($BaCl_2$) : 963℃

② 염화나트륨($NaCl_2$) : 803℃

③ 염화칼슘($CaCl_2$) : 777℃

④ 염화칼륨(KCl) : 775℃

⑤ 탄산나트륨(Na_2CO_3) : 856℃

⑥ 붕사($Na_2B_4O_7$) : 748℃

탄산염은 산화 및 탈탄을 일으키는 결점이 있고, $CaCl_2$는 유동성이 뛰어나며 염욕제로서 좋은 성질을 구비하고 있으나 흡습성과 증발성이 큰 결점이 있다.

$NaCl$은 값이 싸므로 850℃ 부근의 열처리에 많이 사용되나 황산염을 다소 함유하여 강재 표면을 침식하는 결점이 있다. 염화바륨($BaCl_2$)은 좋은 염욕제이나 융점이 높아 단독 사용이 곤란하다. 이들 두 가지를 혼합하면 융점은 600~710℃ 정도로 떨어져 사용이 용이해진다. 그림 5-30에는 중온용 염욕제의 2원계 상태도를 나타내었다.

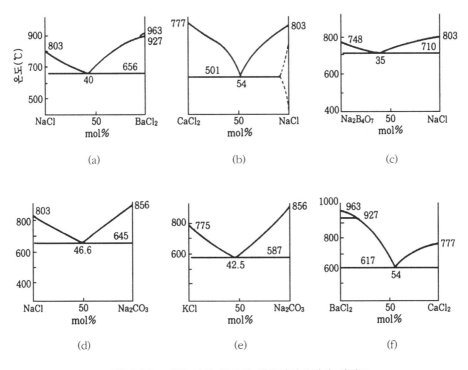

그림 5-30 여러 가지 중온용 염욕제의 2원계 상태도

(3) 고온용 염욕제(1,100~1,350℃)

주로 고속도 공구강의 담금질을 위한 가열용 염욕에 사용한다. 고속도 공구강의 담금질 온도는 보통 공구강에 비해 대단히 높으며 1,200~1,350℃ 정도이다. 따라서 이러한 고온의 열처리에 적당한 염욕제는 적다. 또한 고온용 염류는 다소의 백연이 발생되는 현상을 완전히 배제할 수 없으므로 될 수 있는 한 적게 발생되는 것이 좋다. 가장 좋은 염욕제는 염화바륨을 주성분으로 하고 다른 염류를 적당히 혼합시킨 것이며 다소의 백연은 발생하나 광택을 해치지는 않는다.

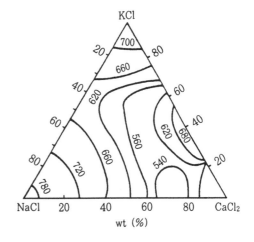

그림 5-31 NaCl-CaCl₂-KCl의 3원 상태도

그림 5-31은 NaCl–CaCl$_2$–KCl의 3원계 상태도를 나타내며 제품의 표면 산화 및 표면 탈탄 방지에 특히 유의해야 된다.

02 금형강의 열처리

2.1 열간 금형강의 열처리

열간 단조, 열간 프레스, 다이캐스팅, 열간 압출 등에 사용되는 금형강에는 중탄소–Ni–Cr–Mo계의 STF 강종과 Cr, W, Mo계의 STD강종, 3Ni–3Mo계의 석출 경화강, 마레

표 5-3 열간 금형강의 조성과 열처리 온도 및 경도

기호	화학 성분(%)									담금질 (℃)	뜨임 (℃)	풀림 (℃)	풀림 경도 (HBW)	담금질, 뜨임 경도 (HRC)
	C	Si	Mn	Ni	Cr	W	Mo	V	Co					
STD 4	0.25~0.35	<0.04	<0.06	–	2.00~3.00	5.00~6.00	–	0.30~0.50	–	1080 유냉	600 공냉	800~850 서냉	<235	>42
STD 5	0.25~0.35	0.10~0.40	0.15~0.45	–	2.00~3.00	9.00~10.00	–	0.30~0.50	–	1,150 유냉	600 공냉	800~850 서냉	<241	>48
STD 6	0.32~0.42	0.80~1.20	<0.50	–	4.50~5.50	–	1.00~1.50	0.30~0.50	–	1,050 유냉	550 공냉	820~870 서냉	<229	>48
STD 61	0.35~0.42	0.80~1.20	0.25~0.50	–	4.80~5.50	–	1.00~1.50	0.80~1.15	–	1,020 유냉	550 공냉	820~870 서냉	<229	>50
STD 62	0.32~0.40	0.80~1.20	0.20~0.50	–	4.75~5.50	1.00~1.60	1.00~1.60	0.20~0.50	–	1,020 유냉	550 공냉	820~870 서냉	<229	>48
STD 7	0.28~0.35	0.10~0.40	0.15~0.45	–	2.70~3.20	–	2.50~3.00	0.40~0.70	–	1,040 유냉	550 공냉	820~870 서냉	<229	>46
STD 8	0.35~0.45	0.15~0.50	0.20~0.50	–	4.00~4.70	3.80~4.50	0.30~0.50	1.70~2.10	4.00~4.50	1,120 유냉	600 공냉	820~870 서냉	<262	>48
STF 3	0.50~0.60	<0.35	<0.60	0.25~0.60	0.90~1.20	–	0.30~0.50	b	–	850 유냉	500 공냉	760~810 서냉	<235	>42
STF 4	0.50~0.60	0.10~0.40	0.60~0.90	1.50~1.80	0.80~1.20	–	0.35~0.55	0.05~0.15	–	850 유냉	500 공냉	740~800 서냉	<248	>42
STF 6	0.40~0.50	0.10~0.40	0.60~0.90	3.80~4.30	1.20~1.50	–	0.15~0.35	–	–	850 유냉	180 공냉	720~780 서냉	<285	>52

주) P : 0.030% 이하, S : 0.020% 이하
　　b : STF 3과 STF 4는 V 0.20% 이하를 첨가할 수 있음.

이징강 등이 있다. 열간 금형용 재료로서 보편적으로 가장 많이 사용되는 재료는 열간 금형용 합금강으로, 표 5-3에 종류별 열처리 온도와 경도를 나타내었다.

1) STF계 열간 금형강

열간 단조와 프레스의 다이 블록 등의 금형 재료와 저온 합금의 다이캐스팅 금형 재료로 사용되는 STF계 금형강의 경화능은 STF3, STF4는 경화능이 적은 데 반해 STF6은 경화능이 비교적 높다.

담금질 온도는 850℃에서 유냉하였을 때 경도 HRC 42 이상을 나타내고 뜨임 온도에 따른 경도값의 변화는 500℃에서 공냉하는 것보다 180℃에서 공냉하는 열처리 방법이 경도가 높게 나타남으로 높은 경도가 요구될 때는 뜨임 온도를 낮게 할 필요가 있다.

풀림 열처리에서 경도 변화는 810℃에서 서냉하는 방법보다 720~780℃에서 서냉하는 열처리가 높으므로 풀림온도는 약간 낮게 설정하여 열처리하는 방법이 좋다.

2) Cr계 열간 금형강

열간 단조, 열간 압출 및 다이캐스팅 금형강으로 주로 사용되는 것으로 STD6, STD61, STD62 등이 있다. STD6 및 STD61은 경화능이 매우 양호하며 항온 변태 및 연속 냉각곡선은 그림 5-32와 같다. 연속 냉각 곡선에서 A와 C의 경우 결정 경계 탄화물이 없으나 B, D, E의 경우는 냉각 속도가 느려서 결정 경계에 탄화물이 석출하여 취성이 증가한다.

STD61의 경우, 담금질이 유냉일 때 1,020℃, 공냉일 때 1,050~1,100℃에서 실시하며, 500~550℃에서 뜨임시 2차 경화 현상에 의해 경도가 약간 상승하나 600℃ 이상에서는 급격히 저하한다.

뜨임 온도에 따른 경도값의 변화는 그림 5-33, 34에 각각 나타내었다.

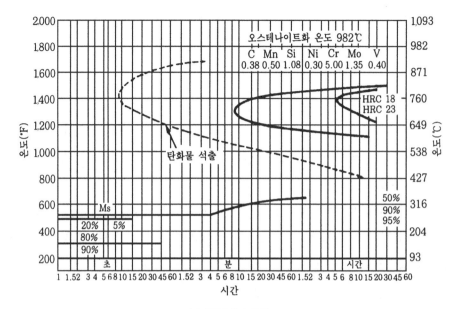

(a) STD6의 S 곡선

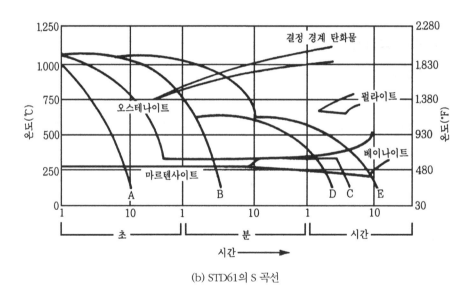

(b) STD61의 S 곡선

그림 5-32 STD6, STD61의 S 곡선과 연속 냉각 곡선

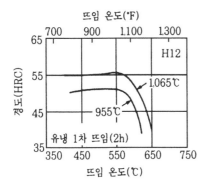

그림 5-33 STD6의 뜨임 온도와
경도의 관계

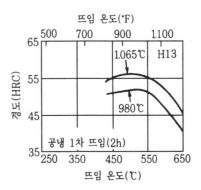

그림 5-34 STD61의 뜨임 온도와
경도의 관계

다이캐스팅 금형 재료로서 STD61은 사용 중 피로 파쇄가 일어나기 쉬우므로 이를 방지하기 위해 내히트 체크 요구되는 경도를 HRC 50~51로 높게 하고, 냉각수 구멍 근처는 HRC 40~45로 보다 낮게 해야 한다. 또한 사용 중에 반드시 응력 제거 뜨임을 해야 하는데, 그 방법은 금형 수명을 100으로 보았을 때 30% 사용 후와 60% 사용 후 최초 뜨임 온도보다 25℃ 낮은 온도에서 약 2시간 유지시켜야 한다. 이렇게 함으로써 금형의 수명은 약 130%까지 연장된다.

STD61의 담금질-뜨임 조직은 그림 5-35와 같다. 담금질 조직에는 템퍼드 마르텐사이트가 나타나야 하나 냉각 속도가 늦으면 경계 탄화물, 베이나이트, 조대 탄화물들이 나타나 조기 파손의 원인이 된다. 그러나 마르텐사이트 변태 구간에는 균열 방지를 위해 서냉해야 한다. 그림 5-36에 Cr계 열간 금형강의 담금질 및 뜨임 곡선의 일례를 나타내었다.

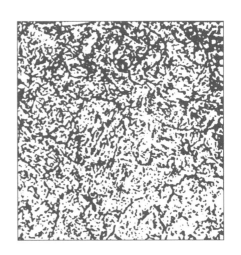

그림 5-35 STD61의 담금질-뜨임 조직

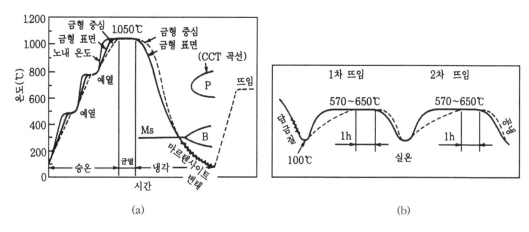

(a)

(b)

그림 5-36 Cr계 열간 금형강의 담금질-뜨임 곡선

3) 3Ni-3Mo계 열간 금형강

3Ni-3No계 금형강의 경화능 특성은 그림 5-37의 항온 변태 곡선에서 나타낸 바와 같이 상측 코가 시간축으로 멀리 떨어져 있어 펄라이트 조직이 나타날 가능성이 적지만, 하측 코는 상당히 가까워 베이나이트가 나타날 확률이 높다.

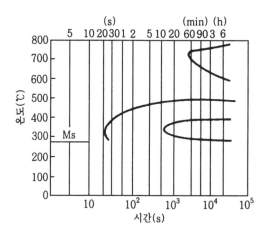

그림 5-37 3Ni-Mo강의 S 곡선

1,015℃에서 공냉 후 뜨임 온도에 따른 경도와 인성의 관계를 그림 5-38에 나타내었다. 그림에 나타나듯이 뜨임시 550℃ 부근에서 2차 경화 현상에 경도값이 상승하나 600℃ 이상에서는 정도가 급격히 떨어진다. 또한 2차 경화 현상시 강재의 변형률은 최대값이 된다.

기타 열간 금형강으로 저온 합금 다이캐스팅 및 소량 생산용 다이캐스팅 금형 강재인 SCM3, SCM4의 열처리 방법은 STF계 열간 금형강과 유사하게 행한다.

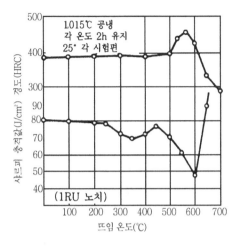

그림 5-38 3Ni-3Mo강의 뜨임 온도에 따른 경도 변화

마레이징강은 용해화 처리 후 시효 처리하는 강종으로 MASI의 경우, 815℃에서 오스테나이트화하고 Ms점은 155℃, Mf점은 100℃ 정도이다. 따라서 용체화 상태에서 마르텐사이트 조직을 나타내지만 탄소 함유량이 극히 적어 경도는 HRC 28~32 정도를 나타낸다. 그림 5-39에는 시효 처리 특성을 나타내었다.

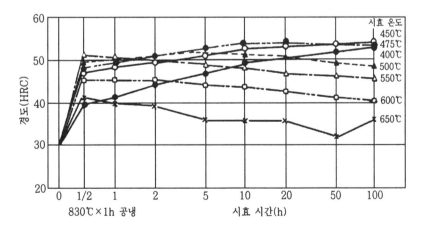

그림 5-39 마레이징강의 시효 처리 특성

2.2 냉간 금형강의 열처리

냉간 프레스, 냉간 단조, 냉간 압출, 냉간 압조, 드로잉, 분말 야금 성형 및 코이닝 등에 사용되는 냉간용 금형 재료들은 소량 생산용으로 탄소 공구강인 STC3~STC5 등이 사용되나, 다량 생산시 또는 열악한 조건하에서는 합금 공구강, 고속도강, 초경 합금 등도 사용된다.

표 5-4 냉간 금형용 합금 공구강의 화학성분과 용도

| 기호 | 화학 성분(%) | | | | | | | 담금질 (℃) | 뜨임 (℃) | 풀림 (℃) | 풀림 경도 (HBW) | 담금질, 뜨임 경도 (HRC) |
	C	Si	Mn	Mo	Cr	W	V					
STS 3	0.90~1.00	<0.35	0.90~1.20	–	0.50~1.00	0.50~1.00	–	830 유냉	180 공냉	750~800 서냉	<217	>60
STS 31	0.95~1.05	<0.35	0.90~1.20	–	0.80~1.20	1.00~1.50	–	830 유냉	180 공냉	750~800 서냉	<217	>61
STS 93	1.00~1.10	<0.50	0.80~1.10	–	0.20~0.60	–	–	820 유냉	180 공냉	750~780 서냉	<217	>63
STS 94	0.90~1.00	<0.50	0.80~1.10	–	0.20~0.60	–	b	820 유냉	180 공냉	740~760 서냉	<212	>61
STS 95	0.80~0.90	<0.50	0.80~1.10	–	0.20~0.60	–	–	820 유냉	180 공냉	730~760 서냉	<212	>59
STD 1	1.90~2.20	0.10~0.60	0.20~0.60	–	11.00~13.00	–	–	970 유냉	180 공냉	830~880 서냉	<248	>62
STD 2	2.00~2.30	0.10~0.40	0.30~0.60	–	11.00~13.00	0.60~0.80	–	970 유냉	180 공냉	830~880 서냉	<255	>62
STD 10	1.45~1.60	0.10~0.60	0.20~0.60	0.70~1.00	11.00~13.00	–	0.70~1.00	1,020 유냉	180 공냉	830~880 서냉	<255	>61
STD 11	1.40~1.60	0.40	0.60	0.80~1.20	11.00~13.00	–	0.20~0.50	1,030 유냉	180 공냉	830~880 서냉	<255	>58
STD 12	0.95~1.50	0.10~0.40	0.40~0.80	0.90~1.20	4.80~5.50	–	0.15~0.35	970 유냉	180 공냉	830~880 서냉	<241	>60

주) P : 0.030% 이하, S : 0.030% 이하
   b : STD 1은 V 0.30% 이하를 첨가할 수 있음.

냉간 금형강용 재료로서 보편적으로 가장 많이 사용되는 재료는 냉간 금형용 합금강으로 표 5-4에 종류별 열처리 온도와 경도를 나타내었다.

1) 냉간 금형용 탄소 공구강

냉간 금형용 탄소 공구강으로는 STC3~STC5가 많이 쓰이며 760~820℃로 가열 수냉 담금질 후 150~200℃에서 뜨임한다. 이 때의 경도는 HRC 55~63 이상이며 그림 5-40에 STC3의 항온 변태 곡선을 나타내었다. 경화능의 대소는 이 S 곡선의 코가 시간축으로 멀리 떨어져 있는가, 아닌가로 비교할 수 있으며, 탄소량이 증가할수록 우측으로 이동하다가 공석강(C 0.86%)에서 최대가 된다.

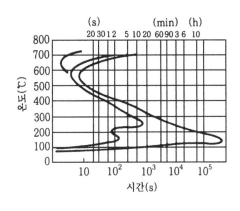

그림 5-40 STC3의 항온 변태 곡선

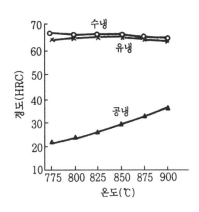

그림 5-41 경도와 담금질 온도의 관계 (STC3)

STC3의 담금질 온도와 냉각 방법에 따른 담금질 경도의 관계는 그림 5-41과 같으며, 담금질 온도 780℃에서 수냉시 경도는 HRC 61 이상이지만 온도의 상승에 따라 경도는 저하되고 유냉시는 수냉에 비해 경도가 약간 낮다. 담금질시의 잔류 오스테나이트량은 탄소량이 많을수록, 냉각 속도가 느릴수록 많고, 1,000℃ 이상으로 과열되면 오히려 열응력의 영향으로 변태가 촉진되어 감소한다.

잔류 오스테나이트는 서브제로 처리하면 마르텐사이트로 변태되며, 이 때 주의해야 할 사항은 담금질 후 상온에서 오래 방치하면 잔류 오스테나이트가 안정화되어 마르텐사이트로 변태되기 어려우므로 담금질 직후 즉시 처리하는 것이 바람직하다. 또한 담금질시 강재의 내부가 마르텐사이트 변태를 일으킬 때 최대의 내부 응력이 발생하므로 강재 외부에 인장력을 주어 균열 원인이 된다.

따라서 되도록 적당한 온도로 가열하여 오스테나이트화하므로 결정 입도를 미세하게 하여야 균열 방지에 도움이 된다.

담금질한 강재는 단단하고 깨지기 쉬워서 인성을 부여해야 하므로 뜨임을 실시한다. 탄소 공구강은 대개 150~200℃에서 두께 25mm당 60분 유지하며 이 때 내부 응력이 제거된다. 뜨임 온도에 따른 경도의 변화는 강재의 종류에 따라 다르다. 그림 5-42는 경도와 뜨임 온도의 관계를 나타낸 것이다.

탄소 공구강은 뜨임 온도가 상승할수록 경도가 급격히 떨어지므로 용도에 따라 주의하여 처리해야 한다. STC3의 경우, 180℃ 부근에서 뜨임하면 인성이 현저하게 향상된다.

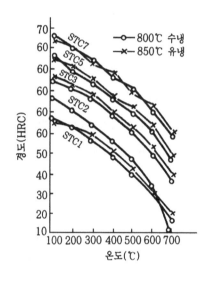

그림 5-42 경도와 뜨임 온도의 관계

2) 냉간 금형용 합금 공구강

Cr, W계 저합금 공구강으로는 STS2, STS3, 고탄소 고크롬강으로는 STD1, STD11, STD 12와 고속도강으로는 SKH2, SKH51 등이 많이 사용된다.

(1) Cr, W계 저합금 공구강

STS2의 경우 860℃로 가열 유냉 경화하며 STS3은 830℃로 가열 유냉 경화한다. 두 종류는 모두 180℃에서 뜨임하며 이 때의 경도값은 HRC 60 이상이다. 그림 5-43에는 STS2의 항온 변태 곡선을 나타내었으며, 각종 냉매에서의 담금질 온도와 경도는 그림 5-44에 나타내었다.

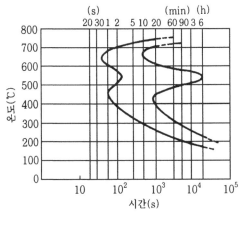

그림 5-43 STS2의 S 곡선

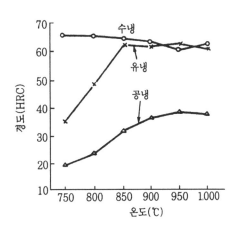

그림 5-44 STS2의 경도와 담금질
온도의 관계

담금질시 약 600℃에서 예열하면 금형의 치수 변화를 최대한 억제할 수 있다. 가열시 탈탄에 특히 주의해야 하며, 이를 위해 염욕 또는 아르곤 등 불활성 가스 분위기에서 가열한다. 담금질 오일의 온도는 40~80℃가 적당하고 Ms보다 15~30℃ 높은 염욕 속에 담금질하며, 금형 내외의 온도를 균일하게 유지한 후 공냉하는 마템퍼링은 변형 및 균열 예방에 특히 좋은 방법이다.

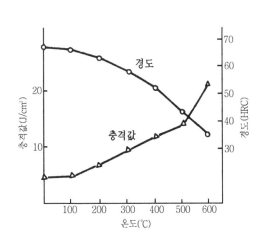

그림 5-45 STS2의 뜨임에 의한 충격값과
경도의 변화(580℃ 유냉)

5% Picral   ×400

그림 5-46 STS2의 담금질 후 뜨임 조직

뜨임은 금형 온도가 실온까지 내려오기 전에 노에 장입하여 가장 두꺼운 부위의 치수 25mm당 1시간씩 유지한 후 공냉한다. Cr, W계 저합금 공구강은 탄소 공구강에 비해 열처리시 변형이 적다.

그림 5-45에는 STS2의 뜨임 온도에 따른 충격값과 경도값의 경향을 나타내었으며, 탄소 공구강에 비해 경도 저하가 완만하다. 그림 5-46은 STS2의 담금질 후 뜨임 표준 조직을 나타낸 것이다.

(2) 고탄소 고크롬강

고탄소 고크롬강은 경화능이 매우 우수하고 보통 풀림 상태로 공급된다. 이들의 항온 변태 곡선은 그림 5-47과 같이 코 부분이 시간축으로 멀리 떨어져 있으므로 STD11, STD 12의 경우 공냉으로도 마르텐사이트 변태를 하여 경화된다.

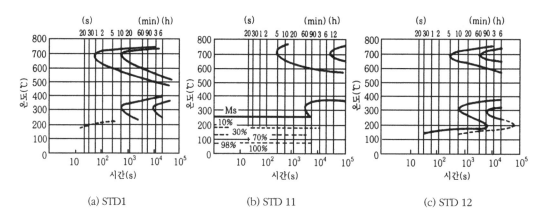

(a) STD1   (b) STD 11   (c) STD 12

그림 5-47 고탄소 고크롬강의 항온 변태 곡선

담금질 온도로 가열할 때는 800℃로 서서히 가열, 예열하고, 두께 25mm당 1시간씩 유지하며 탈탄 방지를 위해 염욕이나 분위기로를 사용한다. 담금질 경도는 STD11의 경우, 100mm 각재 중심의 경우 HRC 60~61, 표면은 HRC 61~62 정도이다.

고탄소 고크롬 냉간 금형강은 탄소 공구강, Cr, W계 저합금 공구강에 비해 뜨임시 연화 저항이 크다.

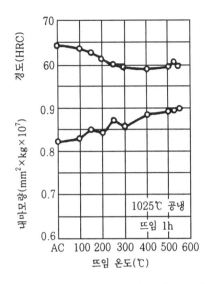

그림 5-48 STD11의 뜨임 온도와
내마모량의 관계

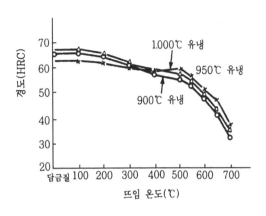

그림 5-49 STD12의 뜨임 온도와
경도의 관계

특히 STD1은 약 400℃, STD11 및 STD
12는 약 500℃에서 잔류 오스테나이트의
마르텐사이트에 의한 2차 경화 현상을 나
타낸다. 일반적으로 뜨임시 상온까지 냉각
되기 전에 균열 방지를 위해 뜨임을 2~3
회 반복 실시한다. 그림 5-48, 49에 STD
11, STD12의 뜨임 온도에 따른 내마모량
과 경도값의 변화를 나타내었다.

마모 특성에 있어서 담금질 온도는 높
을수록 좋고 경도도 높을수록 우수하다.
그림 5-50은 STD11의 담금질 후 뜨임 표
준 조직을 나타낸 것이다.

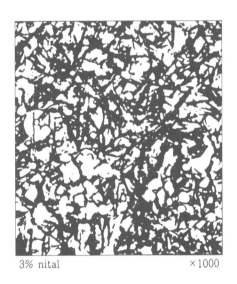

그림 5-50 STD11의 담금질 후 뜨임 조직

(3) 고속도강

냉간 단조에 사용되는 고속도강은 주로 SKH51이다. 이 강종은 고온 경도와 내마모성이

뛰어나다. 그림 5-51의 항온 변태 곡선과 같이 S 곡선의 코가 시간축으로 멀리 있어 공냉으로도 경화가 가능하다.

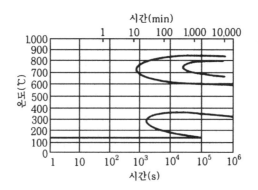

그림 5-51 SKH51의 S곡선(최고 가열 온도 1,250℃)

고속도강의 담금질로에는 염욕로, 전기로, 가스 분위기로가 있으나 염욕로가 가장 일반적이다. 담금질시 예열은 1차 550~600℃, 2차 800~850℃, 3차 1,000~1,050℃로 3단 가열시 균열 예방에 좋다. 고속도강의 담금질 온도는 융용 온도에 가까워 매우 주의해야 하고 강인한 금형이 요구될 때 언더 하드닝을 위해 1,150℃로 가열한다. 일반적으로 담금질 온도는 1,200~1,250℃에서 유냉하며 뜨임은 560℃에서 공냉한다. 뜨임시 온도에 다른 경

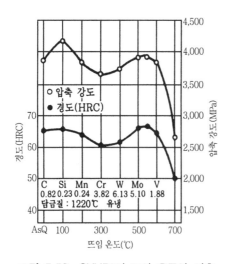

그림 5-52 SKH51의 뜨임 온도와 압축 강도 및 경도의 관계

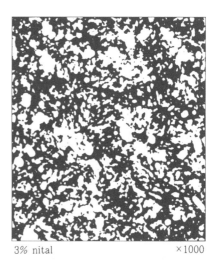

그림 5-53 SHK51의 담금질 후 뜨임 조직

도값의 변화는 그림 5-52에 나타내었다. 그림 5-53은 SKH51의 담금질 후 뜨임 표준 조직을 나타낸 것이다.

2.3 열처리 불량의 원인과 방지책

1) 담금질 불량

금형의 파손 원인은 여러 가지가 있으나 부적절한 열처리로 기인한 경우가 70% 이상을 차지한다. 담금질 불량은 예열, 오스테나이트화 및 담금질 과정에서 발생한다.

(1) 예열 과정

담금질시 예열하는 목적은 급격한 가열시 열응력으로 인한 균열의 예방, 담금질 온도까지 금형 내외부 온도의 균열화, 담금질 온도에서 금형 표면이 과다하게 노출되는 것의 예방 등이다.

(2) 오스테나이트화

예열된 금형을 담금질 온도로 가열시 강은 오스테나이트 상태가 된다. 이 때의 온도는 강종에 따라 최고 경도와 입자의 미세화를 고려하여 선정하고 유지 시간의 설정에도 세심한 주의가 필요하다.

① 금형의 오스테나이트화 처리시 온도가 너무 낮으면 담금질 후 요구 경도를 얻지 못하므로 내마모성이 떨어지게 되는 반면 인성은 향상되는 장점이 있다.

② 오스테나이트화 온도가 너무 높으면 결정 입자가 조대화되어 취약해지고, STD11과 같은 고탄소 고크롬 강종에서는 잔류 오스테나이트량이 많아져 담금질 후 경도가 감소되며 치수가 예상보다 수축하게 된다. 이 조대화된 결정 입자는 서브제로 처리 후에도 계속 남게 된다. 또한 온도가 높아짐에 따라 강재 표면의 산화와 탈탄도 유발될 수 있다.

(3) 담금질 과정

담금질시 금형에 요구되는 성질이 부여되는 과정으로 가장 중요한 열처리 공정이다. 이 때 급냉에 의해 열응력과 마르텐사이트화에 기인하는 변태 응력이 수반되어 금형 표면과 내면에 얼룩이 나타난다. 즉, 오스테나이트 온도에서 마르텐사이트 시작점 사이에서는 표층에 급냉 얼룩에 의해 냉각이 늦은 부분에서 풀 스트레스(pull stress)를 유발하여 열간 균형이 발생되고, Ms~Mf 사이 구간에서는 냉각이 늦은 부분에 인장이 일어나 푸시 스트레스(push stress)를 유발하여 푸시 균열이 발생된다. 따라서 오스테나이트로부터 Ms까지의 구간은 균일 급냉이 되도록 해야 하며 Ms~Mf 구간은 서냉하여 응력 발생이 없도록 해야 한다. 또한 같은 재질에서도 형상에 따라 담금질 균열을 일으키게 되므로 가급적 노치(notch)부와 구멍부분이 없는 것이 요구된다.

이와 더불어 재질 면에서도 비금속 개재물, 편석, 기포 등이 없어야 하며 오스테나이트 구역으로부터 Ms점까지 균일 급냉이 어려울 때에는 Ms 부근에서 일시 냉각을 중지하고, 내외부의 온도가 일치된 후 서서히 냉각시키는 마템퍼링 방법을 사용하면 균열을 예방할 수 있다.

금형의 형상에 따라 내외부의 냉각 속도 차이가 유발되고 이에 의한 응력이 담금질 균열의 주요 원인이다. 따라서 비록 냉각 속도가 빠르다 해도 균일하게 냉각되면 균열이 유발되지 않는다. 그러므로 균일 냉각에 초점을 맞추어 관리해야 한다. 담금질의 종료는 상온까지 냉각되었을 때가 아니라 아직 따뜻한 상태일 때 꺼내어 곧바로 뜨임로에 장입해야 한다.

수냉과 유냉 경화강은 65~90℃, 공냉 경화강은 65℃까지 냉각시켜야 한다. 공냉 경화강의 경우 65℃ 이전에 꺼내면 불안전 변태를 일으킬 수 있다. 따라서 담금질 균열의 원인은 다음과 같다.

① 담금질 직후에 생기는 균열

외부는 급격한 냉각으로 인하여 수축이 생기나 내부는 냉각이 느려 나중에 펄라이트로 변하여 팽창되는 결과로 균열이 생긴다.

② 담금질 2~3분 후에 생기는 균열

외부가 마르텐사이트로 변하여 팽창하므로 ①과는 반대되는 작용으로 균열이 생긴다.

2) 뜨임 불량

뜨임의 목적은 담금질 후 탄소 원자의 확산을 주반응으로 목표 경도를 유지하면서 연신율, 단면 수축률, 충격값을 개선하는 데 있다. 만약 담금질 후 오랜 시간이 경과하면 잔류 오스테나이트가 안전화되므로 담금질 후 상온에 도달되기 전 즉시 해야 한다.

강종에 따라 적절 도달 온도가 정해져 있으며 이 온도에 도달되기 전 뜨임하면 온도 불균일과 변태 미완료로 인하여 균열을 일으킬 수 있다. 강재에 따라 어떤 온도에서는 충격 값이 낮아지고 취성을 일으킬 수 있으므로 이러한 온도 영역을 피해야 한다(저온·고온 뜨임 취성 구역).

고속도 공구강 및 고합금 공구강은 2~3차 뜨임을 실시해야 하며 1차 뜨임시에는 담금 질시 형성된 마르텐사이트의 응력을 풀어 주고 잔류 오스테나이트를 마르텐사이트로 변태 시키며, 2차 뜨임시에는 잔류 오스테나이트로부터 형성된 마르텐사이트의 응력을 풀어 주는 역할을 한다. 2회 이상의 뜨임시에는 2회째부터 상온으로 된 후 행한다.

3) 강의 탈탄

강을 고온으로 가열하여 열처리할 때 또는 고온 가공을 하기 위하여 장시간 가열하면 산화가 생기고 산화막이 형성된다. 이 때 강 중의 탄소도 산화되어 CO_2, CO 가스로 되어 제거되는 현상을 탈탄이라 한다. 강재의 탈탄은 산화성 분위기, 습기를 가진 수소, 열화된 용융점, 기타 산화철 등에 의해서 진행되며 불활성, 환원성, 중성 분위기라도 수분이 0.05 % 이상 함유되면 심하게 나타난다. 또한 온도가 높을수록 탈탄이 용이해진다.

탈탄층에는 일반적으로 페라이트가 생성되나 경화능이 큰 강재나 냉각이 빠른 경우에는 이를 판정하기 어렵다. 탈탄이 유발될 경우, 피로 강도가 급격히 저하됨에 따라 피로 파손 이 쉽게 유발되며 이의 방지책으로는 진공, 불활성 가스, 환원성 가스, 중성 분위기에서 가열하거나 염욕의 주기적인 교환 및 탈탄 방지제의 도포도 유효하다. 강의 탈탄은 Ni, Mn, Cr 등을 첨가하면 감소하고, Si, P 등을 첨가하면 증가하며 S은 탈탄에 영향이 없다. 그리고 결정 입자가 조대한 강은 미세한 것보다도 더욱 탈탄되기 쉽다.

4) 강의 산화

열처리 가열 중에 강이 공기 중의 산소 또는 산화성 연소가스와 작용하여 산화철을 만 드는 현상을 산화(oxidation)라 하고, 산화에 의해서 생긴 검고 단단한 피막을 스케일 (scale)이라 한다. 산화되면 철강의 손실, 다듬질면의 파괴가 일어날 뿐만 아니라 담금질 중에 급냉을 방해하여 소위 연점(soft spot, *취약점*)이 생기게 되므로 주의해야 한다.

(1) 산화 및 탈탄의 방지책

① 분위기 제어(atmosphere control)

금형을 경화시키기 위한 대부분의 열처리로는 중성 분위기를 만들어 주도록 설계되어있다. 금형의 표면을 보호하기 위해서 사용되는 분위기 가스 중에서 가장 이상적인 것은 분해 암모니아 가스 분위기다. 한편 염욕 등의 사용은 조심스럽게 하지 않으면 금형을 탈탄시키거나 침탄시킬 수 있다.

② 패킹 경화 처리(pack hardening)

경화 처리시에 표면을 보호하기 위한 패킹 재료는 주철칩, pitch coke, 공업용 분말 등이 사용되는데 이들 패킹재의 문제점은 강종에 따라 중성분위기를 형성하지 못할 수도 있다.

③ 진공 열처리(vacuum heat treatment)

이 방법은 금형강의 표면을 보호하는 가장 좋은 방법이다. 실제로 진공 열처리 방법을 적절히 사용하기만 하면 탈탄이나 침탄이 일어나지 않는 광휘표면의 금형을 얻을 수 있어서 열처리되지 않은 금형과의 식별이 어려우므로 조심해야만 한다. 그러나 진공로에서 열처리된 금형이 광휘 표면을 나타낸다 할지라도 탈탄되지 않았다는 보장이 없기 때문에 진공 열처리가 그리 간단한 작업은 아니다. 이러한 문제는 노내 진공도가 충분치 못하거나 불활성 가스와 함께 수분 또는 공기가 유입될 때, 또는 누출(leak)이 생길 때 일어난다.

대부분의 금형 처리시 부분적 탈탄을 방지하기 위해서는 $10^{-3} \sim 10^{-4}$ torr의 진공도가 필요하나, 실제의 진공 열처리 조업에서는 $5 \times 10^{-2} \sim 10^{-2}$ torr 정도의 진공도가 사용되기 때문에 광휘 표면을 나타낸다 할지라도 부분적으로는 탈탄된 상태가 된다. 이 상태하에서 금형의 경도는 정상적인 값을 나타내지만 요구되는 내마모성을 갖추지는 못하게 된다.

④ 포장 처리(wrapping by stainless steel foil)

근래에 공냉 경화형 강종의 탈탄을 방지하기 위하여 흔히 사용되는 방법은 스테인리스강 포일(foil)로 금형을 포장해서 열처리하는 것이다.

수냉 및 유냉 경화형 강종을 스테인리스강 포일로 포장하여 열처리하면 담금질시 느린 냉각 속도 때문에 경도가 낮아지므로 사용하지 않는 것이 좋다. 간혹 유냉 경화형 강종을 경화 처리할 때에는 오스테나이트화 후 포일을 신속히 제거시켜서 담금질하기도 한다. 이와 같이 포일로 금형을 싸서 열처리할 때에는 포일에 구멍이 나지 않도록 세심한 주의를 기울여야 하며, 가능하면 큰 제품의 열처리에는 사용하지 않는 것이 좋다.

5) 기타 불량

(1) 시효 균열(season crack)

담금질 또는 담금질 후 뜨임한 강재를 대기 중에 방치하고 있는 동안 발생하는 균열을 말하며 자연 균열이라고도 한다. 대개의 원인은 잔류 오스테나이트가 온도 저하 및 외력에 의해 마르텐사이트화하면서 인장 응력이 한계값 이상으로 증가되었을 때 발생하며, 압축 잔류 응력이 해소되었을 때 발생하는 경우도 있다. 이에 대한 대책으로는 적절한 뜨임 또는 서냉 처리와 뜨임을 병행하는 것이 좋다.

(2) 시효 변형(season distortion)

상온에서 장시간 방치되는 동안에 치수 및 형상이 변화되는 것을 말하며, 담금질 후 뜨임하지 않고 방치하면 마르텐사이트로부터 ε 탄화물 석출, 또는 잔류 오스테나이트가 서서히 팽창하면서 마르텐사이트화하고 이어서 ε 탄화물이 석출되면서 수축하여 발생된다. 따라서 ε 탄화물은 150~200℃에서 충분히 뜨임하고 잔류 오스테나이트는 350℃ 이상에서 뜨임한다.

기타 강재를 표면 경화하는 경우에는 잔류 응력의 분포에 주의해야 한다. 침탄 처리의 경우, 침탄층 직하에 존재하는 인장 잔류 응력이 외부 하중과 더해져서 침탄층보다 다소 내부에 최대의 하중이 부가되어 피로 균열이 발생될 수 있다.

CHAPTER

06

표면 경화

01 CVD

1.1 CVD의 분류

CVD란 화학적 증착(chemical vapor deposition)을 말하며 진공실에 불어 넣은 가스가 높은 온도로 가열된 피처리물 표면 또는 표면 부근에서 열분해되거나, 반응성 가스 간에 화학 반응을 일으켜 생성되는 고체 금속 또는 화합물, 복합물 등이 표면에 흡착과 축적되어 코팅층을 형성하는 기법이다. CVD를 분류하면 표 6-1과 같으며, 고온 CVD가 가장 많이 사용되고 있다.

표 6-1 CVD의 분류

CVD		온 도	피 막
열 CVD	고온 CVD	1,000℃	TiC · TiN · Al₂O₃
	저온 CVD	300℃~550℃	W₂C
	플라즈마 CVD	300℃~500℃	TiN · TiC C-BN · Si₃N₄
	광 CVD		TiC

내마모성을 목적으로 공구나 금형에 적용하는 코팅은 다음과 같은 열 CVD의 반응식으로 형성된다.

$$\text{TiC} : \text{TiCl}_4 + \text{CH}_4 + \text{H}_2 \rightarrow \text{TiC} + 4\text{HCl} + \text{H}_2$$

$$\text{TiN} : \text{TiCl}_4 + 2\text{H}_2 + 1/2\text{N}_2 \rightarrow \text{TiC} + 4\text{HCl}$$

$$\text{Al}_2\text{O}_3 : 2\text{AlCl}_3 + 3\text{CO}_2 + 3\text{H}_2 \rightarrow \text{Al}_2\text{O}_3 + 6\text{HCl} + 3\text{CO}$$

$$\text{W}_2\text{C} : 2\text{WF}_6 + 1/6\text{C}_6\text{H}_6 + 5\ 1/2\text{H}_2 \rightarrow \text{W}_2\text{C} + 12\text{HF}$$

이상과 같은 반응식은 고압 CVD법으로 TiC, TiN, Al_2O_3와 저압 CVD법으로 W_2C가 피막을 형성하는 일례이다. 저압 CVD법 외에 고압 CVD법이 있고, 탄화물, 질화물, 산화물뿐만 아니라 TiC+TiN, TiC+Al_2O_3+TiN 등의 다층 박막 및 다이아몬드(DLC) 박막도 합성이 가능하게 되었다. 표 6-2에 저압 및 고압 CVD법의 비교를 나타내었다.

표 6-2 고압 및 저압 CVD 법의 비교

구 분	고압 CVD 시스템	저압 CVD 시스템
노내 압력	대기압	저기압(대기압 이하)
장비	배기 가스 처리 장비 필요	배기 가스 장비 필요 없음
결정 석출 속도	빠르다.	느리다.
코팅 형상	거칠고 조용하다.	미세하다.
균일성	좋지 않다.	좋다.
노내 유효 면적	적다.	크다.
운용비	가스 소모량이 많이 비싸다.	가스 소모량이 적어서 싸다.
작업 능률	작업이 어렵고 장시간 소요	세척 시간 등이 짧고 작업이 쉽다.

1.2 CVD의 특징

그림 6-1은 열 CVD의 대표적인 코팅 장치의 개략도를 나타낸다.

CVD의 장점은 다층 박막이 가능하고 PVD에 비해 코팅층의 균일성이 뛰어나 코팅막 자체에 핀홀 등이 거의 없으며, 윤활성, 내마모성, 밀착성 등이 PVD에 비해서 뛰어나다는 것이다. 또한 TiC 코팅막의 경도는 무려 31,360MPa로 초경 합금을 훨씬 능가한다. 이에 비해 CVD의 단점은 고온 처리이기 때문에 처리 온도 1,000℃ 정도로 코팅 후 재열처리를 해야 하는 점과 탄소량이 부족한 강재(C 0.5% 이하)는 탄소를 첨가해야 점착성이 좋아지는 특성 때문에 처리가 곤란하다는 점 등이다. 이 외에도 CVD는 PVD 등 다른 코팅 방법에 비하여 투자비가 저렴하고 파이프 모양의 내경면에도 피복이 가능하여 PVD에서 곤란한 처리물들을 처리할 수 있는 장점이 있다.

그러므로 CVD의 일반적인 특징은 다음과 같다.

① 코팅층은 모재와 강한 금속 결합을 하므로 밀착 강도가 강하다.

② 결정성이 양호한 코팅막을 얻을 수 있다.

③ 가스에 의한 코팅이므로 피막의 밀착성이 PVD에 비해 양호하며 균일한 코팅막을 얻을 수 있다.

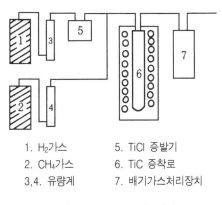

1. H₂가스
2. CH₄가스
3,4. 유량계
5. TiCl 증발기
6. TiC 증착로
7. 배기가스처리장치

그림 6-1 TiC 코팅 장치

1.3 CVD의 적용

CVD는 초경 공구에 적용하면 가장 좋다. 공구강에는 고속도강이나 열간 및 냉간 공구강으로 STD61, STD11 등에 적용이 가능하나 코팅 후 진공에서 재열처리를 해야 한다. 주로 절삭 공구용 인서트 코팅에 적용되고 있으며, 금형 분야의 적용 예는 그림 6-2에 나타난 바와 같이 비처리품에 비해 수명이 10배 이상도 가능한 것으로 평가되고 있다.

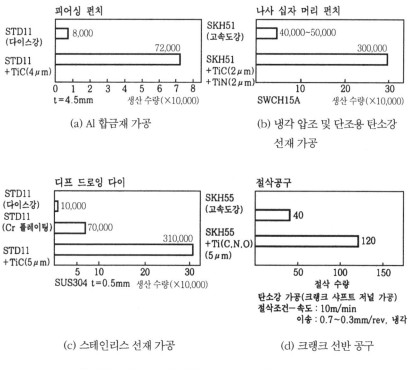

그림 6-2 CVD 코팅 제품과 비코팅 제품의 수명 비교

---

02 PVD

2.1 PVD의 분류

PVD란 물리적 증착(physical vapor deposition)을 말하며 공구나 금형의 표면에 단일 또는 복합 금속상을 탄화물, 질화물, 산화물 등의 형태로 진공 중에서 코팅하는 표면 처리 기법이다. PVD은 크게 2가지로 분류할 수 있다.

① 이온을 이용하지 않는 방법 : 진공증착법

② 이온을 이용하는 방법 : 스퍼터링법, 이온 플레이팅법, 이온 주입법, 이온빔 믹싱법

대표적인 코팅 방법은 표 6-3과 같고 최근 이온이 갖는 에너지를 유효히 사용하여 저온 영역에서 우수한 피막을 형성할 수 있는 것으로서 이온 플레이팅, 이온 주입 및 이온빔 믹싱법 등의 방법이 주목받고 있다.

표 6-4는 PVD와 CVD를 비교한 것이다.

표 6-3 코팅 처리방법의 종류

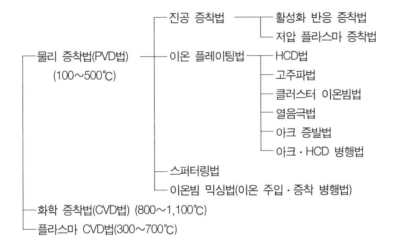

표 6-4 PVD법과 CVD법의 비교

구 분	이온 플레이팅법 (PVD법)	화학 증착법 (CVD법)
처리온도	100~500℃	800~1,100℃
후처리	없음	진공 담금질, 뜨임
변형	없음	발생한다.
내충격성	양호	불량
부착력	양호	매우 양호

1) 진공 증착법

코팅하고자 하는 물질을 저항 가열 필라멘트나 전자 빔으로 가열하여 코팅하는 방법이다. 증발된 원자의 운동 에너지가 작기 때문에 코팅층의 모재와의 부착력과 코팅 물질 자체 내의 결합력이 약하다. 실제 코팅 작업시 진공로 내의 코팅 물질 증기압은 10^{-2} torr 이

상으로 관리하며 이 때 Al의 온도는 1,150℃, Cr은 1,400℃, Ti은 1,740℃로 가열해야 한
다. 진공 증착법은 그림 6-3의 (a)에 나타내었다.

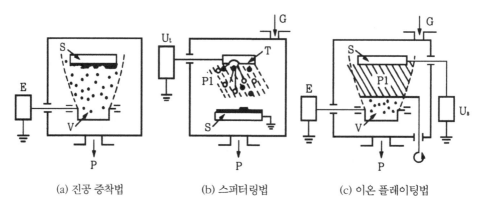

| (a) 진공 증착법 | (b) 스퍼터링법 | (c) 이온 플레이팅법 |

PL : 진공 펌핑,　V : 증발원,　　S : 피처리물 장치대,　T : 증발 물질(코팅 물질),　U : 피처리물 전압
E : 전원 공급,　　PI : 플라스마,　G : 불활성 가스,　　　U : 음극 전압

그림 6-3 PVD 코팅의 원리

2) 스퍼터링법

아르곤과 같은 불황성 가스를 코팅 물질과 코팅 공구 사이에 넣어 전기장을 걸면 글로
방전이 일어나 하전된 이온들이 발생하고, 이 이온들이 코팅 물질인 타깃을 격렬하게 이
온 폭격하여 코팅 물질의 원자가 증기상으로 방출하게 된다. 이 코팅 물질들은 비교적 높
은 에너지로 코팅 공구에 부착되며 그림 6-3의 (b)에 나타내었다.

3) 이온 플레이팅법

1964년 미국의 Mattox에 의해 개발된 것으로, 진공 용기 내에서 금속을 증발시켜 증발
입자가 피증착물에 도달하기 전에 이온화하고 피증착물에는 ⊖전위를 걸어 진공 증착보다
밀착력이 우수한 피막을 얻는 방법이며, 진공 증착이나 스퍼터링과는 전혀 형태가 다른
코팅층이 생성됨을 보였다.

이온 플레이팅은 코팅 물질을 플라스마상으로 만든 다음 피처리물과의 사이에 고전위차
를 걸어 주어 피처리물 근처에서 이상 글로 방전(abnormal glow discharge) 및 이온 폭격
(ionbombardment) 기법의 고에너지로 치밀하고 강한 접착력의 코팅층을 성형하는 기술

이다. 그림 6-3의 (c)는 개념적인 이온 플레이팅을 나타낸다.

이온 플레이팅법의 특징은 피막과 기판과의 밀착성 및 피막의 치밀성이 양호하고, TiN, TiC, CrN, CrC, Al_2O_3, SiO_2 등과 같은 특이한 화합물 피막을 얻을 수 있으며 코팅 온도가 낮아 기판을 변형시키지 않는다.

4) 이온 주입법

이온 주입법은 원소를 이온화한 후 가속하여 고체 표면에 충돌시켜 물질 내부에 주입하는 물리적 방법이다. 이 방법은 실리콘 등의 반도체에 미량의 불순물을 도핑하는 방법으로서 IC 및 LSI 등의 디바이스 소자의 제조 공정 중에서 중요한 기술이다.

최근에는 이온 주입 장치의 개발이 진전함에 따라 이온 주입법을 금속, 세라믹 등에 응용하여 표면 및 박막 특성을 개선하고 있다.

이온 주입 장치에 의해 가속되는 이온의 운동 에너지는 10KeV~수100KeV의 범위로, 이온은 스퍼터 효과에 의해 표면 원자를 튕겨 날리기보다는 오히려 시료 내에 깊이 들어가 박힌다. 이처럼 시료 표면으로부터 원소를 어느 정도의 깊이로 넣는 것이 이온 주입법의 특징이다. 그림 6-4는 이온 주입시에 일어나는 충돌 과정을 나타낸다.

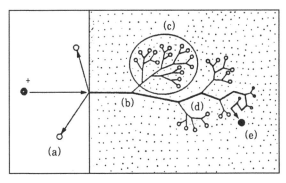

(a) 스퍼터링
(b) 직접 탄성 충돌
(c) 가스케이드 충돌
(d) 열스파이크(굵은 선으로 나타내는 이온 길 근방에서 일어나는 순간적 원자 진동)
(e) 이온 주입

그림 6-4 이온 주입시에 일어나는 충돌 과정

이온 발생부는 주입해야 할 원소를 이온화하는 이온원이라고 불리는 부분이다. 금속 재료 등과 같이 다량의 이온 주입이 필요한 경우에는 안정하고 수명이 긴 이온원이 요구된다. 이온원에서 발생한 이온은 인출 전압에 의해 이온빔으로서 나오게 된다.

이온빔 중에는 일반적으로 약간의 불순물 이온이 섞여 있지만, 질량 분리기(마그넷)의 작용에 의해 특정 질량을 갖는 이온만을 통과시키게 된다. 이온주입법의 주된 특징은 다음과 같다.

① 원리적으로 임의의 물질에 임의의 원소를 주입할 수 있다.

② 이온은 질량 분리시키므로 주입 원소의 순도가 높다.

③ 저온 공정이다.

④ 에너지를 변화시킴으로써 주입 원소의 깊이 및 분포의 형태를 제어한다.

⑤ 고정밀도로 제어할 수 있으며 재현성이 우수하다.

⑥ 주입에 의한 치수 변화가 미소하다.

⑦ 주입 깊이가 얕다.

⑧ 주입 장치가 고가이다.

5) 이온빔 믹싱법

금속의 표면개질에 금속 이온을 사용하는 경우 mA 정도의 이온을 기판에 주입할 필요가 있다. 그러나 천이금속, 귀금속 등은 이와 같은 금속 이온의 대전류를 발생시키기가 어려우므로 기판에 코팅한 금속 원자를 Ar^+ 등으로 조사하여 기판과 합금화시킨다. 이것을 이온빔 믹싱이라 한다.

얇은 금속 박막은 이온 조사하기 전에 기판에 코팅하든가 금속을 코팅하면서 이온 조사를 행한다. 조사 이온이 금속 원자와 기판 원자를 혼합하므로 새로운 합금층 또는 화합물층이 기판의 표면에 생성된다.

그림 6-5은 이온빔 믹싱법의 금속막 적층법을 나타낸 것이다.

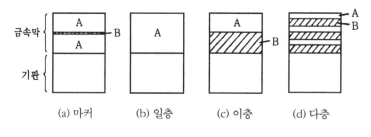

그림 6-5 금속막의 적층법

기판에 코팅시키는 금속박막의 적층법은 그림에 나타냈듯이 (a) 마커, (b) 일층, (c) 이층, (d) 다층이 있다. (a)의 마커법은 두께 몇 개 원자의 마커 B가 A 내부에 들어 있으며 믹싱 후의 B원자의 분포로부터 믹싱 기구에 관한 정보를 얻을 수 있고, (b)의 일층법은 A와 기판의 합금화, (c)의 이층법은 A와 B의 합금화 또는 A, B와 기판과의 합금화에 의한 표면 개질에 사용된다. (d)의 다층법은 실용적인 응용에 많이 사용된다.

2.2 PVD의 특징

PVD의 방법 중 진공 증착법이나 스퍼터링법은 이온화 에너지 및 운동 에너지가 작아 이온 플레이팅에 비해 밀착성과 균일성이 떨어지며, 금형의 내마모 특성을 향상시키기 위한 PVD법은 이온 플레이팅법이다. 국내외에서 가장 널리 상용화된 이온 플레이팅법은 미국 멀티아크사의 캐소딕 아크 증발법과 유럽 발저스사의 전자빔 가열 방식이다. 이들의 특징은 다음과 같다.

1) 캐소딕 아크 증발법

멀티아크사의 캐소딕 아크 증발 방식은 그림 6-6과 같으며, 코팅하고자 하는 금형을 세척 및 건조한 후 코팅로에 장입하여 2×10^{-5} torr까지 고진공으로 펌핑한다. 코팅의 첫 단계는 이온 폭격 공정으로 펌핑이 완료된 직후 금형의 서브스트레이트에 −1,000V의 바이어스 전압을 걸어주는 동시에 코팅 물질(Ti 등) 캐소드에 아크 전류를 흘려 주면 코팅 물질에서 아크가 발생하여, 약 100μm에 이르는 몰튼 풀(molton pool)에서 순식간에 플라스마가 형성되며 전위차에 의해 금형 표면으로 날아가 격렬하게 폭격한다. 이 과정에서 금형 표면은 격자 개념으로 세척되고 활성화되며 코팅 온도까지 승온된다.

플라스마란 물질의 제4상으로 전자, 원자, 이온들로 이루어진 구름층이라고 생각할 수 있다. 이와 같이 10여분 이온 폭격을 한 후 트랜지션 페이스(transition phase)로 바이어스 전압을 −400V로 떨어뜨리고, 이 때부터 질소를 주입하면 금형 표면에서 질화물 코팅층이 형성되기 시작한다. 이 단계는 두 번째 단계로 코팅층의 밀착력에 영향을 미친다.

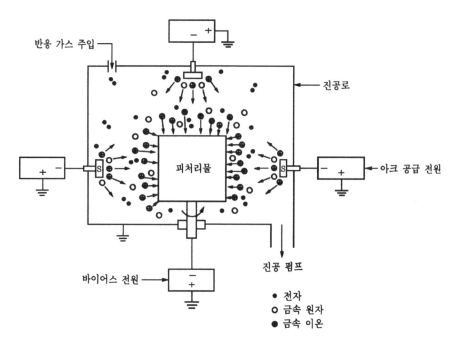

반응 가스 주입

진공로

피처리물

아크 공급 전원

진공 펌프

바이어스 전원

● 전자
○ 금속 원자
◉ 금속 이온

그림 6-6 캐소딕 아크 증발 방식

약 5분 경과 후 세 번째 단계인 코팅 페이스로 바이어스 전압을 −250V로 떨어뜨리면 본격적인 코팅이 진행되며, 제품의 용도와 크기에 따라 코팅층 두께가 2~4μm가 되도록 코팅 시간을 유지한다.

아크에 의한 증발 방식은 코팅 시간이 짧고 이온 에너지가 높아 비교적 저온에서도 코팅이 용이한 장점이 있는 반면, 코팅층에 수 십 μm 크기의 드로플릿(droplet)들이 이온 폭격 공정에서 생성되어 코팅층이 거칠고 불균일하다. 따라서 코팅층이 쉽게 벗겨지는 단점이 있다.

그림 6-7은 이 방식으로 코팅된 표면을 전자 현미경으로 5,000배 확대한 사진으로 물방울 모양의 드로플릿들이 보인다.

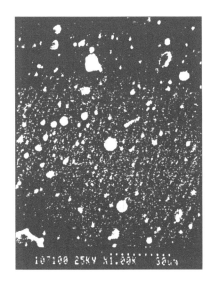
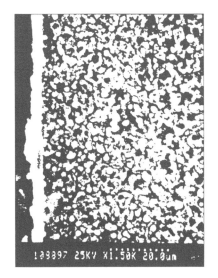

(a) 코팅 표면   (b) 코팅층 단면

그림 6-7 캐소딕 아크 증발법에 의한 코팅층 현미경 사진(SEM)

2) 전자 빔 가열법

Ar 가스를 이온화 체임버에 넣고 필라멘트 가열에 의한 열전자 방출로 이온화를 조장한 후, 집속된 전자빔을 이미 가열이 완료된 노저면의 도가니 내 코팅물에 방사하여 플라스마를 생성하고, 노 양단의 서브스트레이트에 설치한 금형(공구)에 부전위를 걸어 질소 가스와 표면에서 이온 결합 코팅층이 형성되게 하는 기법이다. 발저스사의 전자 빔 증발 방식은 그림 6-8과 같다.

이 방법은 모든 코팅 물질들을 노저면의 도가니에 넣을 때에만 코팅이 가능하고, 스트레이트 라인 프로세스로 균일한 코팅을 위해서만 다양한 피코팅물의 노내 배치가 강구되어야 하는 특징이 있다. 또한 이온 에너지가 작아서 강한 부착력을 위해 피코팅물을 비교적 고온(약 450℃)으로 가열해야 하므로 냉간 공구강 등 강재의 뜨임 온도에 따른 경도 저하 등이 문제가 되는 재질에는 곤란한 점이 있다. 그러나 전자빔 가열법은 캐소딕 아크 증발법에 비해 드로플릿이 없는 균일한 코팅이 가능하고 밀착성이 강하며, 코팅층 자체의 질면에서도 고온측에 속하므로 우수한 내마모성을 나타낸다.

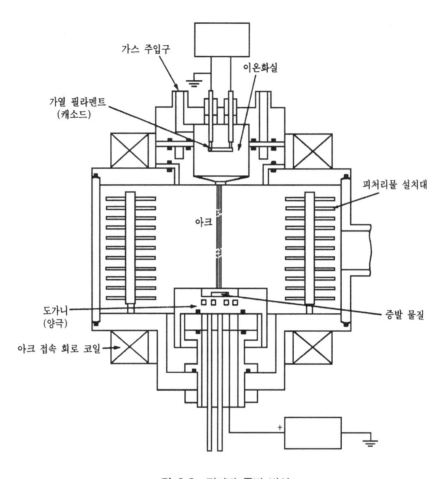

가스 주입구

이온화실

가열 필라멘트
(캐소드)

피처리물 설치대

아크

도가니
(양극)

증발 물질

아크 접속 회로 코일

그림 6-8   전자빔 증발 방식

이상의 PVD는 CVD와 비교할 때 500℃ 이하의 저온 코팅 방법이므로 처리 후 다시 열
처리할 필요가 없으며 재질에 크게 영향을 받지 않고 코팅을 적용할 수 있다.

2.3 PVD의 적용

PVD의 적용 분야는 절삭 공구와 금형 등으로 다양하다. 코팅 물질은 TiN이 거의 대부
분이며 TiAlN, TiZrN 등 3원계 코팅에도 적용되고 있다. 그림 6-9는 TiN 코팅 금형을 나
타내고 있다. TiN 코팅층의 경도는 코팅법에 따라 다소 차이가 있으나 HV 2,400 정도이
며 이는 초경 합금보다 우월한 경도값이다. 따라서 TiN 코팅으로 냉간 압출, 냉간 단조,

디프 드로잉, 냉간 포밍, 트리밍 등에서 3~10배의 금형 수명 연장 효과를 보이고 있으며 알루미늄 다이캐스팅 및 열간 단조 등에서도 괄목할 만한 효과를 나타내고 있다.

그림 6-9 PVD 처리된 펀치와 다이스

표 6-5 이온 플레이팅 특성 비교

구 분	스퍼터링	전자 빔법	아크 증발법
코팅 물질의 위치	노의 바닥, 측면, 천장	노의 바닥면	노의 바닥, 측면, 천장
코팅 물질 배치수	다수 가능	1	12개까지 가능
N_2 가스 화학 당량비 조절 범위	좁다	좁다	넓다
제품 장입 높이	낮다	낮다	높다
가동 난이도	보통	고난도 처리	쉽다
제품 장입 모양	복잡	복잡	단순
피코팅물 표면 세척(노내)	글로 방전	글로 방전	이온빔/글로 방전
이온 생성 구조	간접(가스—플라스마)	간접(고체 → 액체 → 플라스마)	직립(고체 → 플라스마)
이온화 레벨(Ti)	10%	10%	80%
이온 에너지 레벨(Ti)	3eV	3eV	50eV
처리 온도	200~300℃	약 450℃	200℃
처리 시간(3~4μm TiN)	6~8시간	4시간	2시간
코팅층 밀착성 · 균일성	보통	우수	양호

표 6-5에는 각종 이온 플레이팅법의 비교를 나타내었고, 표 6-6에는 이온 주입법에서 생기는 결정 구조의 변화를 나타내었다.

표 6-6 이온 주입법에서 생기는 결정 구조의 변화

타깃 금속	이온 종류	상 변 태
Fe	N, Ar	BCC → HCP
	C	BCC → 마르텐사이트
스테인리스강	Neutron	오스테나이트 → 페라이트
	H, P, Ni, Sb	오스테나이트 → 마르텐사이트
	Ni	마르텐사이트 → 오스테나이트
Co	Ar	HCP → FCC
Ni	He, N, P, Ar, Ni	FCC → HCP
Ti	N, Ar	HCP → FCC
Mo	N, Ar	BCC → FCC/HCP

03 PCVD

3.1 PCVD의 분류

PCVD란 플라스마 화학 증착(plasma-chemical vapor deposition)을 말하며 플라스마의 생성 방법에 따라 직류(DC)법, 고주파(RF)법, 마이크로파법 등이 있다. 이러한 플라스마 생성 방법들은 단독으로 이용되는 경우도 있지만 조합되어 이용되는 경우도 있다. 이들 각종 PCVD법은 그림 6-10에 나타낸 저온 플라스마 영역을 이용하고 있다.

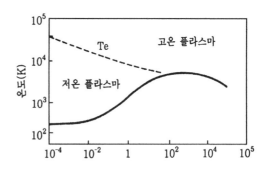

그림 6-10 플라스마의 전자 온도(Te)와 가스 온도(Tg)의 압력 의존성

이 영역에서는 전자의 고에너지에 의해 여기 분자, 이온 등의 활성 입자들이 다량 생성되기 때문에 고온에서 코팅층으로 합성할 수 있다.

직류 PCVD법의 경우 생성된 이온은 그림 6-11에 나타냈듯이 음극 전위 강하부에 의해서 코팅이 가속화되고 피처리물에 충돌하여 밀착성이 좋은 피막을 형성한다.

예를 들어 TiN을 코팅하는 경우, 다음과 같은 화학 반응을 열에너지와 플라스마 에너지를 이용하여 일으키게 한다.

$$2TiCl_4 + N_2 + 4H_2$$

$$\rightarrow 2TiN + 8HCl$$

이와 같은 반응에 의해서 코팅하는 대표적인 코팅물은 TiN, TiC, TiCN이 있다.

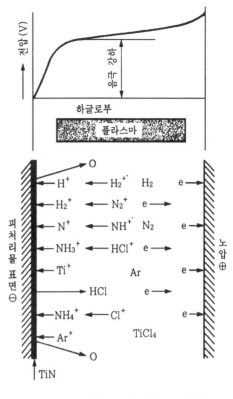

그림 6-11 플라스마 PCVD의 원리

3.2 PCVD의 특징

PCVD법으로 코팅한 TiN 피막은 X선 회절에 의해 실험 결과 (200)면에 배향성이 강하고, PVD법의 (111)면과 다른 양상을 나타낸다. 경도는 TiN의 경우 HV 2,000, TiC는 HV 3,000, TiCN은 TiN과 TiC의 중간 정도이다.

스크레치 테스터에 의한 코팅층의 밀착성 실험 결과, PCVD법으로 코팅한 피막이 PVD나 CVD에 대해서 밀착 강도가 높은 것으로 평가되었으며, 표 6-7의 핀 디스크 실험 결과 PVD에 비해 마찰 계수가 현저히 작다는 사실이 알려져 있다. 이와 같은 결과는 PCVD법으로 생성된 코팅막이 어떤 것보다도 치밀한 조직을 가지고 있다는 사실을 뒷받침해 준다. 표 6-8에 각종 경질 피막 피복의 비교를 나타내었다.

표 6-7 핀 디스크 마찰에 의한 시험 결과

디스크재	마찰 계수
모재(SKH51)	0.50~0.52
A사 PVD TiN : 4μm	0.65~0.76
B사 PVD TiN : 2μm	0.50~0.74
PCVD TiN : 2μm	0.48~0.52
PCVD TiN계 다층막 : 2μm	0.16~0.20

- 핀 : SUJ2, ϕ6, HV 860
- 디스크 : SKH51, 5-ϕ20, HV790
- 하중 : 500g
- 회전 속도 : 100mm/s
- 회전 거리 : 500m
- 회전 반지름 : 6mm

표 6-8 각종 경질 피막 피복법의 비교

처리법 / 비교 항목	OE 프로세스 (PCVD)	PVD	CVD			TD 프로세스	비고
			저온 CVD	중온 CVD	고온 CVD		
피막	TiN, TiC, TiCN	TiN, TiC, TiCN	W_2C	TiCN	TiN, TiC, TiCN	VC	※범례 ◎ : 탁월 ○ : 우수 △ : 보통
처리 방법	플라스마 반응	플라스마 반응	열화학 반응	열화학 반응	열화학 반응	염욕 중의 열화학 반응	
처리 온도(℃)	300~600	200~600	300~600	700~900	약 100	약 1,000	
처리 압력(torr)	10^{-2}~10	10^{-3}~10^{-4}	50~760	50~760	50~760	760	
밀착성	◎	△	△	◎	◎	◎	
치밀성	◎	○	△	△	△	△	
붙임성	○	△	◎	◎	◎	◎	
촌법 정도	◎	◎	◎	△	△	△	
국부 피복	◎	◎	△	△	△	△	
중량물의 처리	◎	△	◎	◎	◎	◎	
작업 환경	◎	◎	△	△	△	△	
런닝 코스트	◎	◎	△	△	△	◎	
전처리	불필요	Ti 코팅 필요	Ni-B 도금 필요	불필요	불필요	불필요	

3.3 PCVD의 적용

PCVD 코팅은 PVD에서 단점으로 대두된 핀홀, 밀착성, 균일성 등을 보완한 저온 처리 기법으로, CVD에서 야기되는 변형과 치수 변화를 방지할 수 있어서 냉간 가공 금형, 플라스틱 금형, 알루미늄 다이캐스팅 및 압출 금형 분야에 폭넓게 적용되고 있다.

특히 플라스틱 금형 중 CD 금형, LD 금형 등 고경면 요구 금형은 PVD의 경우 드로플릿이나 핀홀 등이 많아 PCVD 코팅의 수요가 늘고 있다. 또한 붙임성과 밀착성이 우수하

표 6-9 냉간 가공용 금형에 대한 PCVD 적용 효과 예

적용 품 명	금형 재질	내구성 효과
냉간혈 배기 펀치 피가공재 : SM12C, 두께 3.1mm	SKH51	• 미코팅 : 2,000 쇼트 • PCVD : 330,000 쇼트

냉간 압조 다이(台)
  피가공재 : 폴조인트부 소켓
  SCM21, 두께 5mm
	SKH51	• CVD(TiC) : 15,000개
		• PCVD : 48,500개

냉간 성형 다이(台) 피가공재 : SUS304, 두께 1.6mm	STD11	• TD 프로세스(VC) : 25,000개 • PCVD : 120,000개
트리밍 다이(台) 피가공재 : 볼트	고속도강	• CVD : 30,000 쇼트 • PCVD : 61,900 쇼트
냉간 단조 펀치 피가공재 : 볼트	SKH55	• 미코팅 : 45,000개 • PVD(TiN) : 45,000개 • CVD(TiC+TiCN+TiN) : 75,000개 • PCVD : 150,000개

강관 가공용 맨드렐
  피가공재 : SUS304,
  두께 4 → 2mm
	분말
	고속도강
		• TD 프로세스(VC) : 530개(재코팅품은 신품의 1/2 이하)
		• CVD : 780개(재코팅품은 신품의 1/2 이하)
		• PCVD : 1,200개(재코팅품은 1015본)

좌압 버링 펀치 피가공재 : SUS304, 두께 0.5mm	SKH51	• CVD(TIC : 6μm) : 15,000 쇼트 • PCVD : 52,000 쇼트
모터 케이스 가공용 펀치 피가공재 : 두께 1.5~3.5mm	DC53	• 미코팅 : 60,000 쇼트 • Cr 도금 : 70,000~800,000 쇼트 • CVD(TiC+TiCN+TiN) : 200,000 쇼트 • PCVD : 400,000 쇼트 이상

여 금형의 굴곡진 형상과 슬리브 내경면도 균일한 코팅이 가능하며 알루미늄 다이캐스팅 금형 분야에서 가장 우수한 특성을 보이고 있다.

표 6-9에 냉간 가공용 금형에 대한 PCVD 적용 효과 예를 나타내었다.

04 TD 프로세스

4.1 TD 프로세스의 원리

TD 프로세스란 도요타 디퓨전 프로세스(TOYOTA diffusion process)의 약어이다. 대기 중에서 용용 유지된 염욕 중에 코팅하고자 하는 합금 첨가 분말을 투입하고 금형을 침적하면, 그림 6-12와 같이 강 중의 탄소와 염욕 중의 합금 원소, 탄화물 형성 원소가 유리된 후 금형 표면에서 확산에 의해 만나 탄화물층이 형성되어 성장한다.

이 때 모재로부터의 탄소 공급량이 탄화물 형성에 필요한 양보다 적기 때문에 생성 속도는 점차 느려진다. 염욕의 원소는 약 900~1,100℃로 유지하며 요구 특성에 따라 1~10

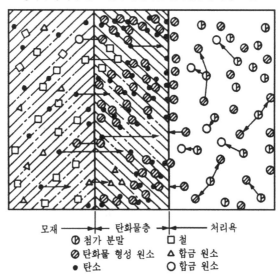

그림 6-12 TD 프로세스의 원리

시간 유지한 후 금형을 꺼내어 담금질과 뜨임을 실시한다.

TD 프로세스의 처리 온도는 CVD와 유사하므로 처리 중에 변형 및 치수 변화가 발생하는 경우가 있고, 처리 시간이 긴 장점이 있는 반면 두꺼운 피막이 가능하며 뛰어난 내식성을 나타낸다. 또한 모재와의 사이에 확산층이 존재하며 밀착성이 뛰어나다.

4.2 TD 프로세스의 적용

TD 프로세스의 주요 코팅 피막은 VC, NbC, CrC 등의 탄화물이며 냉간 단조, 제관용 공구, 성형 롤 등에 초경 합금 대용으로 적용된다. TD 프로세스가 PVD보다 널리 응용되지 못하는 이유는 고온 처리로 인한 변형과 재열처리 등 경제적인 측면에서 불리한 면이 있기 때문인 것으로 알려져 있다.

그림 6-13에는 TD 처리된 성형 롤을 나타내었다.

그림 6-13 TD 처리된 성형 롤

05 화학적인 표면 경화

스핀들, 클러치, 기어, 캠, 캠 샤프트 등의 강제품은 내마모성과 인성이 요구되므로 표면 경화법을 이용하여 기계적 성질을 개선한다. 이와 같이 강의 표면을 경화시키는 화학적인 표면경화법은 강의 표면층에 여러 가지 원소들을 확산 침투시켜서 표면 조성의 변화에 의한 경화층을 얻는 방법으로서 침탄법, 질화법, 금속 침투법 등이 있다.

5.1 침탄법

각종 기계 부품 등의 표면은 경도가 크고 내부는 인성이 큰 것이 요구될 때가 많다. 이와 같은 용도에는 연강의 표면에 탄소를 침투시켜 담금질하는 것을 침탄경화라 하고 이와 같이 열처리하는 방법을 침탄법이라 한다.

일반적으로 C 0.2% 이하의 저탄소강 또는 저탄소 합금강을 사용하는데 열처리 방법에는 고체 침탄법, 액체 침탄법, 기체 침탄법 등이 있다.

1) 침탄법(carburizing)의 종류

(1) 고체 침탄법

고체 침탄제에는 목탄, 코크스, 골탄 등과 촉진제로서 탄산바륨($BaCO_3$), 탄산소다(Na_2CO_3) 등이 사용된다. 침탄 상자는 4~10mm의 강철판 또는 주철로 만들어 물품과 침탄제를 넣고 가스가 새지 않도록 내화 점토로 바른 후, 이것을 침탄로 중에서 900~950℃에 가열하여 여러 시간 동안 같은 온도를 유지시킬 수 있다.

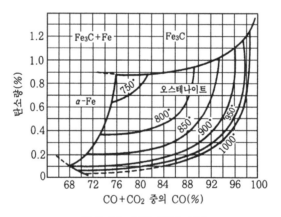

그림 6-14 침탄 반응 온도

침탄제는 고온에 가열하면 일산화탄소 또는 시안 가스가 발생하여 이것이 강철과 작용해서 γ철에 침투된다. 그림 6-14는 침탄 반응 온도를 나타낸 것이며 이 반응에서 탄소는

CO 가스 상태에서 γ철 중에 고용된다.

즉,

$$2C + O_2 \rightarrow 2CO$$
$$CO_2 + C \rightarrow 2CO$$
$$2CO + Fe \rightarrow (Fe-C) + CO_2$$

가열 시간은 침탄물의 구조 침탄제의 종류 및 침탄 상자의 크기 등에 영향을 받으며, 또한 침탄할 깊이에 따라 다르고 보통 깊이는 0.4~2.0mm가 적당하다.

표 6-10은 침탄 온도와 침탄 깊이를 나타낸 것이다.

표 6-10 침탄온도와 침탄 깊이

가열 온도	60% 목탄과 40% $BaCO_2$	$K_4Fe(CN)_6$	목탄	비고
800℃	0.51	0.51	0.51	
900℃	2.2	2.0	1.2	1시간 기준
1,000℃	3.0	3.0	2.4	
1,100℃	4.7	5.2	3.5	

침탄 후의 열처리는 중심부를 미세화시키기 위해 900℃에서 1차 담금질을 하고 표면의 경화를 목적으로 800℃에서 2차 담금질한 후 연마 균열을 방지하기 위하여 150~200℃로 뜨임을 한다. 침탄이 필요하지 않은 부분에는 일반적으로 다음과 같은 처리를 한다.

① 진흙을 표면에 바르고 석면으로 위를 싸서 얇은 철판으로 감는다.

② 구리로 도금을 한다.

③ 가공 여유를 크게 잡고 전체를 침탄한 후 적당한 치수로 깍아낸다.

침탄 깊이는 보통 0.5~2mm 정도이며 다음과 같은 장점이 있다.

① 소량 생산에 적합하다.

② 대형 부품 열처리가 가능하다.

③ 조작이 간단하고 설비비가 적게 든다.

(2) 액체 침탄법

액체 침탄에는 시안화소다(NaCN), 시안화칼륨(KCN)을 주성분으로 하여 중성염, 탄산염을 첨가한 침탄계의 용융 염욕 중에 강재를 침지하여 처리한다. 이 방법을 시안 청화법 또는 침탄 질화법이라고도 하며 침탄층의 깊이는 약 0.2~0.5mm이고, 침탄 후의 열처리는 침탄 시간이 짧기 때문에 직접 담금질한 후 뜨임하며 주로 자동차 부품, 사무기기 부품의 내마모성의 표면 처리에 응용된다. 액체 침탄법의 화학적인 반응은 다음과 같다.

$$2NaCN + O_2 \rightarrow 2Na(CN)O$$

$$4Na(CN)O \rightarrow 2NaCN + Na_2CO_3 + CO + N_2 \uparrow$$

$$2CO + 3Fe \rightarrow CO_2 + Fe_3C$$

침탄제로는 보통 NaCN 54%, Na_2CO_3 44%, 기타 약 2%를 혼합한 것이 가장 많이 사용되고, 침탄 깊이는 가열 온도 900℃에서 30분 처리에 의해 약 0.3mm 정도가 얻어지며 처리 온도가 높을수록 깊어진다. 그리고 침탄제의 값이 비싸며 침탄층이 얇고, 발생하는 가스가 유독한 것이 결점이나 다음과 같은 이점이 있다.

① 가열이 균일하고 제품의 변형을 방지할 수 있다.

② 산화가 방지되므로 가공 시간이 절약된다.

③ 온도 조절이 용이하다.

④ 광휘상태인 표면을 얻을 수 있고 침탄 후 직접 담금질이 가능하다.

(3) 가스 침탄법

가스 침탄법은 고체 침탄법의 단점을 보완하기 위해 이용되는 침탄법이며, 가스 침탄법은 일산화탄소, 메탄, 에탄, 프로판, 천연 가스 등 탄화수소계 가스를 사용하여 침탄하는 방법으로 침탄 가스는 Ni을 촉매로 하여 변성로에서 변성하며 변성된 가스를 캐리어 가스라 한다.

침탄 능력은 카본 퍼텐셜(carbon potential)이라 하는데, 이것의 측정은 노점을 이용한다. 즉, 노점이 낮을수록 침탄 능력은 커진다. 그러나 카본 퍼텐셜을 너무 높게 할 수 없으므로 변성 가스에 원료 가스를 3% 정도 첨가한 증탄 가스를 침탄로에 보내어 침탄 가스로 사용한다. 침탄 온도는 900~950℃가 적당하며, 침탄 후 직접 담금질하여 150~200℃로 뜨임한 후 사용한다.

5.2 질화법

저탄소강을 500~550℃의 암모니아 가스 중에서 장시간(50~100시간) 가열하여 표면에 질소 화합물, 즉 Fe_2N, Fe_4N 등을 만들어 경화하는 열처리 방법으로 액체 질화법, 가스 질화법, 연질화법 등이 있으며 침탄법과 다른 점은 담금질 조작을 안 한다는 것이다. 질화 처리한 것은 다음과 같은 특징이 있다.

① 마모 및 부식에 대한 저항이 크다.

② 침탄강은 침탄 후 담금질 열처리를 하지만, 질화강은 담금질할 필요가 없고 변형이 적다.

③ 600℃ 이하의 온도에서는 경도가 감소되지 않고 산화도 잘 안 된다.

④ 경화층은 얇고 경화는 침탄한 것보다 크다.

1) 액체 질화법

$NaCN(55~65\%)+KCN(35~45\%)$의 액체 침질용 혼합염을 사용하여 500~600℃에서 가열 질화 처리하고 800~900℃에서 침탄하는 방법이며, 주로 질화만을 하기 위한 것으로 침질 시간이 가스 질화보다 짧아 30분에서 1시간이면 충분하다. 액체 침질시에는 질화강이 아닌 보통 탄소강으로도 충분하며 질화층이 얇은 것에 이용된다.

2) 가스 질화법

암모니아 가스 중에서 질화강을 500~550℃로 약 2시간 정도 가열하는 방법으로 암모니아 가스가 질화 온도에서 분해하여 발생기의 질소가 침투된다.

$$2NH_3 \rightarrow N_2 + 3H_2$$

질화 효과를 크게 하는 원소는 Al이며 그밖에 Cr, Mo도 영향을 준다. 질화 처리의 전처리는 담금질과 뜨임하는 것이며 질화 방지법으로는 주석 도금을 한다. 질화된 강의 표면 경도는 HV 1,000~1,300에 이르며 내마모성과 내식성이 있어 고온에서도 안정되지만 침탄 처리보다 10배의 시간이 더 걸리며 비용이 많이 드는 결점도 있다. 또한 침탄법은 침탄 후에도 수정이 가능하나 질화 후의 수정은 불가능하다.

3) 연질화

액체 침질의 일종으로 연질화용 염을 530~570℃로 용융시켜 공기를 약 30% 계속 송입하고 20~30분간 가열한 후 냉각한다. 염 용해용 포트는 Ti 도금의 철 상자를 사용하고 소재는 미리 550~600℃에서 조질 처리한 후 연질화하면 표면 경도가 HV 500 전후로 그다지 경하지 않으나, 내마모성이나 내피로성이 향상되므로 자동차 부품, 축, 기어 등에 많이 응용된다. 최근에는 가스에 의한 연질화도 이용되는 경향이 크다.

그림 6-11은 침탄법과 질화법을 비교하여 나타낸 것이다.

표 6-11 침탄법과 질화법의 비교

침탄법	질화법
1. 경도는 질화법보다 낮다.	1. 경도는 침탄층보다 높다.
2. 침탄 후의 열처리가 필요하다.	2. 질화 후의 열처리가 필요없다.
3. 침탄 후에도 수정이 가능하다.	3. 질화 후의 수정이 불가능하다.
4. 질화법보다 침탄법이 단시간 내에 같은 경화 깊이를 얻을 수 있다.	4. 질화층을 깊게 하려면 긴 시간이 걸린다.
5. 경화에 의한 변형이 생긴다.	5. 경화에 의한 변형이 적다.
6. 고온으로 가열되면 뜨임되어 경도가 낮아진다.	6. 고온으로 가열되어도 경도는 낮아지지 않는다.
7. 침탄층은 질화층처럼 취화되지 않는다.	7. 질화층은 취화(*인성의 큰 저하*)되기 쉽다.
8. 침탄강은 질화강처럼 강재 종류에 대한 제한이 적다.	8. 처리강의 종류에 많은 제한을 받는다.

5.3 금속 침투법

강철 표면에 타금속인 크롬(Cr), 알루미늄(Al), 아연(Zn), 붕소(B), 규소(Si) 등을 삼투시켜 그 표면에 합금층 및 금속 피복을 만드는 방법을 금속 침투법(metallic cementation)이라 하며, 일반적으로 금속보다 증기압이 높고 모재 표면에서 용이하게 분해될 수 있는 가스상 금속 화합물을 사용한다. 이 가스가 침투 물질을 모재 표면으로 운반하고 여기에서 분해되어 활성기체 상태가 되며 모재 표면에 흡착 침투한다.

금속 할로겐 화합물은 일반적으로 완전한 휘발성을 갖고 있으므로 금속 침투법에 널리 사용된다.

1) 칼로라이징(calorizing)

이 방법은 강의 표면에 알루미늄(Al)을 침투시키는 처리이며 알리타이징(alitizing)이라고도 한다. Al 분말을 소량의 염화암모늄(NH_4Cl)과 혼합시켜 중성 분위기에서 850~950℃로 4~6시간 가열하고 다시 900~1,050℃로 확산 풀림하여 Al을 침투시킨다.

2) 크로마이징(chromizing)

크롬(Cr)은 내식, 내산, 내마모성이 좋으므로 철강 표면에 Cr을 확산 침투시키는 방법으로, Cr 분말에 Al_2O_3를 20~25% 정도 첨가하여 환원성 또는 중성 분위기 중에서 1,000~1,400℃로 가열하여 Cr을 침투시킨다. Cr 침투를 용이하게 하기 위하여 모재는 보통 탄소 0.2% 이하의 연강을 사용한다.

3) 실리코나이징(siliconizing)

내식성을 증가시키는 방법으로서 강철 표면에 규소(Si)를 침투 확산시키는 처리이며, 이 방법에는 고체 분말법과 가스법이 있다. 고체 분말법은 강철 부품을 규소 분말 등의 혼합물 속에 넣고, 회전로 또는 보통의 침탄로에서 950~1,050℃로 되었을 때에 Cl_2 가스를 통과시킨다. 침투층의 두께는 950℃에서 11시간 처리로 약 1.2mm이다. 펌프축, 실린더 라이너관, 나사 등의 부식, 열 및 마모가 문제되는 부품에 효과가 크다.

4) 보론나이징(boronizing)

강재 표면에 붕소(B)를 침투 및 확산시켜 경도가 높은 보론화 층을 형성시키는 표면 경화법이다. 이 방법은 붕소 용융 전해에 의해 얻어지며 900℃의 정류 밀도 $10A/dm^2$ 이상에서는 완전히 보론화된 층이 형성되어 표면 경도는 HV 1,300~1,400에 달한다. 붕소 처리에서 경화 깊이는 약 0.15mm이다. 이 처리는 처리 후의 담금질이 필요치 않으며 각종 강철에 적용이 가능한 이점이 있다.

5) 세라다이징(sheradizing)

강재를 가열하여 그 표면에 아연(Zn)을 고온에서 확산 침투 및 확산시켜 대기중의 부식방지나 내식성 등을 향상시키는 목적으로 표면을 경화시키는 열처리 방법으로 목적은 볼트, 너트 등의 방청용 등에 널리 이용되며 보통 300~420℃ 온도로 1~5시간 동안 열처리하여 두께 0.015mm 정도의 경화층을 얻는 수 있다.

06 물리적 표면 경화

기계 부품의 표면은 경도가 크고 내부는 인성이 큰 것이 요구될 때가 많다. 이와 같은 용도에는 내마모성과 인성이 요구되므로 표면 경화법(case hardening)을 이용하여 표면 경화하여 사용한다. 물리적인 경화법은 표면층의 조성은 변화시키지 않고 조직만을 변화시켜서 경화층을 얻는 방법으로서 화염 경화법, 고주파 담금질법 등의 방법이 있다.

6.1 화염 경화법

화염 경화법은 쇼터라이징(shorterizing), 또는 도펠-듀로(doppel-durro)법이라 하며 산소-아세틸렌 화염으로 강재의 표면을 가열하여 담금질하는 방법으로 중탄소강, 주철류, 스테인리스강 등에 적용한다. 경화층 깊이는 1.5~6.5mm이며 표면의 경도는 강재의 탄소량에 따라 정해진다. 그림 6-15는 화염 경화 작업과 원형 가스 버너를 표시한 것이다.

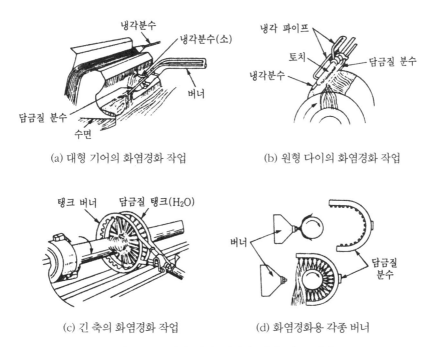

(a) 대형 기어의 화염경화 작업   (b) 원형 다이의 화염경화 작업

(c) 긴 축의 화염경화 작업   (d) 화염경화용 각종 버너

그림 6-15 화염 경화 작업과 원형 가스 버너

가열 기구는 토치 등의 버너를 사용하여 중성화염으로 가열하고, 이 때 최고 온도는 약 3,500℃ 정도로 가열시 강 표면이 용해되지 않도록 주의한다. 또한 화염 경화법의 장점은 다음과 같다.

① 일반 담금질법에 비해 담금질 변형이 적다.

② 부품의 크기가 형상에 제한이 없다.

③ 국부 담금질이 가능하다.

④ 설비비가 적게 든다.

6.2 고주파 담금질법

고주파 전류를 강재 부품의 형상에 대응시킨 1차 코일 쪽에 통하게 하고, 그 가운데에 강재 부품에 고주파 유도를 통해 강재의 표면을 A_1 변태점 이상으로 가열하여 담금질하는 방법이다. 중탄소강, 보통 주철, 가단 주철, 구상 흑연 주철 등에 적용하며 경화층 깊이는 0.4~3.2mm 정도이다. 이것은 미국의 오하이오 크랭크축 회사에서 제일 먼저 시작하였는

데 토코 방법(tocco process)이라고도 한다.

경화시키고자 하는 강을 6,000~15,000A의 전류로 가열하여 즉시 급냉하면 표면만 경화되고 중심부는 거의 변화가 없다. 고주파 담금질의 냉각 방법은 분사 냉각, 지체 냉각, 낙하 투입 냉각, 중단 냉각, 자기 냉각 등이 있으며, 보통 분사 냉각 방법을 가장 많이 사용하고 있다. 또한 가열 시간이 수 초 정도로 짧기 때문에 산화, 탈탄, 결정 입자의 조대화 등이 일어나지 않는다는 장점이 있으나, 급열 급냉으로 인한 변형과 마르텐사이트 생성에 의한 체적 변화 때문에 내부 응력이 발생하여 담금질 균열이 우려된다. 따라서 고주파 담금질의 전처리로 불림 처리하여 균열 방지 대책이 필요하다.

그림 6-16은 고주파 담금질법에서의 공작물과 유도자의 관계를 보여주는 것으로, 적당한 코일을 선택하는 것이 고주파 경화를 잘하기 위한 첫 조건이 되며 고주파 담금질법의 중요한 이점은 다음과 같다.

① 가열 시간이 짧다.

② 피로 강도가 증가한다.

③ 제한된 국부적 경화법이다.

④ 표면 산화와 탈탄이 최소로 일어난다.

⑤ 변형이 적다.

⑥ 경화시키지 않은 표면에 필요한 교정 작업을 실시할 수 있으며, 어느 정도 범위까지는 경화한 표면에도 실시할 수 있다.

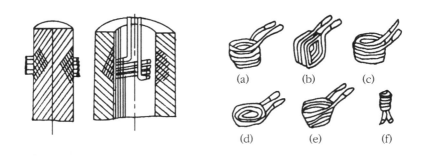

(a), (b), (c)는 축, 봉재의 경화용, (d)는 평면의 경화용
(e)는 기어 등의 경화용, (f)는 구멍 내부의 경화용

그림 6-16 공작물과 유도자의 관계

⑦ 공정을 생산 라인과 바로 연결시켜 사용할 수 있다.

⑧ 유지비가 저렴하다.

이에 대하여 유도 경화의 결점은 다음과 같다.

① 시설비가 고가이다.

② 유도 경화에 적당한 형상을 갖는 부품에 대해서만 적용할 수 있는 제한된 방법이다.

③ 유도 경화시킬 수 있는 강종이 제한되어 있다.

6.3 쇼트 피닝법

쇼트 피닝법(shot peening)은 강재의 표면에 강이나 주철로 만들어진 지름 0.5~1.0mm 정도의 작은 입자들을 고속으로 분사시켜 표면층의 경도를 높이는 방법으로 목적은 압축 강도, 인장강도에 거의 영향이 없으며 휨, 비틀림 등의 반복 하중에 대해서 현저하게 향상 됨으로 축, 스프링, 핀 등의 표면 경화에 널리 이용된다.

6.4 하드 페이싱법

하드 페이싱법(hard facing)은 내마멸성이 좋은 경질 금속인 초경합금, 스텔라이트 등의 특수 합금을 금속 재료의 표면에 용착(압접, 융점)시켜 표면 경화층을 만드는 경화방법이다.

07 기타 표면 경화

7.1 무전해 니켈 도금

무전해 니켈 도금이란 기존의 전기 화학적인 도금과는 달리 전기를 사용하지 않는 도금 방식으로, 도금하려고 하는 금속의 이온과 환원제가 용액 중에 공존하면 환원제가 산화됨 으로써 방출하는 전자가 용액중의 금속 이온을 환원시켜 도금 소재 위에 금속으로 석출하게 하는 원리이다. 이 도금에는 무전해 구리 도금, 무전해 니켈 도금 및 무전해 금도금 등이 있다. 무전해 도금의 특징은 다음과 같다.

① 절연물이나 반도체, 금속 등 모든 기판상에 도금이 가능하다.

② 형상에 관계없이 균일한 도금이 가능하다.

③ 결정 입자가 미세하고 밀도가 높으며 비공질의 도금층을 얻을 수 있다.

④ 선택적 도금이 가능하다.

무전해 니켈 도금의 응용은 도금층의 석출 상태에서 경도가 HV 500이지만 열처리를 하면 HV 800~900으로 더욱 강해져 각종 내마모 부품에 적용할 수 있다. 특히 플라스틱과 같은 부도체에도 도금이 가능하며 PVD나 CVD를 적용할 수 없는 분야에 응용이 가능하므로 이용 범위가 점점 확대되고 있다.

7.2 방전 경화

방전 경화(spark hardening)는 표면 경화 중 하나로서 방전 현상을 이용하여 강의 표면을 침탄 질화시키는 방법, 즉 음극에 WC나 TiC 등의 초경 합금을 사용하고 이것을 공구의 피경화 부분을 향하여 방전시켜, 공구 표면에 WC이나 TiC을 용착시킴과 동시에 그 열로 주위를 경화시키는 방법이다. 전압 120V로서 두께 50~70μm 두께의 경화층이 얻어지며 경도는 HV 1,400~1,600으로 공구의 내마모성과 수명을 향상시킨다.

7.3 양극 산화 처리

양극 산화 처리는 표면에 강인한 산화 피막을 생성시켜 내식성과 외관을 아름답게 하고 경도를 증가시키는 등의 성질을 이용하기 때문에 비철 금속 등을 활용할 때 주로 사용된다. 또한 도장시 하지로서 내식성이나 밀착성을 향상시킬 목적으로 유용하게 이용된다. 구체적인 방법으로는 전해 용액 중에서 알루미늄 합금의 제품을 양극으로 전해시키면 표면에 양극 산화 피막이 생성된다.

도장시에 하지로서 사용할 때에는 그대로 이용되지만 내식성을 위해서 사용할 때에는 증기를 가압하여 표면을 충분히 부도태화(pasivation)해서 사용한다. 전해액으로는 유산, 수산, 크롬산 등이 이용되고, 각각 유산법, 수산법, 크롬산법이라고 하며 일반적으로 통용되는 알루마이트법은 수산법을 말한다.

이와 같이 알루미늄과 같은 비철 금속을 금형 부품 등 기계적 용도로 사용할 때 백색 부식을 방지하고 내마모성을 주기 위해서 양극 산화 피막을 형성시키는 경우가 많다.

7.4 크로마이트 처리

크로마이트(chromite) 처리는 1935년 미국에서 개발되었으며 아연 도금된 것을 크롬산 화합물 및 산을 함유한 용액에 침적시키면 크로마이트 피막을 얻을 수 있다. 이 피막은 용액 중에서 아연이 용해될 때에 발생하는 수소에 따라 크롬산이 환원되고 생성된 3가 크롬과 크롬산이 결합되어 복잡한 겔(gel) 형태의 수산화물로 되어 아연 표면에 생기는 것으로 크롬산크롬의 수화물이다. 이 과정에서 아연은 도금액 중에서 용해 확산되고 크로마이트 피막중에서는 거의 용해되지 않는 것으로 나타나 있다. 이 피막을 적당한 온도로 가열하여 수분을 제거하면 미세한 경화층의 피막이 된다. 피막의 내식성은 피막 자체의 강도와 6가 크롬의 함유량에 따라 결정되며, 피막의 두께는 건조하기 전에 수 μm이지만 건조한 후에는 0.5μm 이하로 얇다. 이 피막의 약점은 열에 약하다는 것이다. 따라서 130℃ 이상에서는 아연에 대한 방식력이 없어지고, 350℃ 이상에서는 파괴되어 분상의 크롬 산화물이 된다. 일반적으로 크로마이트 처리는 아연 합금 사용시 내식성 확보를 위하여 적용한다.

7.5 플라스마 용사법

동축으로 연결된 W 음극 전극과 Cu로 제작된 노즐 형태의 양극 사이에 가스 또는 가스 혼합물을 송입하고, 고전극 아크 방전에 의하여 가스를 여과시켜 플라스마 상태로 만든 다음 플라스마가 용사총을 빠져 나오는 순간 분해된 가스가 결합되면서 추가적인 열이 방출 온도를 더욱 높여 준다.

이 플라스마의 흐름 내에 분말을 송입 용용시킨 후 고속으로 피처리물 표면에 분사 코팅시키는 방법이다.

그림 6-17에는 플라스마 용사법에 의해 코팅된 내마모성과 내식성의 WC 및 Cr_3C_2 코팅품을 나타내고 있으며, 섬유, 제지 공업의 각종 특수 롤, 철강 공업의 롤, 금형, 라이너, 비철용 압연 롤, 플라스틱 사출용 스크루 등 기계, 금형 부품의 내마모성과 내식용으로 주로 사용된다.

그림 6-17 플라스마 용사 코팅 제품

7.6 경질 크롬 도금

경질 도금은 일반적인 니켈 도금이나 크롬 도금과는 달리 경도, 내마모성, 내식성 및 내열성이 탁월하여 금형 표면에 도금하면 이와 같은 효과를 이용하여 금형의 내구 수명을 현저하게 증가시킬 수 있다.

크롬 도금의 수용액은 무수크롬산에 황산을 첨가한 수용액으로 도금하기 전에 충분한 탈지와 도금층의 평활성을 유지시키기 위하여 연마를 실시한다. 연마 후 도금층의 밀착성을 증진시키기 위하여 양극 처리를 하는데, 도금의 정반대 원리로 금형 표면의 이물질을 완전히 제거한 뒤 표면을 활성화시킨다. 도금의 본공정에서 균일한 도금층을 얻기 위하여 적절한 배치와 양극 보조판 등을 설치한 다음 도금을 실시한다. 이와 같이 도금을 실시한 경질 크롬 도금은 다음과 같은 특성이 있다.

① 경도 : 공업용 크롬 도금의 경우인 경질 크롬 도금은 경도가 상당히 커서 내마모 특성이 탁월하다. 샤젠트 표준액을 사용할 때에도 HB 500~1,100 정도의 범위에서 도금이 전착될 수 있다. 경질 크롬 도금일 때 도금액의 온도 50~60℃ 범위에서의 일반적인 경향으로는 도금액의 온도가 낮아지거나 음극 전류 밀도가 높아지면 취약한 도금이 된다. 도금액이 정상일 때는 50℃에서 $20A/dm^2$ 이상, 55℃에서는 $25A/dm^2$

이상, 60℃에서 30A/dm^2 이상이며, 실용적으로 충분한 경도는 HV 750 이상의 도금층이 전착된다.

② 내식성 : 경질 크롬 도금의 내식성은 크롬 자체의 내식성과 동일하다. 그러나 크롬 도금한 것을 수중에 넣을 때 도금층의 핀홀 및 균열이 소재까지 관통되어 있다면, 수중에 전해질이 존재하므로 철과 크롬 사이에 국부 전지가 형성되어 철을 급격히 용해시키므로 녹이 발생한다. 크롬 도금의 균열 발생 상황은 도금액의 조성 및 전착 조건에 따라 다르지만 균열이 없는 도금은 도금층의 경도가 낮기 때문에 널리 이용되지 않는다. 도금층의 내식성은 도금층 자체의 밀착성에도 연관이 있다. 수중이나 습기가 많은 곳에서 두꺼운 크롬 도금의 부식 상황을 관찰하면, 밀착되지 않은 부분에서도 가열과 냉각의 반복으로 상당히 두꺼운 도금에도 균열이 전달되어 부식이 발생하는 것을 알 수 있다.

경질 크롬 도금의 용도는 내마모성이 요구되는 마찰 부위에 주로 적용되며, 도금 후에는 180℃ 정도에서 3시간 이상 가열하여 수소를 완전히 제거한 후 래핑하여 사용한다.

00

부 록

00 부 록

01 그리스 문자

대문자	소문자	읽는 법
A	α	알파(Alpha)
B	β	베타(Beta)
Γ	γ	감마(Gamma)
Δ	δ	델타(Delta)
E	$\varepsilon(\epsilon)$	엡실론(Epsilon)
Z	ζ	제타(Zeta)
H	η	이타(Eta)
Θ	$\theta(\partial)$	시타(Theta)
I	ι	요타(Iota)
K	κ	카파(Kappa)
Λ	λ	람다(Lambda)
M	μ	뮤(Mu)
N	ν	뉴(Nu)
Ξ	ξ	크사이(Xi)
O	o	오미크론(Omicron)

대문자	소문자	읽는 법
Π	π	파이(Pi)
P	ρ	로(Rho)
Σ	σ	시그마(Sigma)
T	τ	타우(Tau)
$Y(\Upsilon)$	υ	입실론(Upsilon)
Φ	$\varphi(\phi)$	파이(Phi)
X	χ	카이(Chi)
Ψ	ψ	프사이(Psi)
Ω	ω	오메가(Omega)

02 Si 단위와 공학 단위

오늘날 국제 단위계(The International System of Units : SI)가 널리 사용되고 있으며 국제 단위계는 제 11차 도량형 총회(CGPM, 1960)에서 채택 되어 SI는 ISQ와 관련하여 일관성 있는 단위 체계이다. 공학 단위와 SI 단위의 환산 예는 다음과 같다.

힘의 단위 : $1kgf = 9.806N$

힘의 모멘트 : $1kgf \cdot m = 9.806N \cdot m$

압 력 : $1kgf/cm^2 = 9.806 \times 10^4 Pa$

응 력 : $1kgf/mm^2 = 9.806N/mm^2 = 9.806MPa$

에너지 : $1kgf \cdot m = 9.806J(=9.806N \cdot m)$

열전도율 : $1kcal/m \cdot h \cdot ℃ = 1.163W/m \cdot K$

비 열 : $1kcal/kg \cdot ℃ = 4.186kJ/kg \cdot K$

SI 단위계의 구성

(KS A ISO 80000-1)

분 류	양	기 호	분 류	양	기 호
기본 단위	길 이	m(미터)	유도 단위	일률/동력/전력	W(watt)
	질 량	kg(킬로그램)		전위차	V(volt)
	시 간	s(초)		전기용량/정전용량	F(farad)
	전 류	A(암페어)		전기저항	Ω(ohm)
	열역학적 온도	K(켈빈)		전하/전하량	C(coulomb)
	물 질 량	mol(몰)		컨덕턴스	S(siemens)
	광 도	cd(칸델라)		자기선속	Wb(weber)
유도 단위	평 면 각	rad(radian)		광선속/빛다발	lm(lumen)
	입 체 각	Sr(steradian)		자기선속밀도	T(tesla)
	주파수/진동수	Hz(hertz)		조명도/조도	lx(lux)
	방사능(방사성 핵종의)	Ba(becquerel)		인덕턴스	H(henry)
	흡수선량	Gy(gray)		섭씨온도	℃(degree Celsius)
	선량당량	Sv(sievert)		압력/응력	Pa(pascal)
	촉매 활성도	kat(katal)		에너지/일/열량	J(joule)
	힘	N(newton)			

원소명		원소 기호	원자 번호	원소명		원소 기호	원자 번호
영어명	국어명			영어명	국어명		
Actinium	악티늄	Ac	89	Iron(Ferrum)	철	Fe	26
Aluminium	알루미늄	Al	13	Gadolinium	가돌리늄	Gd	64
Americium	아메리슘	Am	95	Gallium	갈륨	Ga	31
Argon	아르곤	Ar	18	Germanium	게르마늄	Ge	32
Arsenic	비소	As	33	Hafnium	하프늄	Hf	72
Astatine	아스타틴	At	85	Helium	헬륨	He	2
Silver(Argentine)	은	Ag	47	Holmium	홀뮴	Ho	67
Gold(Aurum)	금	Au	79	Hydrogen	수소	H	1
Barium	바륨	Ba	56	Indium	인듐	In	49
Berkelium	버클륨	Bk	97	Iodine	요오드	I	53
Beryllium	베릴륨	Be	4	Iridium	이리듐	Ir	77
Bismuth	비스무트	Bi	83	Krypton	크립톤	Kr	36
Boron	붕소	B	5	Potassium	칼륨	K	19
Bromine	브롬	Br	35	Lanthanum	란탄	La	57
Cadmium	카드뮴	Cd	48	Lawrencium	로렌슘	Lr	103
Calcium	칼슘	Ca	20	Lead	납	Pb	82
Californium	칼리포르늄	Cf	98	Lithium	리튬	Li	3
Carbon	탄소	C	6	Lutetium	루테튬	Lu	71
Cerium	세륨	Ce	58	Magnesium	마그네슘	Mg	12
Cesium	세슘	Cs	55	Manganese	망간	Mn	25
Chlorine	염소	Cl	17	Mendelevium	멘델레븀	Md	101
Chromium	크롬	Cr	24	Mercury	수은	Hg	80
Cobalt	코발트	Co	27	Molybdenum	몰리브덴	Mo	42
Copper(Cuprum)	구리	Cu	29	Neodymium	네오디뮴	Nd	60
Curium	퀴륨	Cm	96	Neon	네온	Ne	10
Dysprosium	디스프로슘	Dy	66	Neptunium	넵투늄	Np	93
Einsteinium	아인시타이늄	Es	99	Nickel	니켈	Ni	28
Erbium	에르븀	Er	68	Niobium	니오브	Nb	41
Europium	유로퓸	Eu	63	Nitrogen	질소	N	7
Fermium	페르뮴	Fm	100	Nobelium	노벨륨	No	102
Fluorine	플루오르	F	9	Sodium	나트륨	Na	11
Francium	프랑슘	Fr	87	Osmium	오스뮴	Os	76

원소명		원소 기호	원자 번호	원소명		원소 기호	원자 번호
영어명	국어명			영어명	국어명		
Oxygen	산소	O	8	Sulfur	황	S	16
Palladium	팔라듐	Pd	46	Antimony	안티몬	Sb	51
Phosphorus	인	P	15	Tin(Stannum)	주석	Sn	50
Platinum	백금	Pt	78	Tantalum	탄탈	Ta	73
Plutonium	플루토늄	Pu	94	Technetium	테크네튬	Tc	43
Polonium	폴로늄	Po	84	Tellurium	텔루룸	Te	52
Praseodymium	프라세오디뮴	Pr	59	Terbium	테르븀	Tb	65
Promethium	프로메튬	Pm	61	Thallium	탈륨	Tl	81
Protactinium	프로트악티늄	Pa	91	Thorium	토륨	Th	90
Lead(Plumbum)	납	Pb	82	Thulium	툴륨	Tm	69
Radium	라듐	Ra	88	Titanium	티탄	Ti	22
Radon	라돈	Rn	86	Tungsten	텅스텐	W	74
Rhenium	레늄	Re	75	(Wolfram)			
Rhodium	로듐	Rh	45	Uranium	우라늄	U	92
Rubidium	루비듐	Rb	37	Vanadium	바나듐	V	23
Ruthenium	루테늄	Ru	44	Xenon	크세논	Xe	54
Samarium	사마륨	Sm	62	Ytterbium	이테르븀	Yb	70
Scandium	스칸듐	Sc	21	Yttrium	이트륨	Y	39
Selenium	셀레늄	Se	34	Zinc	아연	Zn	30
Silicon	규소	Si	14	Zirconium	지르코늄	Zr	40
Strontium	스트론튬	Sr	38				

원소 기호	융용점 (℃)	0.1MPa 에서 비등점 (℃)	밀도 (g/cm³)	0℃에서 비열 (J/gK)	융해열 (J/g)	0℃에서 선팽창 계수 (K⁻¹)	열전도도 (J/cmKs)	전기전도도 (m/ Ωmm²)	Young's modulus (MPa)
Al	660	2,060	2.7	0.900	388	$23.9 \cdot 10^6$	2.22	37.6	72,200
Sb	630.5	1,440	6.62	0.205	163	10.5	0.19	5.4	56,000
As	(814)	(610)	5.73	0.343	–	5	–	2.86	–
Ba	704	1,640	3.5	0.285	56	19	–	–	9,800
Be	1,280	2,770	1.82	2.177	1089	10.6	1.59	16.9	292,800
Pb	327.4	1,740	11.34	0.130	24	28.3	0.35	4.82	16,000
B	2,300	2,550	3.3	1.047	–	8.0	–	10-10	–
Cr	1,890	2,500	7.19	0.461	191	6.2	1.59	6.7	190,000
Fe	1,539	2,740	7.87	0.461	272	11.7	–	10.3	215,500
Ga	29.8	2,070	5.91	0.331	80	2	0.67	1.87	10,000
Au	1,063	2,970	19.32	0.130	65	14.2	0.75	45.7	79,000
Ir	2,454	5,300	22.5	0.130	117	6.8	–	18.9	538,300
Cd	321	765	8.65	0.230	57	30.8	2.97	14.6	63,500
K	63	770	0.86	0.741	61	84	0.59	15.9	3,600
Ca	850	1,440	1.55	0.624	216	22	0.92	29.2	20,000
Co	1,495	2,900	8.9	0.414	266	12.3	1.00	16.1	212,800
C	3,500	–	3.51	0.720	–	–	1.26	–	–
Cu	1,083	2,600	8.96	0.385	204	16.2	0.69	60	125,000
Li	186	1,370	0.53	3.308	414	58	–	11.8	11,700
Mg	650	1,110	1.74	1.047	344	24.5	3.94	22.2	45,150
Mn	1,245	2,150	7.43	0.481	244	22	0.71	0.54	201,600
Mo	2,625	4,800	10.2	0.255	293	2.7	1.59	19.4	336,300
Na	97.7	892	0.97	1.235	115	72	0.50	23.8	9,100
Ni	1,455	2,730	8.90	0.440	302	13.3	1.47	14.6	197,000
Os	2,700	5,500	22.5	0.130	147	4.6	1.34	10.4	570,000
Pa	1,554	4,000	12.0	0.243	143	11.8	0.92	9.26	123,600
P	44	282	1.82	0.754	21	125	–	0.02	–
Pt	1,773.5	4,410	21.45	0.134	113	8.9	0.71	10.2	173,200
Hg	−38.87	357	13.55	0.138	12	–	0.08	1.06	–
Ra	930	1,140	–	–	–	–	–	–	–
Re	3,170	–	20.5	0.138	–	4	–	5.05	530,000

원소 기호	융용점 (℃)	0.1MPa 에서 비등점 (℃)	밀도 (g/cm³)	0℃에서 비열 (J/gK)	융해열 (J/g)	0℃에서 선팽창 계수 (K⁻¹)	열전도도 (J/cmKs)	전기전도도 (m/ Ωmm²)	Young's modulus (MPa)
Rh	1,966	4,500	12.44	0.247	218	8.3	0.88	22.2	386,000
S	112.8	444.6	2.05	–	46	–	–	–	–
Ag	960.5	2,210	10.49	0.234	104	19.7	4.19	63	81,600
Si	1,430	2,300	2.33	0.678	1656	7	0.84	10-2	15,000
Sr	770	1,380	2.6	0.737	105	20	-	4.35	16,000
Ta	3,000	5,300	16.6	0.151	–	6.6	0.54	8.1	188,200
Ti	1,730	–	4.54	0.528	–	10	–	1.25	105,200
U	1,130	–	18.7	0.117	–	–	0.27	1.67	120,000
V	1,735	3,400	6.0	0.502	–	8.5	–	3.84	150,000
Bi	271.3	1,420	9.8	0.142	52	12.4	0.08	0.94	34,800
W	3,410	5,930	19.3	0.134	184	2.4	2.01	18.2	415,300
Zn	419.5	906	7.136	0.383	111	29.8	1.13	16.9	94,000
Sn	231.9	2,270	7.298	0.226	59	20.5	0.67	0.16	55,000
Zr	1,750	2,900	6.5	0.276	–	10	–	2.44	69,700

약식 표기	한국식 표기	원 명
ABS	ABS 수지	Acrylonitrile Butadiene Styrene
AS(SAN)	AS 수지	Acrylonitrile Styrene
CA	셀룰로오스 아세테이트	Cellulose Acetate
CAB	셀룰로오스 아세테이트 부티레이트	Cellulose Acetate Butyrate
CAP	셀룰로오스 아세테이트 프로피오네이트	Cellulose Acetate Propionate
CN	니트로 셀룰로오스	Cellulose Nitrale
CP	셀룰로오스 프로피오네이트	Cellulose Propionate
EC	에틸 셀룰로오스	Ethyl Cellulose
EP	에폭시 수지	Epoxy Plastics
MF	멜라민 수지	Melamine Formaldehyde Resin
PA	폴리아미드(나일론)	Polyamide
PC	폴리카아보네이트	Polycarbonate
PCTFE	폴리클로로, 트리클로로 에틸렌 (3불화 에틸렌 수지)	Polychloro Trifluoro Ethylene
PE	폴리에틸렌	Polyethylene
PETP(PET)	폴리엔틸렌 테레프타레이트 (가소성 폴리에스텔)	Polyethylene Terephthalate
PMMA	아크릴(메타크릴 수지)	Poly(methyl) Methacrylate
POM	폴리아세틸(아세틸 수지)	Polyacetal
PP	폴리프로필렌	Polypropylene
PS	폴리스티렌	Polystyrene
PTFE	4불화 에틸렌 수지	Polytetrafluoro Ethylene
PUR	폴리우레탄	Polyurethane
PVAC	폴리초산비닐(초산비닐 수지)	Poly Vinyl Acetate
PVAL(PVA)	폴리비닐 알코올	Poly Vinyl Alcohol
PVB	폴리비닐 부티랄	Poly Vinyl Butyral
PVC	폴리염화비닐(염화비닐 수지)	Poly Vinyl Chloride
PVDC	폴리염화비닐리렌 (염화비닐렌 수지)	Poly Vinylindene Chloride
PVFM	폴리비닐포르말	Poly Vinyl Formal
SI	규소 수지	Silicone
UF	유리아 수지(요소 수지)	Urea Formaldehyde
UP	불포화 폴리에스텔 수지	Unsaturated Polyester
GPPS	일반용 폴리스티렌	General Purpose Polystyrene

참고문헌 및 규격

1. 교육부, 기계재료, 금속재료, 대한교과서(주).
2. 교육부, 열처리, 대한교과서(주).
3. 염영하 외 1인, 신편 기계재료학, 동명사.
4. 양훈영, 신금속 재료학, 문운당.
5. 김정규 외 1인, 기계 재료학, 문운당.
6. 김암수, 기계 · 금속재료학, 기전연구사.
7. 연윤모 외 3인, 금속재료, 기전연구사.
8. 이승평, 금속재료, 도서출판 청호.
9. 田中政夫 外, 機械材料, 日本, 共立出版社
10. 長岡金吾 外, 機械材料學, 日本, 工學圖書
11. 日本熱處理技術協會編集, 熱處理ガイドブック, 大河出版刊
12. 小原 外, 金屬材料槪論, 日本, 朝倉書店
13. D.R. Askeland. The Seience and Engineering of Materials. PWS Publishing Company.
14. W.D. Callister Jr. Materials Science and Engineering. John Wiley & Sons.

KS A ISO 80000-1 양 및 단위 − 제1부 : 일반사항

KS B 0801	금속 재료 인장 시험편
KS B 0805	브리넬 경도 시험 방법
KS B 0806	로크웰 경도 시험 방법
KS B 0807	쇼어 경도 시험 방법
KS B 0809	금속 재료 충격 시험편
KS B 0811	금속 재료의 비커스 경도 시험 방법
KS D 3503	일반 구조용 압연 강재
KS D 3522	고속도 공구강 강재
KS D 3701	스프링 강재
KS D 3706	스테인리스 강봉
KS D 3751	탄소 공구강 강재

KS D 3753	합금 공구강 강재
KS D 4301	회 주철품
KS D 6024	구리 및 구리합금 주물
KS D 6008	알루미늄 합금 주물
KS D 6701	알루미늄 및 알루미늄 합금의 판 및 띠
KS B 3248	초경질 공구 재료 및 그 사용 분류

저자와 협의
인지 생략

기계공학도를 위한
금형 재료

2017년 1월 9일 제1판제1발행
2018년 8월 29일 제1판제2발행

저 자 이 건 준
발행인 나 영 찬

발행처 **기전연구사**

서울특별시 동대문구 천호대로 4길 16(신설동 104-29)
전 화 : 2235-0791/2238-7744/2234-9703
FAX : 2252-4559
등 록 : 1974. 5. 13. 제5-12호

정가 17,000원